绪 论

复习提要

一、建筑力学的研究对象

建筑力学是研究土木工程结构的受力分析、承载能力的基本原理和方法的学科。

工程中一般结构按宏观尺寸区分为:①杆件结构;②板、壳结构;③块体结构。

建筑力学的研究对象主要是杆件和杆系结构。

二、杆件的几何特征

杆件是指物体的纵向(长度)尺寸远大于横截面的宽度和高度(横向)尺寸的构件。即杆件的几何特征:细而长。

杆件的主要几何因素是横截面和轴线。

横截面——垂直杆的长度的截面。

轴线——所有横截面形心的连线。

三、建筑力学研究的任务和内容

建筑力学研究的任务是进行土木工程结构的受力分析,分析工程结构的几何组成规律,解决在荷载作用下结构的强度、刚度和稳定性问题,即解决结构和构件所受荷载与其自身的承载能力这一对基本矛盾。

工程结构正常工作必须满足强度、刚度和稳定性的要求,即进行承载能力计算。

强度是指结构和构件抵抗破坏的能力。

刚度是指结构和构件抵抗变形的能力。

稳定性是指结构或构件保持原有平衡状态的能力。

工程结构在安全正常工作的同时还应考虑经济条件,应充分发挥材料的性能,不至于产生过大的浪费,即设计结构的合理形式。

建筑力学研究的内容包含以下几个部分:①工程结构静力学;②杆件的承载能力计算;③工程结构的内力分析;④工程结构的计算机分析方法。

四、刚体、变形固体及其基本假定

(一)刚体的概念

所谓刚体就是指在外力的作用下,大小和形状都不变的物体。

(二)理想变形固体及其基本假设

变形固体是指受力后会产生变形的物体。

对理想变形固体材料的基本假设有:①连续均匀假设;②各向同性假设。

撤去荷载可完全消失的变形称为弹性变形。撤去荷载不能恢复的变形称为塑性变形或残余变形。

工程中大多数构件在荷载作用下产生的变形量若与其原始尺寸相比很微小时,称为小变形,否则称为大变形。

建筑力学中把所研究的结构和构件作为连续、均匀、各向同性的理想变形固体,在弹性范围内和小变形情况下研究其承载能力。

五、荷载的分类与组合

作用在结构上的荷载和其他外来作用,广义地讲,都可以称为结构的荷载。

广义荷载按其作用的性质可分为静力荷载、动力荷载和其他外来作用等三大类。

通常把荷载分为主要荷载、附加荷载和特殊荷载三种。

在结构设计中,需要按各种荷载出现的实际可能性加以组合。根据不同的工程领域,按结构在不同时期所承担的任务,有不同的荷载组合,一般情况下采用如下组合:

(1)主要荷载。

(2)主要荷载+附加荷载。

(3)主要荷载+附加荷载+特殊荷载。

六、结构计算简图

结构计算简图是指将实际结构按一定的原则进行简化,使它成为既能反映原结构实际工作状态的主要特征,又便于建立结构分析的计算模型。

结构计算简图的选取必须满足如下两个基本要求:

(1)尽可能正确地反映结构的实际工作状态,使计算结果与实际情况足够接近。

(2)尽可能使结构分析计算得到简化。

结构计算简图从以下几个方面进行简化。

(一)从空间到平面的简化

把空间结构简化为平面结构进行计算。

(二)杆件的简化

用杆件的轴线来代替杆件,用杆轴线所形成的几何轮廓代替原结构。

(三)结点的简化

杆件与杆件的连接处称为结点,可分为刚结点和铰结点两种。

刚结点的特征是汇交于结点的各杆端相互固结在一起,它们之间既不能相对移动,也不能相对转动。

铰结点的特征是汇交于结点的各杆端不能相对移动,但可以相对转动。

(四)支座的简化

联系结构与基础的装置称为支座,它起着支承并限制结构运动的作用。根据支座的构造和所起作用的不同，一般可简化为铰支座、辊轴支座、固定支座、滑移支座和弹性支座五种。

训练题

1. 叙述刚体、变形固体的概念。
2. 理想变形固体有哪些基本假设？
3. 叙述建筑力学的研究对象、杆件的几何特征和主要几何因素。
4. 刚结点、铰结点的特点是什么？
5. 从哪些方面简化、考虑计算简图的选取？

第一章　建筑力学基础

复习提要

一、建筑力学基本概念

(一)力的概念

1. 定义

力是物体间相互的机械作用,这种作用使物体的运动状态和变形状态发生改变。

2. 力的效应

力的效应包括运动效应(外效应)和变形效应(内效应)。

3. 力的三要素

力的三要素为:大小、方向、作用点。

(1)力的大小反映了物体间相互作用的强弱程度。

(2)力的方向指的是静止质点在该力作用下开始运动的方向,沿该方向画出的直线称为作用线,力的方向包含力的作用线在空间的方位和指向。

(3)力的作用点是物体相互作用位置的抽象化。如果两个物体接触处的面积很小,则可将其抽象为一个点,这时作用力称为集中力。如果接触面积比较大,力在整个接触面上分布作用,这时的作用力称为分布力。

4. 力的单位

在国际单位制中,力的单位是牛顿(N)或千牛顿(kN)。

5. 力的表示

力用一个有向线段来表示。

(二)力系的概念

所谓力系是指作用在物体上的一群力。

若两个力系分别作用于同一物体上,其效应完全相同,则称这两个力系为等效力系。

力系的简化就是将由若干个力和力偶所组成的力系,变为一个力或一个力偶,或者一个力与一个力偶的简单而等效的情形。这一过程称为力系的简化。

力系的简化是工程静力学的基本问题之一。

(三)刚体的概念

所谓刚体是指在力的作用下,大小和形状都不变的物体。在工程静力学中,将变形体简化为不变形的刚体。

(四)平衡的概念

平衡是指物体相对于惯性参考系保持静止或做匀速直线运动的状态。

平衡是物体机械运动的一种特殊形式,使物体处于平衡状态的力系称为平衡力系。研究物体平衡时,作用在物体上的力系应满足的条件是工程静力学的又一基本问题。

力系简化的目的之一是导出力系的平衡条件,而力系的平衡条件是设计结构、构件和机械零件时静力计算的基础。

二、静力学基本原理

原理1:二力平衡原理。

作用于刚体上的两个力,使刚体平衡的必要与充分条件是:这两个力大小相等,方向相反,作用线共线,作用于同一个物体上。

需要注意的是,对于刚体,上述二力平衡条件是必要与充分的,但对于只能受拉、不能受压的柔性体,上述二力平衡条件只是必要的,而不是充分的。

在两个力的作用下保持平衡的构件称为二力构件,简称二力杆。二力杆可以是直杆,也可以是曲杆。

原理2:加减平衡力系原理。

在作用于刚体的任意力系上,加上或减去任意平衡力系,并不改变原力系对刚体的作用效应。

加减平衡力系原理也只适用于刚体,而不适用于变形体。

推论1:力的可传性。

作用于刚体上的力可沿其作用线移动而不改变其对刚体的运动效应(既不改变移动效应,也不改变转动效应)。

注意:①不能将力沿其作用线从作用刚体移到另一刚体;②力的可传性原理只适用于刚体,不适用于变形体。

原理3:力的平行四边形法则。

作用于物体上同一点的两个力可合成一个合力,此合力也作用于该点,合力的大小和方向由以原两力矢为邻边所构成的平行四边形的对角线来表示。

$$\boldsymbol{F}_R = \boldsymbol{F}_1 + \boldsymbol{F}_2 \tag{1-1}$$

力的平行四边形法则可以简化为三角形法则,力三角形的两边由两分力矢首尾相连组成,第三边则为合力矢 $\boldsymbol{F}_R$,它由第一个力的起点指向最后一个力的终点,而合力的作用点仍在二力交点。

推论2:三力平衡汇交定理。

刚体受三力作用而平衡,若其中两力作用线汇交于一点,则另一力的作用线必汇交于同一点,且三力的作用线共面(必共面,在特殊情况下,力在无穷远处汇交——平行力系)。

原理4:作用力与反作用力定律。

两个物体相互作用的力总是同时存在的,两力的大小相等,方向相反,沿同一直线,分别作用在这两个物体上。即两力等值、反向、共线、异体且同时存在。

这一定律就是牛顿第三定律，不论物体是静止的还是运动的，这一定律都成立。应注意，作用力与反作用力是分别作用在两个物体上的。在研究某一物体的运动或平衡时，只需考虑它所受到的别的物体对它作用的力，而不应考虑它作用于别的物体的力。

应当注意的是，必须把两个平衡力和作用力与反作用力区别开来。它们虽然都满足等值、反向、共线的条件，但前者作用在同一物体上，后者分别作用在两个不同的物体上，它们不符合二力平衡条件，不能构成平衡力系。

原理 5：刚化原理。

变形体在某一力系作用下处于平衡，如将此变形体变成刚体（刚化为刚体），则平衡状态保持不变。

三、约束与约束反力

自由体：不与其他物体接触，在空间任何方向的运动都不受限制。

非自由体：在空间的运动受到与之相接触的其他物体的限制，使其沿某些方向不能运动。

限制非自由体运动的周围物体称为该非自由体的约束。

约束反力（反力）：约束对被约束物体的反作用力。约束反力的方向总是与约束所能阻碍的物体运动的方向相反，约束反力的作用点就在约束与被约束物体的接触处。

主动力：使物体运动状态发生变化或产生运动趋势的力。主动力一般是已知的，或可根据已有的资料确定。

被动力：约束反力由主动力引起，随主动力的改变而改变。

工程中常见约束及其约束反力见表 1-1。

四、物体的受力分析与受力图

求解静力学问题：首先要确定物体受哪些力作用，每个力的作用位置和方向；其次还要确定哪些力是已知的，哪些力是未知的，以及未知力的数值。这个过程称为物体的受力分析。

受力分析时所研究的物体称为研究对象，解除了约束并被分离出来的研究对象称为分离体或隔离体。将周围物体对研究对象的全部作用力（包括主动力和约束反力）都用力矢量标在隔离体相应的位置上，得到物体受力的简明图形，称为受力图。

（一）画受力图的步骤

画受力图的步骤如下：

（1）选取研究对象，画隔离体图。根据题意，选择合适的物体作为研究对象，研究对象可以是一个物体，也可以是几个物体的组合或整个系统。

（2）画隔离体所受的主动力。

（3）画约束反力。根据约束的类型和性质画出相应约束反力的作用位置和作用方向。

（二）画受力图的注意点

画受力图时，应注意以下几方面：

（1）必须明确研究对象。即明确对哪个物体进行受力分析，并取出隔离体。

（2）正确确定研究对象受力的个数。每画一个力都应明确它是哪一个物体施加给研

表 1-1　工程中常见约束及其约束反力

序号	约束类型	计算简图	约束反力	约束反力数目
1	柔性约束	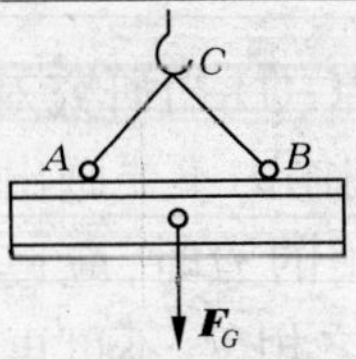	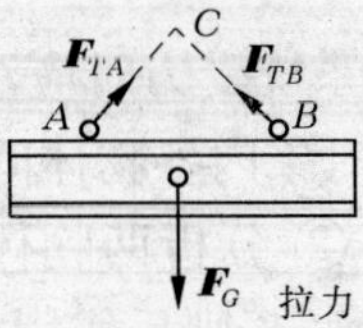 拉力	1
2	光滑面约束	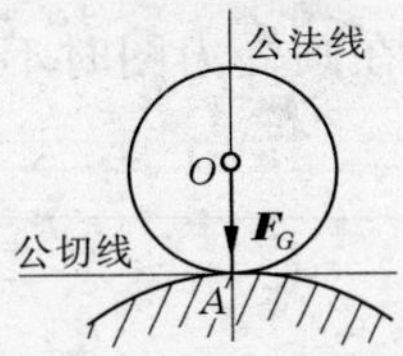	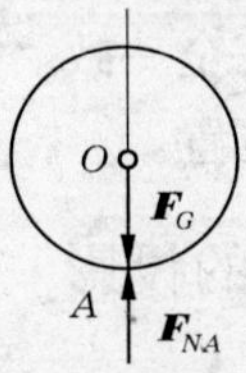 压力	1
3	光滑圆柱铰链约束	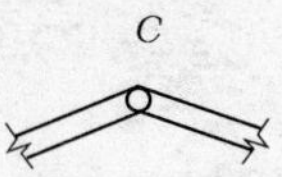	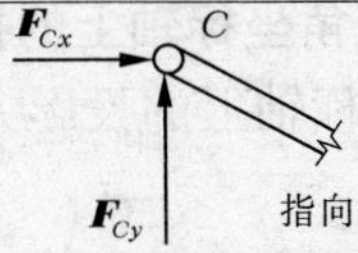 指向假设	2
4	固定铰支座	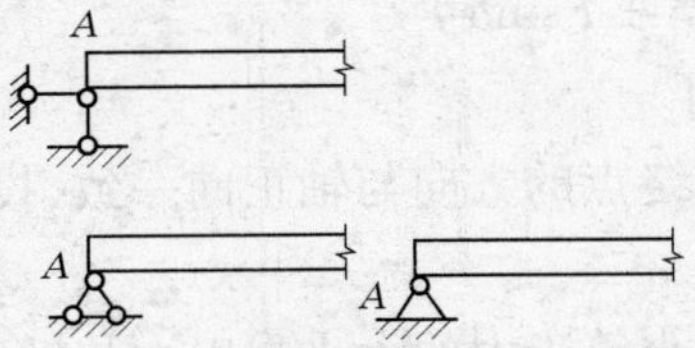	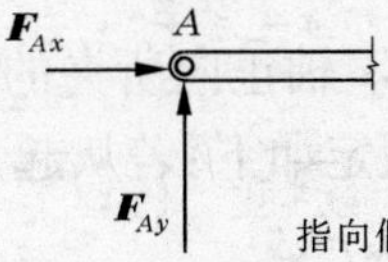 指向假设	2
5	可动铰支座	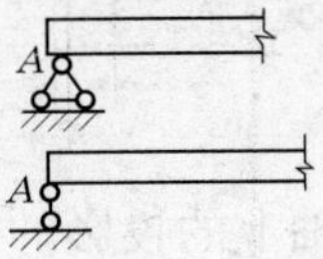	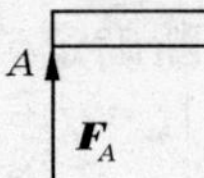 指向假设	1
6	链杆约束	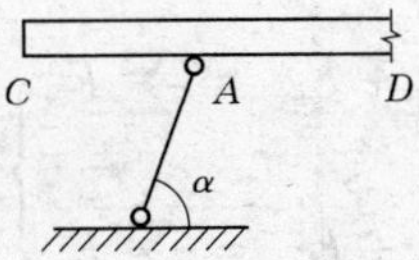	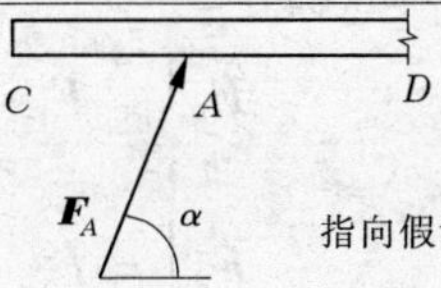 指向假设	1
7	固定端支座	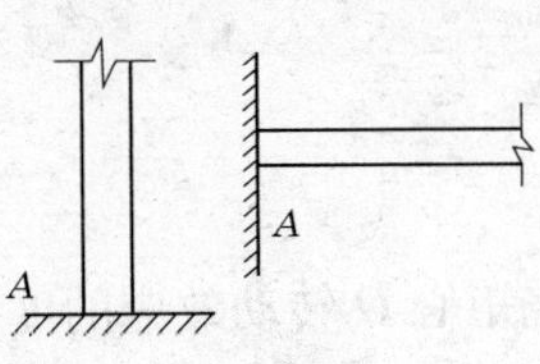	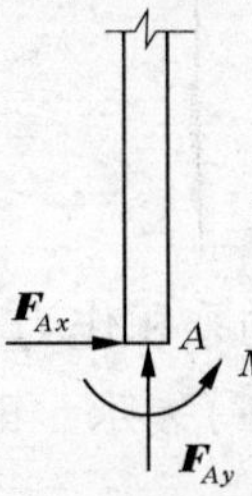 指向、转向假设	3
8	滑移支座	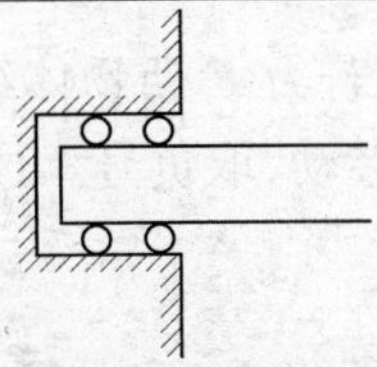	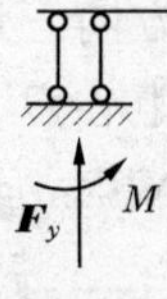 指向、转向假设	2

究对象的,决不能凭空产生,也不可漏画任何一个力。

(3)要根据约束的类型分析约束反力。有时可利用二力杆或三力平衡汇交定理确定某些未知力的方向。

(4)在分析物体系统受力时应注意以下3点:① 当研究对象为整体或为其中某几个物体的组合时,研究对象内各物体间相互作用的内力不要画出,只画研究对象以外物体对研究对象的作用力。② 分析两物体间相互作用的力时,应遵循作用力与反作用力的关系,作用力方向一经确定,则反作用力方向必与之相反,不可再假设指向。③ 同一个力在不同的受力图上表示要完全一致。同时,注意在画受力图时不要运用力的等效变换或力的可传性改变力的作用位置。

五、力在坐标轴上的投影

(一)力在平面直角坐标轴上的投影

力在平面直角坐标轴上的投影方程为

$$\left.\begin{aligned} F_x &= \pm F\cos\alpha \\ F_y &= \pm F\sin\alpha \end{aligned}\right\} \tag{1-2}$$

式中　α——力 F 与 x 轴正向所夹的锐角。

投影的正负号规定如下:若从起点到终点的方向与轴正向一致,投影取正号;反之,取负号。

力在轴上的投影为代数量,投影的大小等于力的大小乘以力与轴所夹锐角的余弦,其正负可根据上述规则直观判断确定。

(二)合力投影定理

合力在任一轴上的投影等于各分力在同一轴上的投影的代数和,即

$$\left.\begin{aligned} F_{Rx} &= F_{1x} + F_{2x} + \cdots + F_{nx} = \sum_{i=1}^{n} F_{ix} \\ F_{Ry} &= F_{1y} + F_{2y} + \cdots + F_{ny} = \sum_{i=1}^{n} F_{iy} \end{aligned}\right\} \tag{1-3}$$

六、力矩和力偶

(一)力对点之矩

定义:力 $\boldsymbol{F}$ 与力臂 h 的乘积作为力 $\boldsymbol{F}$ 绕矩心 O 转动效应的度量,称为力 $\boldsymbol{F}$ 对 O 点之矩,简称力矩,用符号 $M_O(\boldsymbol{F})$ 表示。即

$$M_O(\boldsymbol{F}) = \pm Fh \tag{1-4}$$

式中 ± 表示力矩的转动方向。通常规定:若力 $\boldsymbol{F}$ 使物体绕矩心 O 点逆时针转动,取正号;反之,若力 $\boldsymbol{F}$ 使物体绕矩心 O 点顺时针转动,取负号。这时,力矩是代数量。

力矩的国际单位记号是 N · m 或 kN · m。

(二)合力矩定理

平面力系的合力对平面内任一点之矩等于其各分力对同一点之矩的代数和,即

$$M_O(\boldsymbol{F}_R) = \sum_{i=1}^{n} M_O(\boldsymbol{F}_i) \tag{1-5}$$

它适用于任意平面力系。合力矩定理给出了合力和其各分力对同一点力矩的关系，可简化力矩的计算。

(三)力偶及其性质

1. 力偶的定义

大小相等、方向相反且不共线的两个平行力组成的力系,称为力偶。

力偶常用记号$(\boldsymbol{F},\boldsymbol{F}')$表示。力偶中两力作用线所确定的平面称为力偶作用面,两力作用线之间的垂直距离称为力偶臂。力偶仅对刚体产生转动效应。

2. 力偶矩

力与力偶臂的乘积称为力偶矩,用记号$M(\boldsymbol{F},\boldsymbol{F}')$表示,简记为$M$。即

$$M = \pm Fh$$

在平面问题中,力偶矩是代数量,其绝对值等于力的大小与力偶臂的乘积,正负号表示力偶的转向。通常规定:力偶使物体逆时针方向转动时,力偶矩为正;反之,力偶矩为负。

力偶矩的单位与力矩单位相同,即为N·m或kN·m。力偶矩的大小、力偶的转向、力偶的作用平面称为平面力偶的三要素。

3. 力偶的性质

力偶的性质可概括为以下3点:

(1)力偶不能简化为一个力,即力偶不能与一个力等效,也不能与一个力平衡,力偶只能与力偶平衡。

(2)力偶对其作用平面内任一点之矩恒等于力偶矩,与矩心位置无关。

(3)作用在同一平面内的两个力偶,若两者力偶矩大小相等、转向相同,则两力偶等效。

由力偶的等效性质可以得到以下两个推论:

推论1:只要保持力偶矩的大小和转向不变,力偶可以在其作用平面内任意转移,而不改变它对刚体的作用效应。即力偶对刚体的作用效应与力偶在其作用平面内的位置无关。

推论2:只要保持力偶矩的大小和转向不变,可以同时改变组成力偶的力的大小和力偶臂的大小,而不改变力偶对刚体的作用效应。

此外,还可以证明:只要保持力偶矩的大小和转向不变,力偶可以从一个平面移至另一个与之平行的平面,而不会改变对刚体的效应。

七、力的平移定理

作用在刚体上的力可以平移到任一点,而不改变它对刚体的作用效应,但平移后必须附加一个力偶,附加力偶的力偶矩等于原力对新作用点之矩。此即为力的平移定理。

训练题

一、填空题

1. 如图 1-1 所示，AB 杆自重不计，在 5 个已知力作用下处于平衡，则作用于 B 点的 4 个力的合力 $\boldsymbol{F}_R$ 的大小 F_R = ________，方向________________。

2. 力对物体的作用效应一般分为外效应和内效应，平衡力系对刚体的作用效应为________。

3. 力的三要素为：________、________和________。

4. 二力平衡中的“两力”和作用与反作用中的“两力”，其共同点是：________、________、________。但两者有着本质的差别，前者两力作用于同一个物体，后者两力分别作用于不同的物体。

5. 如果两个平面力偶是等效力偶，则此两力偶必有____________、____________。

6. 力偶________与一个力等效，也________被一个力平衡。

7. 平面力偶系合力偶之矩 M 等于____________。

8. 力偶是大小________、方向________、作用线________的两个平行力，记为 $(\boldsymbol{F},\boldsymbol{F}')$，它使物体产生转动效应。

9. 力 $\boldsymbol{F}$ 对 O 点之矩 $M_O(\boldsymbol{F}) = \pm Fh$，当 $F \neq 0$ 时，若 $M_O(\boldsymbol{F}) = 0$，则必有________，此时力 $\boldsymbol{F}$ 的作用线必____________。

10. 为了分析某一物体的受力情况，把该物体从与它相联系的周围物体中分离出来，并在其上画出全部作用力。分离出的物体称为________，画出的这种图称为________。

11. 如图 1-2 所示结构，由 AB 和 CD 两杆组成，A、C、D 为铰，CD 杆属于________杆件，C 处的约束反力方向为________。

12. 一物体受到共面而不平行的三个力作用处于平衡，则此三力必________。如图 1-3所示刚架在力 $\boldsymbol{P}$ 与两个支座反力共同作用下处于平衡，则有 F_A = ________，F_B = ________。

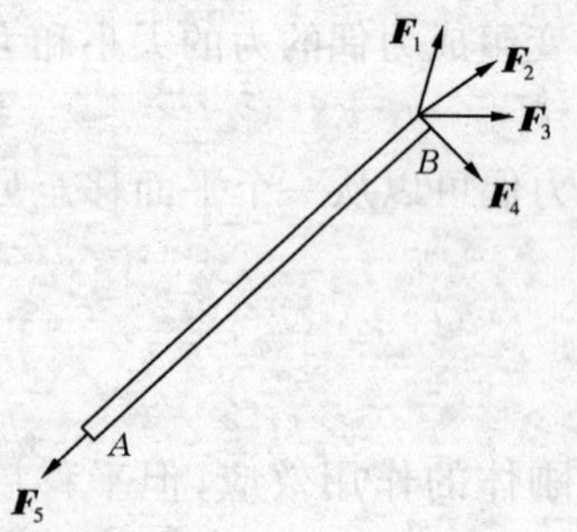

图 1-1

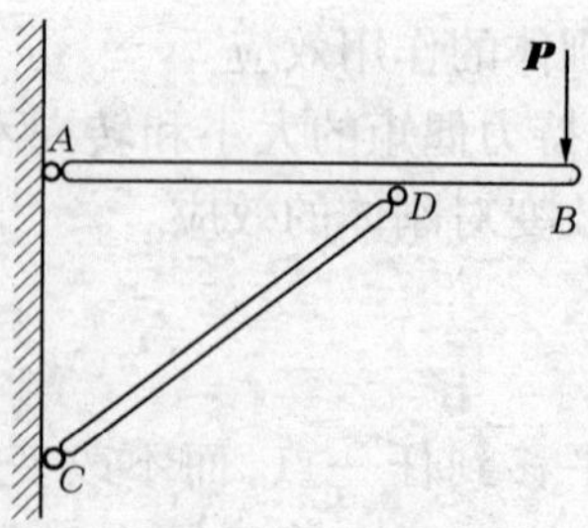

图 1-2

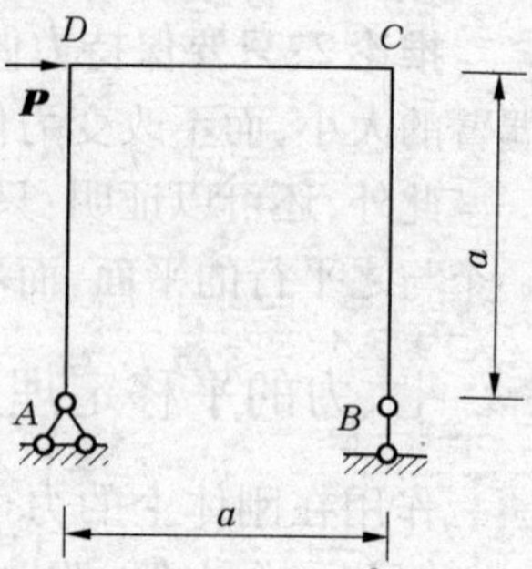

图 1-3

二、选择题

1. 绳索、皮带、链条等构成的约束称为柔性约束，其约束反力是(　　)。

A. 拉力　　B. 压力　　C. 等于零　　D. 拉力和压力均可

2. 根据力的可传性原理，力可以在作用线上移动而不改变它对物体的作用，这个原理仅适用于(　　)。

A. 物体的外效应　B. 物体的内效应　C. 物体的内、外效应　D. 固体材料

3. 一刚体受两个作用在同一直线上指向相反的力 $\boldsymbol{F}_1$ 和 $\boldsymbol{F}_2$ 作用，如图 1-4 所示，它们之间的大小关系为 $F_1=2F_2$，则该两力的合力矢 $\boldsymbol{F}_R$ 可表示为(　　)。

A. $\boldsymbol{F}_R=\boldsymbol{F}_1-\boldsymbol{F}_2$　　B. $\boldsymbol{F}_R=\boldsymbol{F}_2-\boldsymbol{F}_1$　　C. $\boldsymbol{F}_R=\boldsymbol{F}_1+\boldsymbol{F}_2$　　D. $\boldsymbol{F}_R=\boldsymbol{F}_2$

4. 如图 1-5 所示的受力分析当中，$\boldsymbol{F}_G$ 是地球对物体 A 的引力，$\boldsymbol{F}_T$ 是绳子受到的拉力，作用力与反作用力指的是(　　)。

A. $\boldsymbol{F}_T'$与 $\boldsymbol{F}_G$　　B. $\boldsymbol{F}_T$ 与 $\boldsymbol{F}_G$　　C. $\boldsymbol{F}_G$ 与 $\boldsymbol{F}_G'$　　D. $\boldsymbol{F}_T'$与 $\boldsymbol{F}_G'$

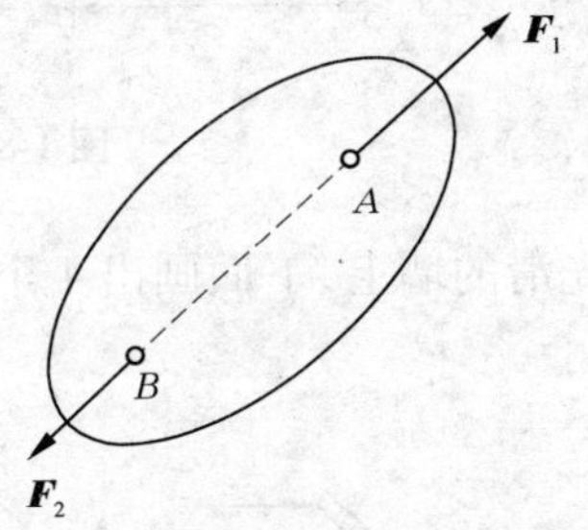

图 1-4

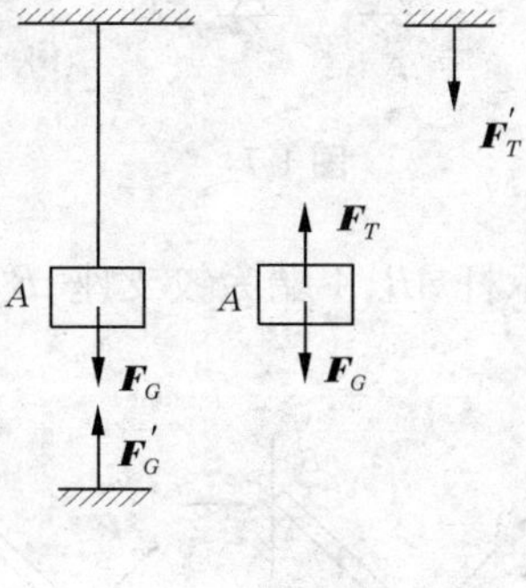

图 1-5

5. 图 1-6 所示 4 个力偶中，(　　)是等效的。

A. (a)与(b)　　B. (b)与(c)

C. (c)与(d)　　D. (a)与(b)和(c)与(d)

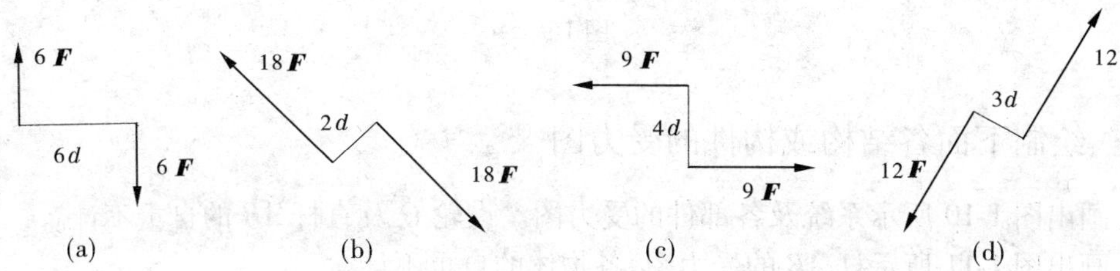

图 1-6

6. 将图 1-7(a)中的力偶 m 移至图 1-7(b)的位置，则(　　)。

A. A、B、C 处约束反力都不变

B. A 处约束反力改变，B、C 处约束反力不变

C. A、C 处约束反力不变，B 处约束反力改变

D. A、B、C 处约束反力都要改变

7. 图 1-8 所示三铰刚架，有下列 4 种说法，其中错误的是(　　)。

A. 刚架的左半部 AB 属于二力平衡构件

B. 反力 $\boldsymbol{F}_A$ 的方向沿着 AB

C. 刚架的右半部 BC 属于三力平衡构件

D. 反力 $\boldsymbol{F}_C$ 的方向无法确定

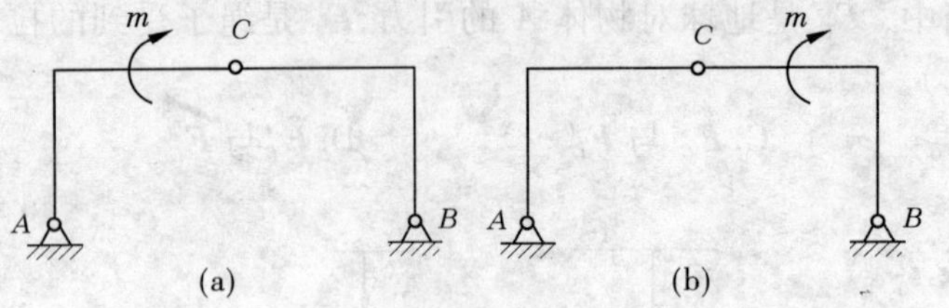

图 1-7

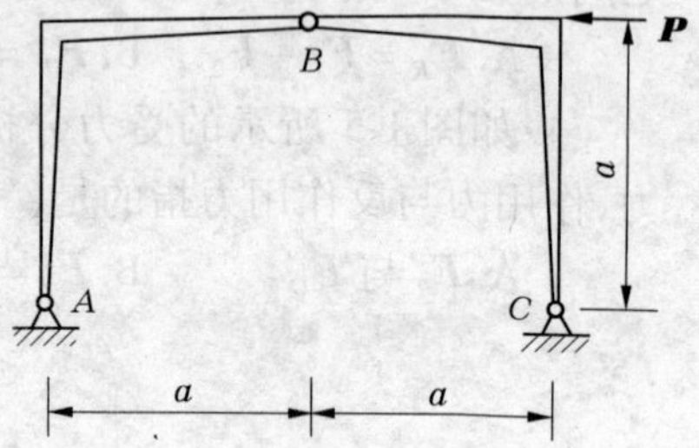

图 1-8

8. 图 1-9 所示杆 AB，A 端为铰支座，B 端搁在光滑的墙上，下面画出 4 个受力图，其中正确的是(　　)。

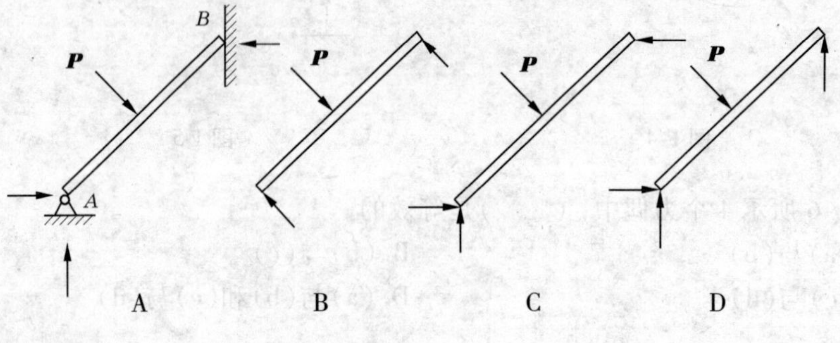

图 1-9

三、绘制下面各结构或构件的受力图

1. 画出图 1-10 所示系统及各部件的受力图。设轮 O 及直杆 AB 的自重不计。

2. 画出图 1-11 所示杆 AB 的受力图，各物体的自重不计。

3. 图 1-12 所示机构在力 $\boldsymbol{F}_1$、$\boldsymbol{F}_2$ 作用下处于平衡状态。画出各构件的受力图。

4. 画出图 1-13 所示杆 AB 的受力图。图中的接触面均为光滑面，其中 EF 为绳索。

5. 画出图 1-14 所示 AC 梁的受力图。

6. 画出图 1-15 所示简支梁的受力图。

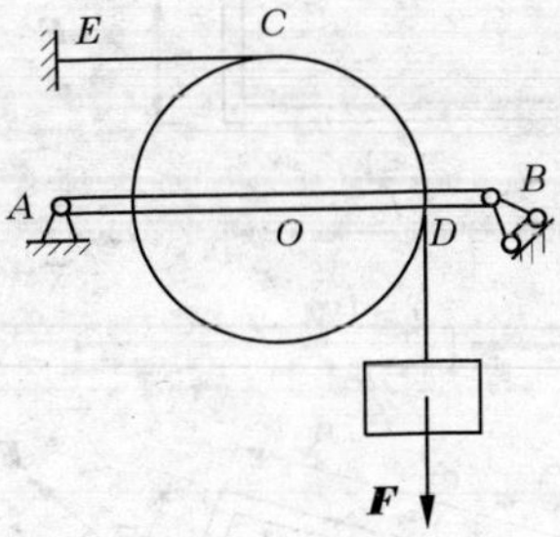

图 1-10

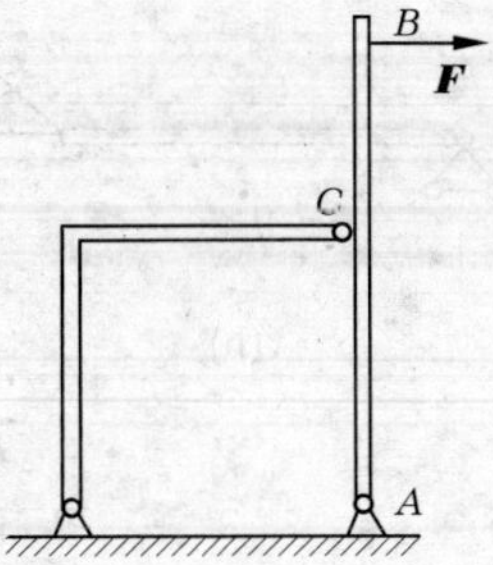

图 1-11

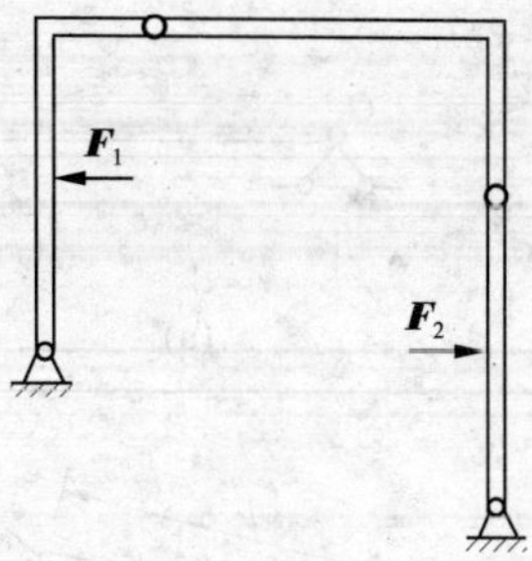

图 1-12

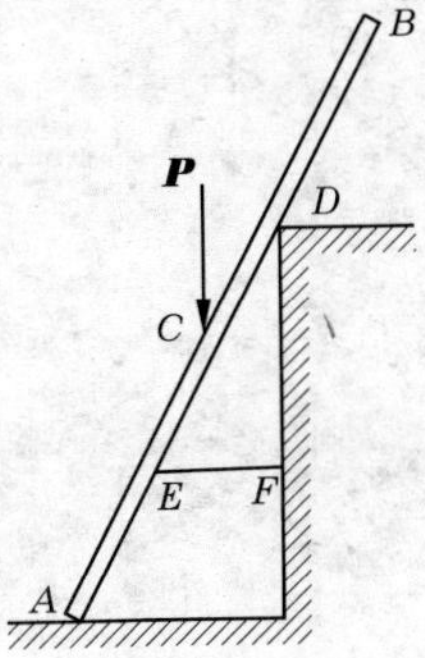

图 1-13

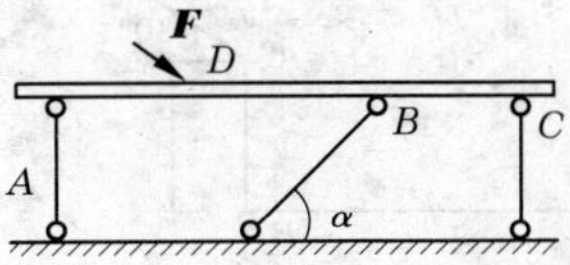

图 1-14

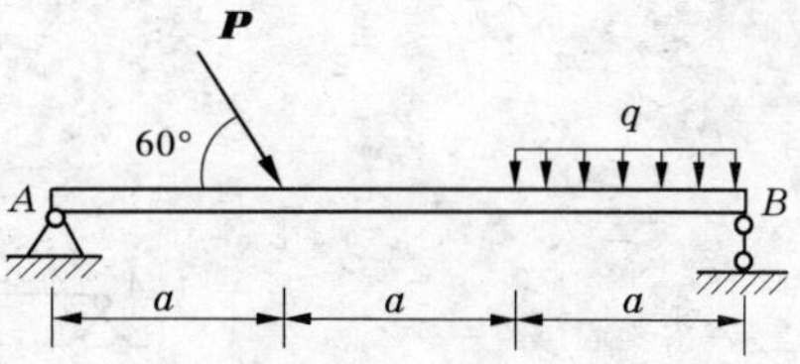

图 1-15

7. 图 1-16 所示组合梁，由 AB 和 BC 两段组成，B 为中间铰，支座情况如图所示。试画出梁 AB、BC 及整体梁的受力图。

8. 图 1-17 所示三铰刚架，不考虑自重，分别画出左半部 AB 和右半部 BC 以及整体的受力图。

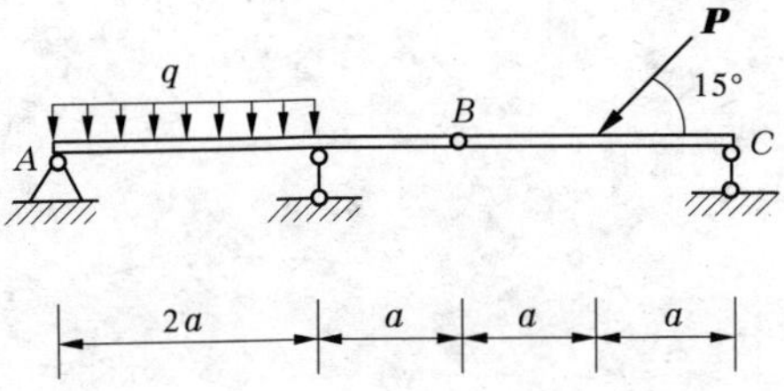

图 1-16

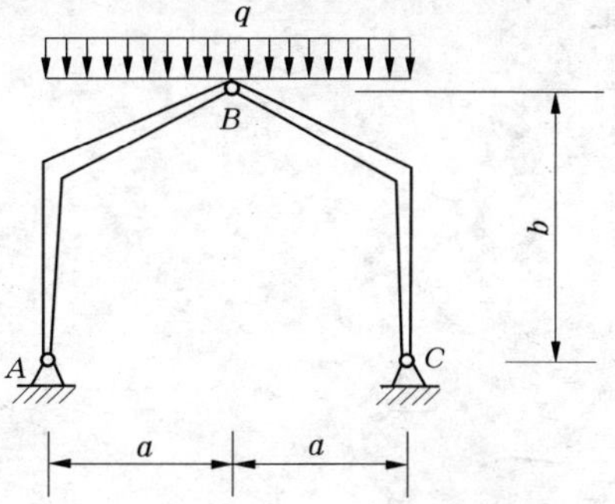

图 1-17

四、计算题

1. 计算如图 1-18 所示力 $\boldsymbol{F}$ 对 O 点之矩。

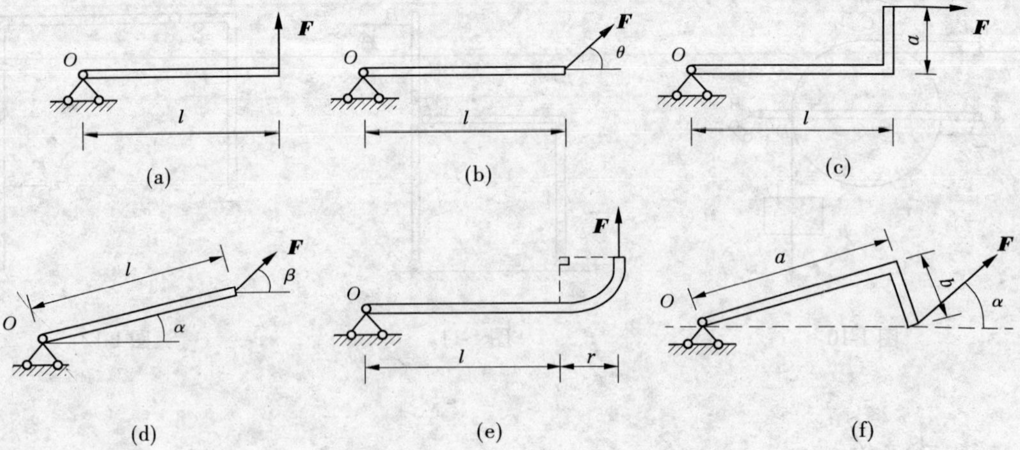

图 1-18

2. 应用合力矩定理，计算图 1-19 所示力 $\boldsymbol{P}$ 对 A 点和对 B 点之矩。

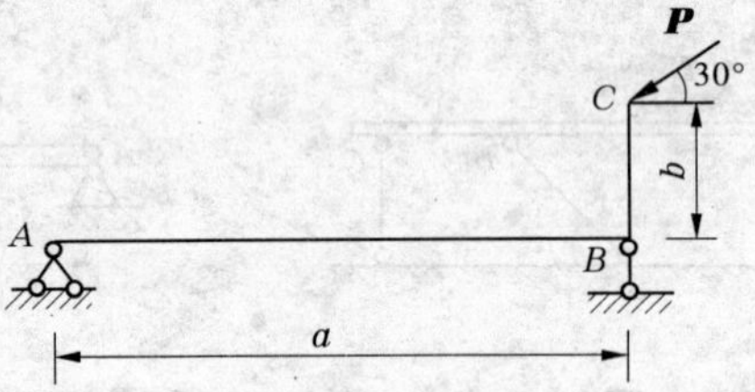

图 1-19

第二章　力系的简化

复习提要

一、力系等效与简化的概念

(一)力系的主矢与主矩

由任意多个力所组成的力系($\boldsymbol{F}_1, \boldsymbol{F}_2, \cdots, \boldsymbol{F}_n$)中所有力的矢量和,称为力系的主矢量,简称为主矢,用$\boldsymbol{F}_R$表示,即

$$\boldsymbol{F}_R = \sum_{i=1}^{n} \boldsymbol{F}_i \tag{2-1}$$

力系中所有力对于同一点(O)之矩的矢量和,称为力系对这一点的主矩,用M_O表示,即

$$M_O = \sum_{i=1}^{n} M_O(\boldsymbol{F}_i) \tag{2-2}$$

对于一个确定的力系,主矢是唯一的,主矩并不是唯一的,同一个力系对于不同的点,其主矩一般不相同。

(二)等效的概念

如果两个力系的主矢和主矩分别对应相等,两者对于同一刚体就会产生相同的运动效应,因而称这两个力系为等效力系。

(三)简化的概念

所谓力系的简化,就是将由若干个力和力偶所组成的力系,变为一个力或一个力偶,或者一个力与一个力偶的简单而等效的情形。

二、平面汇交力系的简化

平面汇交力系可以简化为通过汇交点的合力,用解析法求合力的大小和方向。公式为

$$\left.\begin{aligned} F_R &= \sqrt{F_{Rx}^2 + F_{Ry}^2} = \sqrt{\left(\sum_{i=1}^{n} F_{ix}\right)^2 + \left(\sum_{i=1}^{n} F_{iy}\right)^2} \\ \tan\alpha &= \left|\frac{F_{Ry}}{F_{Rx}}\right| \end{aligned}\right\} \tag{2-3}$$

三、平面力偶系的简化

平面力偶系可以合成为一个合力偶,合力偶的力偶矩等于各分力偶矩的代数和,即

$$M = \sum_{i=1}^{n} M_i = \sum M_i \tag{2-4}$$

四、平面一般力系的简化

（一）平面一般力系的简化

平面力系向作用面内任意一点简化，一般情形下，得到一个力（主矢）和一个力偶（主矩）。所得力的作用线通过简化中心，它等于力系中所有力的矢量和；所得力偶仍作用于原平面内，其力偶矩数值等于力系中所有力对简化中心之矩的代数和。

（1）主矢计算

$$\left.\begin{aligned} F_R' &= \sqrt{F_{Rx}'^2 + F_{Ry}'^2} = \sqrt{\left(\sum_{i=1}^{n} F_{ix}\right)^2 + \left(\sum_{i=1}^{n} F_{iy}\right)^2} \\ \tan\alpha &= \left|\frac{F_{Ry}'}{F_{Rx}'}\right| \end{aligned}\right\} \tag{2-5}$$

（2）主矩计算

$$M_O = M_1 + M_2 + \cdots + M_n = M_O(\boldsymbol{F}_1) + M_O(\boldsymbol{F}_2) + \cdots + M_O(\boldsymbol{F}_n) = \sum M_O(\boldsymbol{F}_i) \tag{2-6}$$

（二）平面一般力系的简化结果

平面一般力系的简化结果见表 2-1。

表 2-1　平面一般力系的简化结果

主矢	主矩		最后结果	与简化中心的关系
$F_R' = 0$	1	$M = 0$	平衡	与简化中心无关
	2	$M \neq 0$	合力偶	与简化中心无关
$F_R' \neq 0$	3	$M = 0$	合力	合力作用线过简化中心
	4	$M \neq 0$	合力	合力作用线距简化中心的距离为 $d = \lvert M \rvert / F_R'$

可见，平面一般力系简化的最后结果，可归纳为以下 3 种情况：

（1）简化为一个力，第 3、4 种情况。

（2）简化为一个力偶，第 2 种情况。

（3）力系平衡，第 1 种情况。

训练题

一、填空题

1. 力的平移定理表明，作用在物体上的力 $\boldsymbol{F}$ 可以平移到物体上的任一点 O，但必须附加一个________，其________的大小等于力 $\boldsymbol{F}$ 对 O 点之矩。

2. 平面一般力系向一点简化，得到一个________，一个________。如果物体处于平衡状态，则有______________。

二、选择题

1. 由 $\boldsymbol{F}_1$、$\boldsymbol{F}_2$、$\boldsymbol{F}_3$ 和 $\boldsymbol{F}_4$ 构成的力系多边形如图 2-1 所示，其中代表合力的是（　　）。

A. $\boldsymbol{F}_1$　　B. $\boldsymbol{F}_4$　　C. $\boldsymbol{F}_2$　　D. $\boldsymbol{F}_3$

2. 在物体上作用着两个力偶（$\boldsymbol{F}_1$，$\boldsymbol{F}_1'$）和（$\boldsymbol{F}_2$，$\boldsymbol{F}_2'$）如图 2-2 所示，其力多边形闭合，则合力和合力偶矩为（　　）。

A. 合力为 0，合力偶矩为 0

B. 合力为 $F_1 + F_2$，合力偶矩为 $F_1d_1 + F_2d_2$

C. 合力为 0，合力偶矩为 $F_1d_1 + F_2d_2$

D. 合力为 $\sqrt{F_1^2 + F_2^2}$，合力偶矩为 $\sqrt{(F_1d_1)^2 + (F_2d_2)^2}$

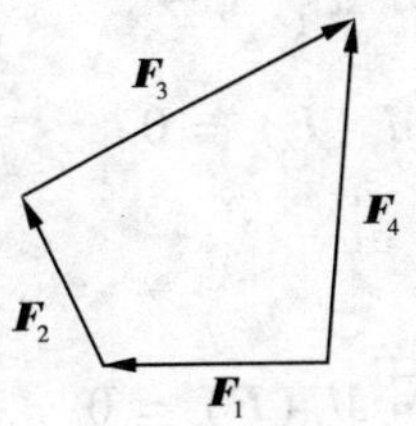

图 2-1

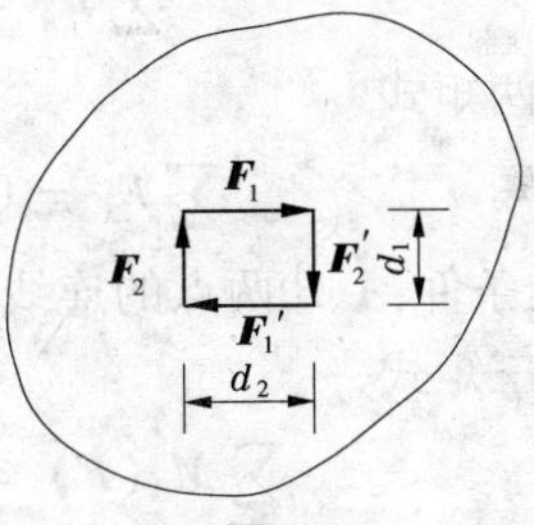

图 2-2

3. 力的平移定理是指作用在物体上的力 $\boldsymbol{P}$ 可以平移到该物体上的任一点，只要加一个附加力偶就可以了。如图 2-3 所示组合梁，若把力 $\boldsymbol{P}$ 分别移到 A、B、C、D 四点，则平移定理不适用的点为（　　）。

A. A 点　　B. B 点　　C. C 点　　D. D 点

4. 图 2-4 所示挡土墙，自重 $W_1 = 75$ kN，铅直土压力 $W_2 = 120$ kN，水平土压力 $P = 90$ kN，此三力对前趾 A 点之矩为 M_A，使挡土墙有绕 A 点倾倒趋势的力矩为 M_{A1}，使挡土墙趋于稳定的力矩为 M_{A2}。现有下列三种计算结果和一个最后结论，其中错误的是（　　）。

A. $M_A = 178.5$ kN · m　　B. $M_{A1} = 144$ kN · m，$M_{A2} = 322.5$ kN · m

C. $M_{A1} = 322.5$ kN · m，$M_{A2} = 144$ kN · m　　D. 此挡土墙不会倾倒

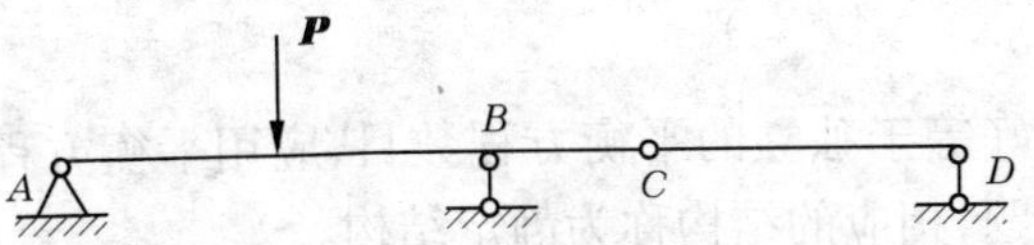

图 2-3

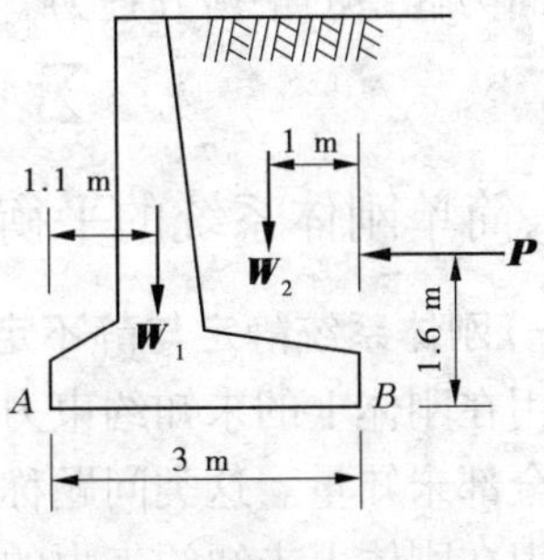

图 2-4

第三章　平面力系的静力学平衡

复习提要

一、平面一般力系的平衡

(一)平面一般力系的平衡方程

(1)基本式

$$\sum F_x = 0 \quad \sum F_y = 0 \quad \sum M_O(\boldsymbol{F}) = 0 \tag{3-1}$$

(2)两矩式

$$\sum F_x = 0 \quad \sum M_A(\boldsymbol{F}) = 0 \quad \sum M_B(\boldsymbol{F}) = 0 \tag{3-2}$$

附加条件:A、B 两点的连线不能垂直投影轴 x。

(3)三矩式

$$\sum M_A(\boldsymbol{F}) = 0 \quad \sum M_B(\boldsymbol{F}) = 0 \quad \sum M_C(\boldsymbol{F}) = 0 \tag{3-3}$$

附加条件:A、B、C 三点不共线。

平衡方程的选择应遵循以下原则:① 计算的力系中有几个未知力作用线汇交点就取几矩式;② 力矩表达式中的转动中心应取未知力的汇交点。

(二)几种特殊平面力系的平衡方程

(1)平面汇交力系平衡方程为

$$\sum F_x = 0 \quad \sum F_y = 0 \tag{3-4}$$

(2)平面平行力系平衡方程为

$$\sum F_y = 0 \quad \sum M_O(\boldsymbol{F}) = 0 \tag{3-5}$$

(三)平面力偶系的平衡方程

平面力偶系的平衡方程为

$$\sum M = M_1 + M_2 + \cdots + M_n = 0 \tag{3-6}$$

二、简单刚体系统的平衡问题

(一)刚体系统静定与静不定的概念

作用在刚体上的未知约束力的数目正好等于独立的平衡方程数目,应用平衡方程可以解出全部未知量。这类问题称为静定问题,相应的结构称为静定结构。

作用在刚体上未知约束力的数目多于独立的平衡方程数目,仅仅依靠刚体平衡条件不能求出全部未知量。这类问题称为静不定问题或超静定问题,相应的结构称为静不定结构或超静定结构。

(二)刚体系统的平衡问题的特点与解法

1. 刚体系统的平衡问题的特点

刚体系统的平衡问题的特点如下：

(1)整体平衡与局部平衡的概念。求解刚体系统的平衡问题需要将平衡的概念加以扩展,即系统如果整体是平衡的,则组成系统的每一个局部以及每一个刚体也必然是平衡的。

(2)研究对象有多种选择。一般先以整个系统为研究对象,虽然不能求出全部未知力,但可求出其中一个或几个未知力。

(3)对刚体系统作受力分析时,要分清内力和外力。内力和外力是相对的,需视选择的研究对象而定。研究对象以外的物体作用于研究对象上的力称为外力,研究对象内部各部分间的相互作用力称为内力。以整体为研究对象时,由于内力在任意轴上的投影之和以及对任意点的力矩之和始终为零,因而不必考虑。但是,一旦将系统拆开,以局部或单个刚体作为研究对象时,在拆开处,原来的内力变成了外力,建立平衡方程时,必须考虑这些力。

(4)刚体系统的受力分析过程必须严格根据约束的性质确定约束力,特别要注意互相连接物体之间的作用力与反作用力,使作用在平衡系统整体上的力系和作用在每个刚体上的力系都满足平衡条件。

2. 求解刚体系统平衡问题的一般步骤和要点

求解刚体系统平衡问题的一般步骤和要点如下：

(1)弄清题意,判断物体系统的静定性质,确定是否可解。

(2)正确选择研究对象。注意研究对象选取的次序,每次选取的研究对象上未知力的个数最好不要超过该研究对象所受力系独立平衡方程的个数,避免求解研究对象的联立方程。

(3)正确画出研究对象的受力图。根据约束的性质和作用力与反作用力定律,分析研究对象所受的约束力。只画研究对象所受的外力,不画内力。

(4)分别考虑不同的研究对象的平衡条件,建立平衡方程,求解未知量。列平衡方程时,要选取适当的投影轴和矩心,列相应的平衡方程,尽量使一个方程只含一个未知量,以使计算简化。

(5)校核。利用在解题过程中未被选为研究对象的物体进行受力分析,检查是否满足平衡条件,以验证所得结果的正确性。

3. 简单刚体系统平衡问题的分类

简单刚体系统平衡问题的分类如下：

(1)多跨静定梁系统。这类问题的解题顺序为先部分(符合可解条件),后整体或部分。

(2)三铰刚架或三铰拱系统。这类问题的解题顺序为先整体(求出部分未知力),后部分。

(3)杆系结构。这类问题的解题顺序为先找二力构件,从符合可解条件的局部或单个物体开始求解，然后根据要求逐个解出未知量。

三、考虑摩擦时物体的平衡

（一）滑动摩擦

1. 静滑动摩擦定律

当物体接触面间有相对滑动的趋势但仍保持相对静止时，沿接触点公切面彼此作用着阻碍相对滑动的力，称为静滑动摩擦力，简称静摩擦力，常用 $\boldsymbol{F}$ 表示。其最大值计算式为

$$F_{\max} = f_s F_N \tag{3-7}$$

物体保持静止时，静摩擦力的数值在零与最大静摩擦力之间，即

$$0 \leqslant F \leqslant F_{\max} \tag{3-8}$$

2. 动滑动摩擦定律

动摩擦力的方向与接触物体间相对速度方向相反，大小与正压力成正比，即

$$F_d = f_d F_N \tag{3-9}$$

（二）考虑摩擦时物体的平衡

考虑摩擦时物体的平衡问题与不考虑摩擦时物体的平衡问题有着共同特点，即物体平衡时应满足平衡条件，解题方法与过程也基本相同。

这类平衡问题分析过程的特点：首先，受力分析时必须考虑摩擦力，而且要注意摩擦力的方向与相对滑动趋势的方向相反；其次，在滑动之前，即处于静止状态时，摩擦力不是一个定值，而是在一定的范围内取值。

（三）摩擦角和自锁*

1. 摩擦角

支承面法向约束力 $\boldsymbol{F}_N$ 和静摩擦力 $\boldsymbol{F}$ 可以合成为一个力 $\boldsymbol{F}_R$，称为全约束反力。当物体处于平衡的临界状态时，$F = F_{\max}$，夹角 φ 也达到最大值 φ_m。全约束反力与接触面法线间的夹角 φ_m 称为摩擦角。其正切值为

$$\tan\varphi_m = \frac{F_{\max}}{F_N} = \frac{f_s F_N}{F_N} = f_s \tag{3-10}$$

即摩擦角 φ_m 的正切值等于静摩擦系数 f_s。

2. 自锁*

全反力 $\boldsymbol{F}_R$ 的作用线只能在摩擦角 φ_m 内。如果作用在物体上的主动力的合力 $\boldsymbol{F}_Q$ 的作用线在摩擦角之内，则不论其大小如何，总可以与全反力平衡，因而物体必处于静止状态，这种现象称为自锁。产生自锁现象需满足的条件称为自锁条件。自锁条件为 $\varphi_m \geqslant 0$。

训练题

一、填空题

1. 平面汇交力系平衡的几何条件是________________，解析条件是____________。

2. 作用在刚体上的三个力使刚体处于平衡状态，若其中有两个力的作用线交于一点，

则第三个力的作用线__________，且这三个力的作用线分布在__________。

3. 图 3-1 所示三角形管道支架，每个支架负担的管道重量是 5 kN，支架杆重不计。AC 杆为________杆件，F_A =________；BC 杆为________杆件，F_B = ________。

4. 图 3-2 所示刚架，两个 50 kN 的力组成一个力偶，其力偶矩为________。根据力偶必须由力偶来平衡的原理，得出的反力 $\boldsymbol{F}_A$ 的大小及方向为________，$\boldsymbol{F}_B$ 的大小和方向为________。

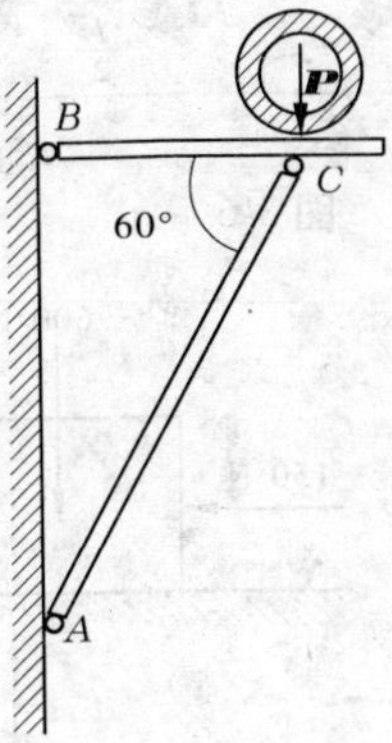

图 3-1

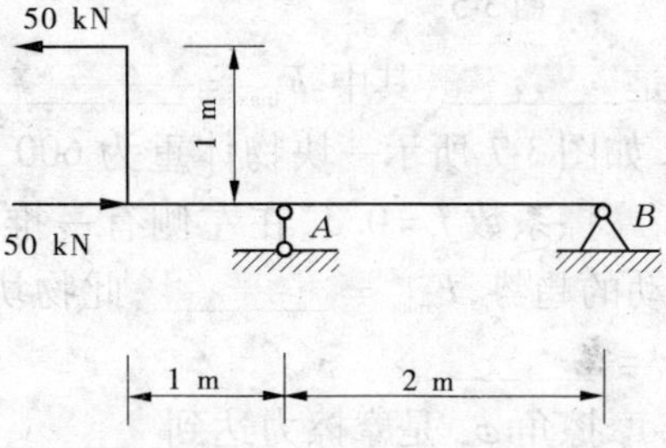

图 3-2

5. 平面一般力系平衡的必要与充分条件的解析表达式为________、________、________。

6. 图 3-3 所示简支梁在 C 处作用着一个集中力 $\boldsymbol{F}$，则支座反力 F_{Ax} =________，F_{Ay} =________，M_A =________。

7. 图 3-4 所示悬臂梁，在均布荷载 q 和集中力 $\boldsymbol{F}$ 作用下，支座反力 F_{Ax} =________，F_{Ay} =________、M_A =________。

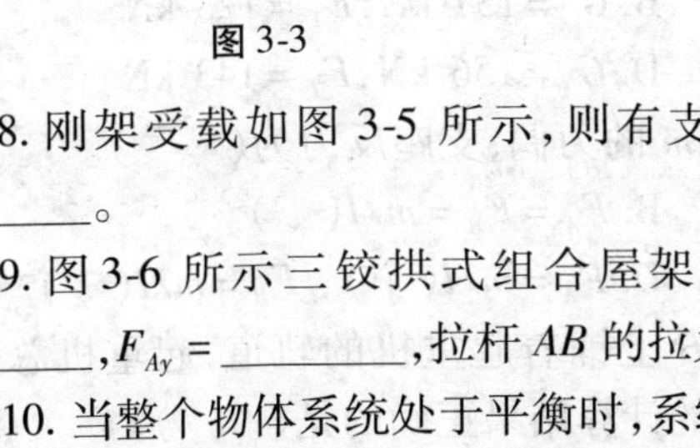

图 3-3

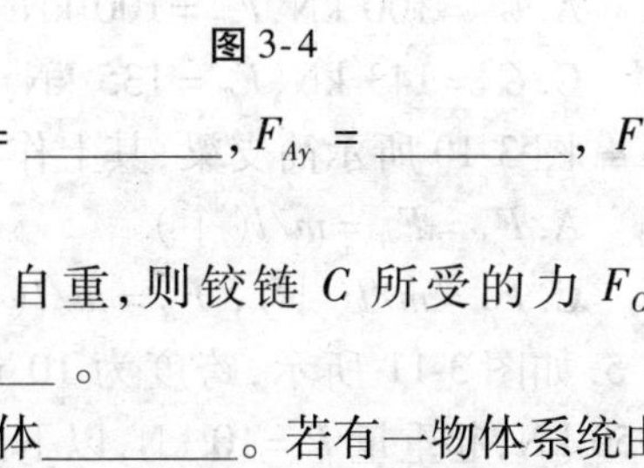

图 3-4

8. 刚架受载如图 3-5 所示，则有支座反力 F_{Ax} =________，F_{Ay} =________，F_B =________。

9. 图 3-6 所示三铰拱式组合屋架，若不计屋架自重，则铰链 C 所受的力 F_{Cx} =________，F_{Ay} =________，拉杆 AB 的拉力 F_T =________。

10. 当整个物体系统处于平衡时，系统中的每一物体________。若有一物体系统由两个承受平面一般力系和一个承受平面平行力系的物体组成，则有________个独立平衡方程，可解________个未知量。

11. 摩擦力的方向与两个物体相对滑动趋势的方向________，静摩擦力 $\boldsymbol{F}$ 的大小变

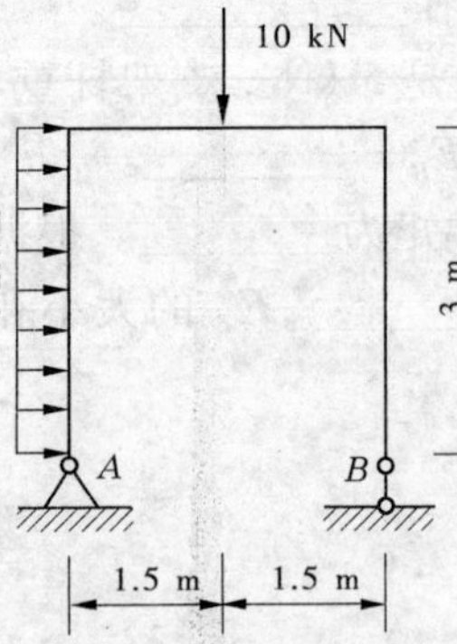

图 3-5

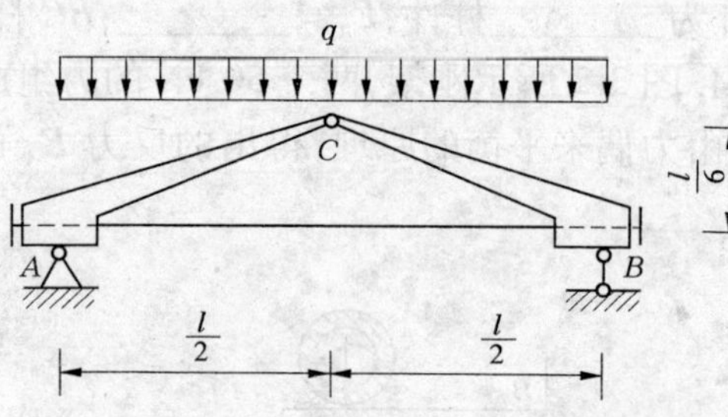

图 3-6

化范围是________,其中 $F_{\max}$ = ________。

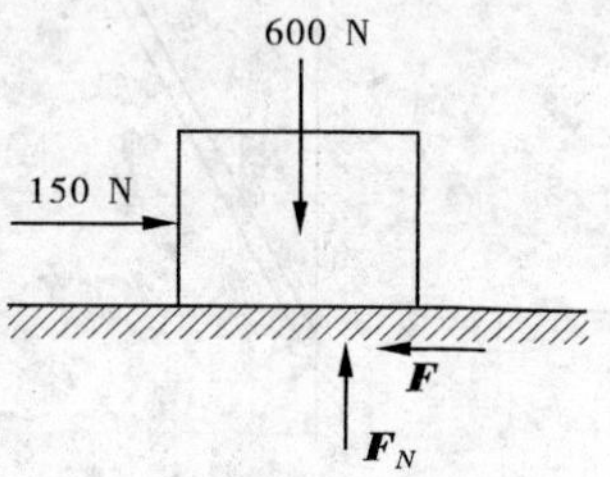

图 3-7

12. 如图 3-7 所示一块物体重为 600 N,放在不光滑的平面上,摩擦系数 $f=0.3$,在左侧有一推力 150 N,物块有向右滑动的趋势,$F_{\max}$ = ________,此物块处于________状态,其 F = ________。

13. 摩擦角 φ_m 是摩擦力达到________时的________与________之间的夹角。

二、选择题

1. 若某力在某轴上的投影绝对值等于该力的大小,则该力在另一任意共面轴上的投影为(　　)。

A. 也等于该力的大小　B. 一定等于零　C. 不一定等于零　D. 一定不等于零

2. 图 3-8 中的两个共面力系,其三个力都汇交于一点,各力都不为零,且图 3-8(a)中 $\boldsymbol{F}_1$ 与 $\boldsymbol{F}_2$ 共线,则图 3-8(a)中力系(　　);图 3-8(b) 中力系(　　)。

A. 平衡　B. 不一定平衡　C. 不平衡

3. 图 3-9 所示一绳索在 B 处悬挂一重物 G,并绕过滑轮 C,在 D 处挂一重为 $Q=100$ kN 的物体,使重物处于平衡位置。关于重物 G 的重量和绳索 AB 的拉力 $\boldsymbol{F}_T$,有下列四种结果,其中正确的是(　　)。

A. $G=100$ kN, $F_T=100$ kN　B. $G=137$ kN, $F_T=123$ kN

C. $G=143$ kN, $F_T=135$ kN　D. $G=156$ kN, $F_T=143$ kN

4. 图 3-10 所示简支梁,其上作用着力偶矩为 m 的力偶,支座反力为(　　)。

A. $F_A=F_B=m/l(\uparrow)$　B. $F_A=F_B=m/l(\downarrow)$

C. $F_A=m/l(\downarrow)$, $F_B=m/l(\uparrow)$　D. $F_A=m/l(\uparrow)$, $F_B=m/l(\downarrow)$

5. 如图 3-11 所示,跨度为 10 m 的简支梁 AB 上铺着起重机的轨道,起重机总重量 $W=50$ kN,起重量 $P=10$ kN,以下四种支座反力的计算结果正确的是(　　)。

A. $F_{Ax}=0, F_{Ay}=F_B=30$ kN　B. $F_{Ax}=0, F_{Ay}=38$ kN, $F_B=22$ kN

C. $F_{Ax}=0, F_{Ay}=35$ kN, $F_B=25$ kN　D. $F_{Ax}=0, F_{Ay}=22$ kN, $F_B=38$ kN

6. 悬臂梁在图 3-12 所示两种荷载作用下,梁的支座反力正确的应是(　　)。

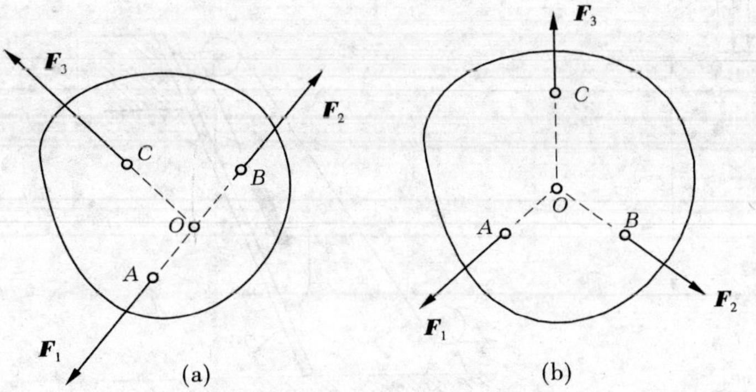

图 3-8

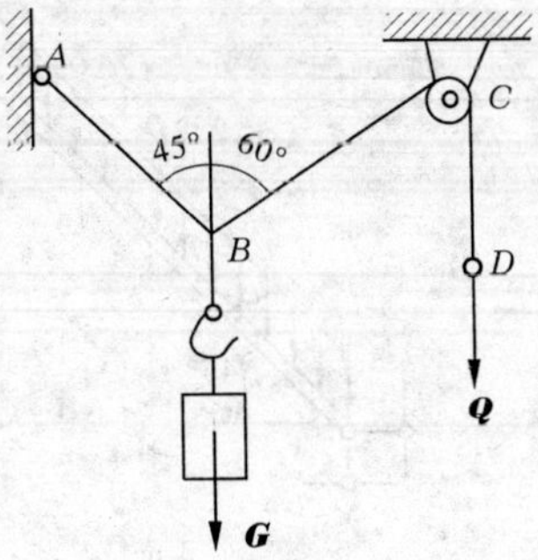

图 3-9

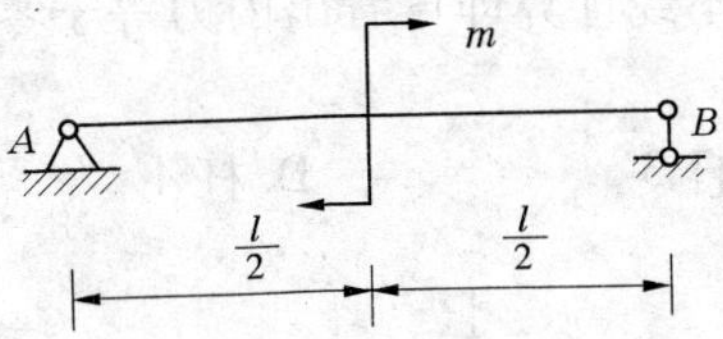

图 3-10

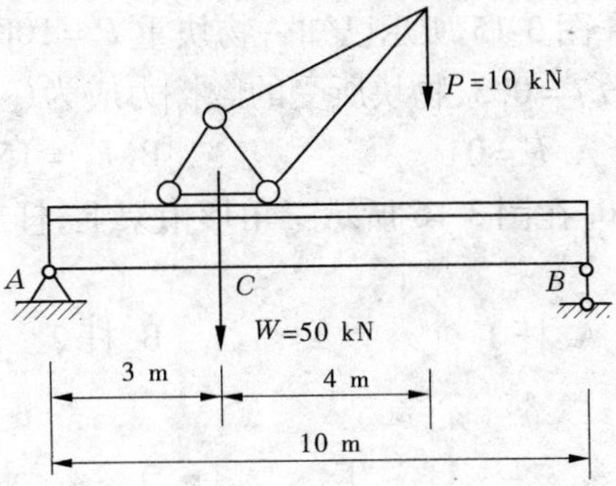

图 3-11

A. F_A 相同，M_A 也相同　　　　B. F_A 不同，M_A 也不同

C. F_A 相同，M_A 不同　　　　D. F_A 不同，M_A 相同

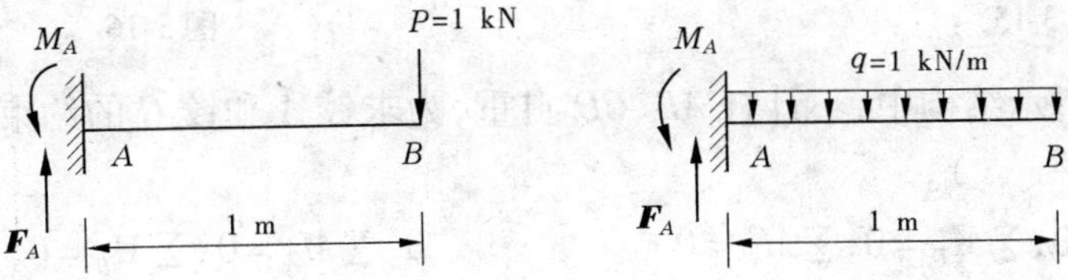

图 3-12

7. 斜梁受载如图 3-13 所示，支座反力有以下四种结果，正确的应是(　　)。

提示：q_1 是沿斜梁每单位长度上的荷载，合力不是 $q_1 \times 3$，而是 $q_1 \times 3\sqrt{2}$。

A. $F_{Ax}=0, F_{Ay}=F_B=6.04$ kN　　　　B. $F_{Ax}=0, F_{Ay}=5.13$ kN, $F_B=6.95$ kN

C. $F_{Ax}=0, F_{Ay}=5.96$ kN, $F_B=6.12$ kN　　　　D. $F_{Ax}=0, F_{Ay}=6.34$ kN, $F_B=5.74$ kN

8. 用于升降混凝土的简单起重机如图 3-14 所示。已知混凝土和吊桶共重 25 kN。吊桶与滑道间的摩擦因数 $f=0.3$。设重物匀速上升时的绳子张力为 $\boldsymbol{T}_1$，下降时的绳子张力为 $\boldsymbol{T}_2$，下列四种结果正确的是(　　)。

A. $T_1=26$ kN, $T_2=2$ kN　　　　B. $T_1=2$ kN, $T_2=26$ kN

C. $T_1=24$ kN, $T_2=4$ kN　　　　D. $T_1=4$ kN, $T_2=24$ kN

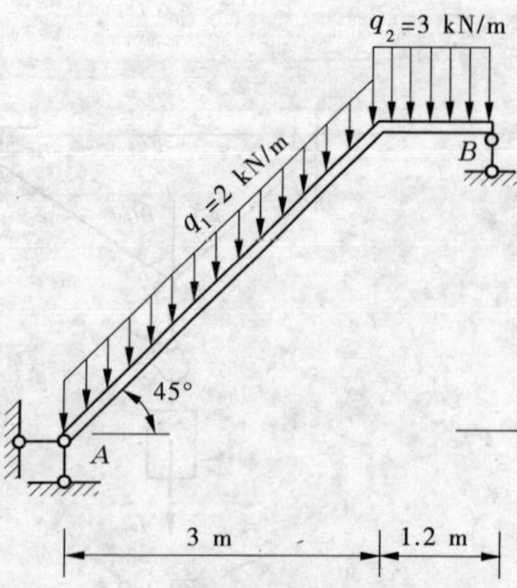

图 3-13

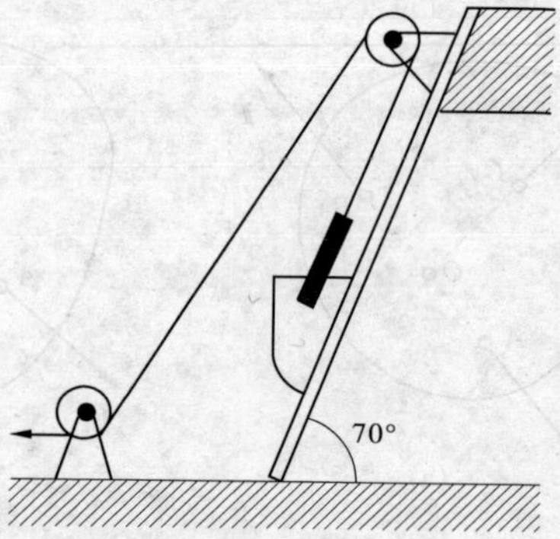

图 3-14

9. 图 3-15 所示已知一物块重 $P=100$ N，用 $Q=500$ N 的力压在一铅直表面上，其摩擦因数 $f=0.3$，物块所受的摩擦力应为(　　)。

A. $F=0$　　B. $F=150$ N　　C. $F=100$ N　　D. $F=120$ N

10. 在图 3-16 所示三角形桁架上，杆 1、2、3、4 中，不经计算即可看出内力等于零的杆是(　　)。

A. 杆 1　　B. 杆 2　　C. 杆 3　　D. 杆 4

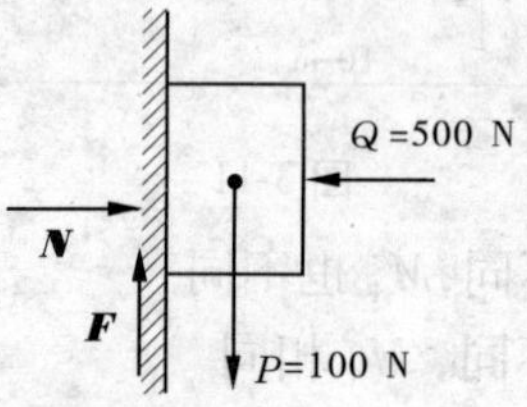

图 3-15

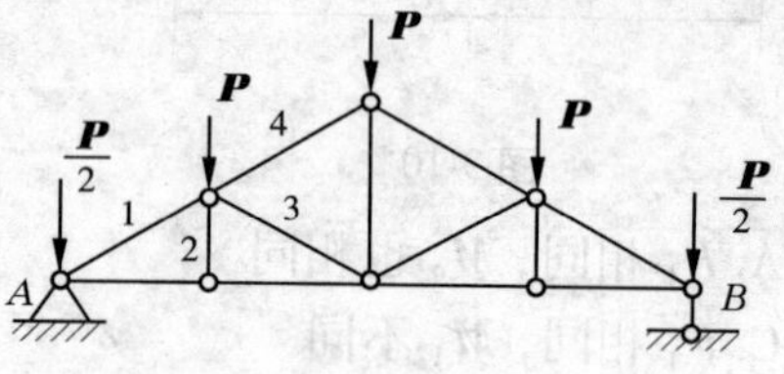

图 3-16

11. 图 3-17 所示结构中，不计杆 AB、CD 自重，为求铰 A 和铰 C 的约束反力，最后应采用的平衡方程为(　　)。

A. $\sum M_B=0, \sum M_D=0, \sum M_C=0$　　B. $\sum M_A=0, \sum M_B=0, \sum M_C=0$

C. $\sum F_x=0, \sum M_A=0, \sum M_C=0$　　D. $\sum F_y=0, \sum M_B=0, \sum M_C=0$

12. 某平面平行力系，各力与轴平行，如图 3-18 所示。已知 $F_1=10$ N，$F_2=4$ N，$F_3=8$ N，$F_4=8$ N，$F_5=10$ N，则力系的简化结果与简化中心的位置(　　)。

A. 无关　　B. 有关

C. 若简化中心选择在 x 轴上，与简化中心的位置无关

D. 若简化中心选择在 y 轴上，与简化中心的位置无关

三、计算题

1. 图 3-19 所示一起重机起吊重物 $G=4$ kN，试求绳索 AB 和杆 BC 的内力。

2. 图 3-20 所示结构受力偶矩为 m 的力偶作用，试求支座 A 的反力。

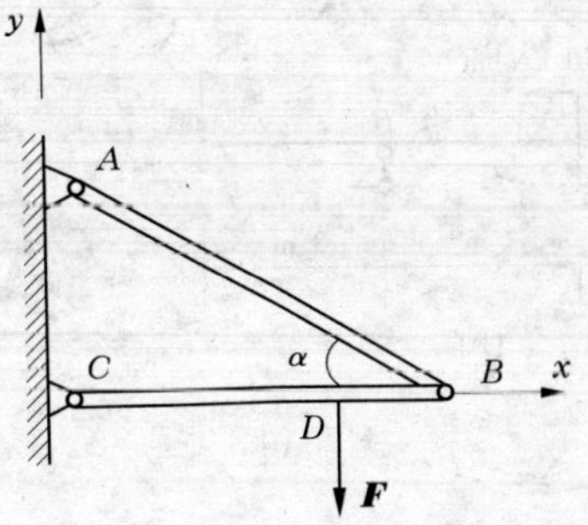

图 3-17

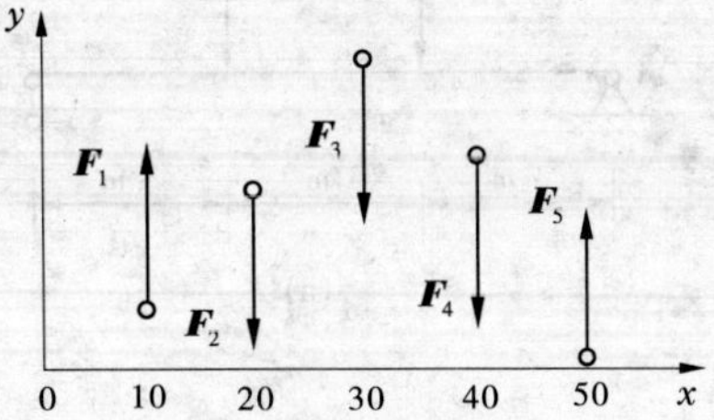

图 3-18

提示：AC 是二力构件，$\boldsymbol{F}_A$ 的作用线沿着 AC 方向；根据力偶一定要与力偶平衡的性质，$\boldsymbol{F}_B$ 的方向也平行于 AC。

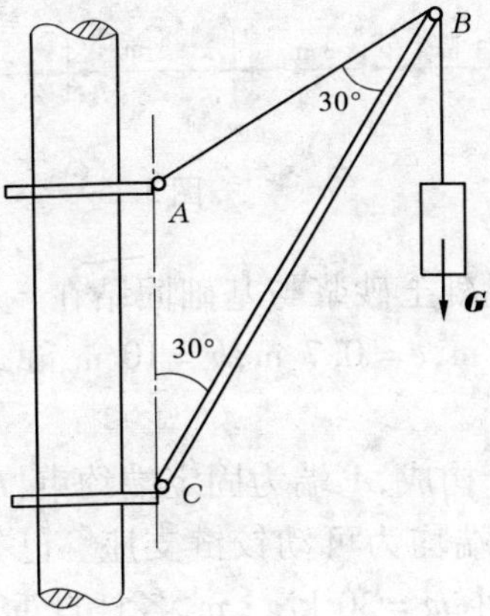

图 3-19

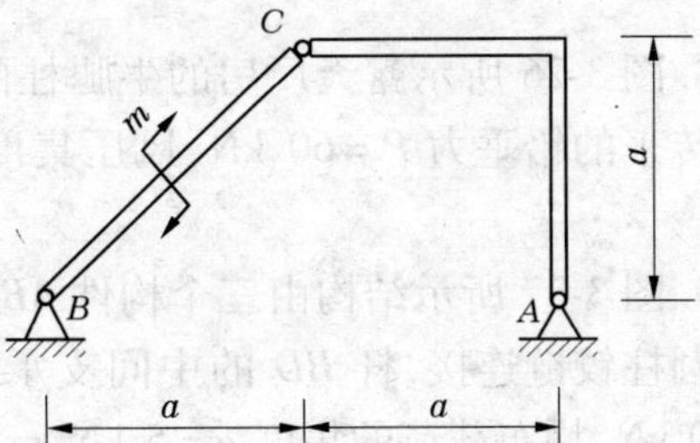

图 3-20

3. 试求图 3-21 所示外伸梁的支座反力。

4. 图 3-22 所示外伸梁，在 $q=800$ N/m 的均布荷载作用下，试求支座反力。

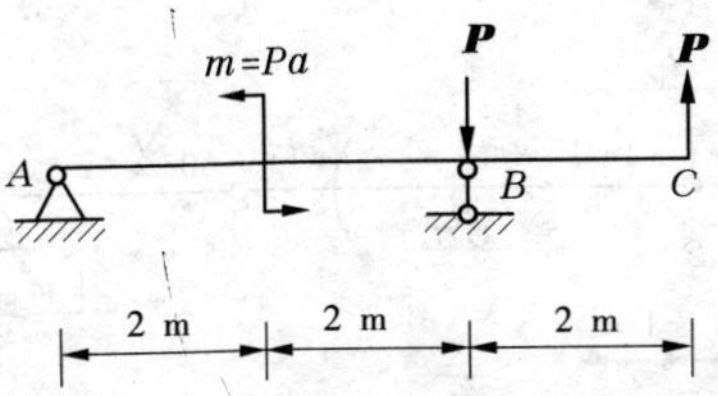

图 3-21

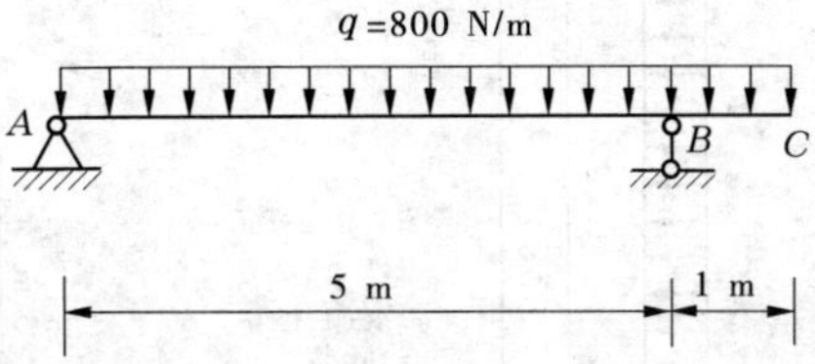

图 3-22

5. 试求图 3-23 所示各梁的支座反力。

6. 试求图 3-24 所示静定梁的支座反力。

7. 一组合结构的尺寸及荷载如图 3-25 所示，试求杆 1、2、3 的内力。

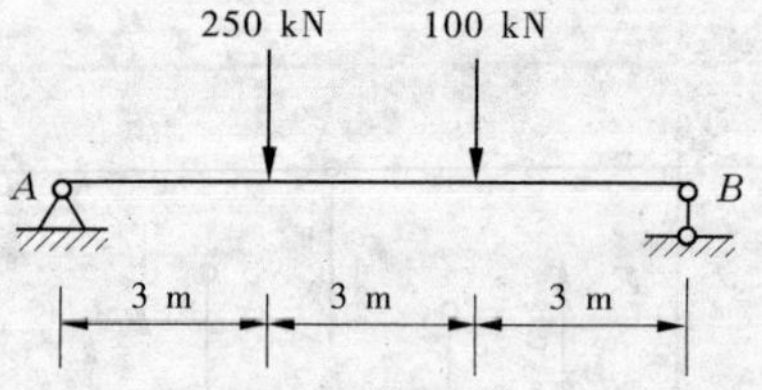

(a)

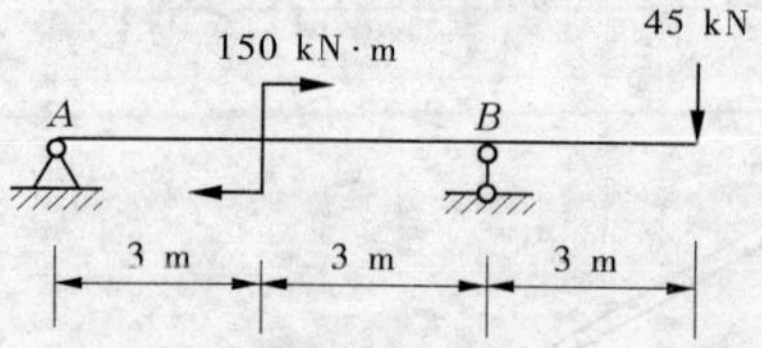

(b)

图 3-23

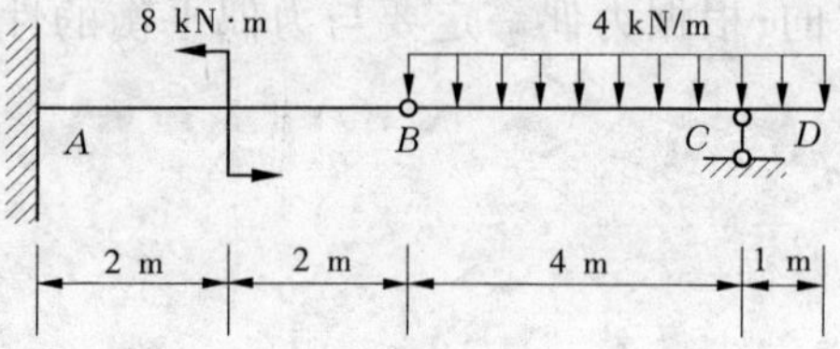

图 3-24

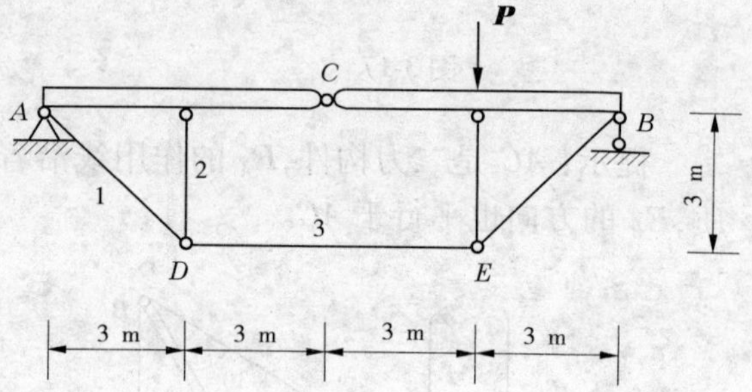

图 3-25

8. 图 3-26 所示露天厂房的牛腿柱的底部用混凝土砂浆与基础固结在一起。已知吊车梁传来的铅垂力 $P=60$ kN，风压集度 $q=2$ kN/m，$e=0.7$ m，$h=10$ m，试求柱底部的反力。

9. 图 3-27 所示结构由三个构件 AB、BD 及 DE 构成，A 端为固定端约束，B 及 D 处用光滑圆柱铰链连接，杆 BD 的中间支承 C 端及 E 端均为可动铰链支座。已知集中荷载 $P=10$ kN，均布载荷的集度 $q=5$ kN/m，力偶矩大小 $m=30$ kN · m，各杆自重不计。试求 A、C 及 E 处的约束反力。

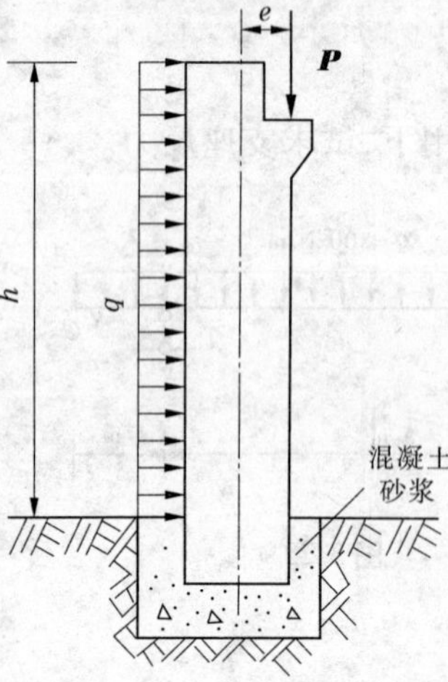

图 3-26

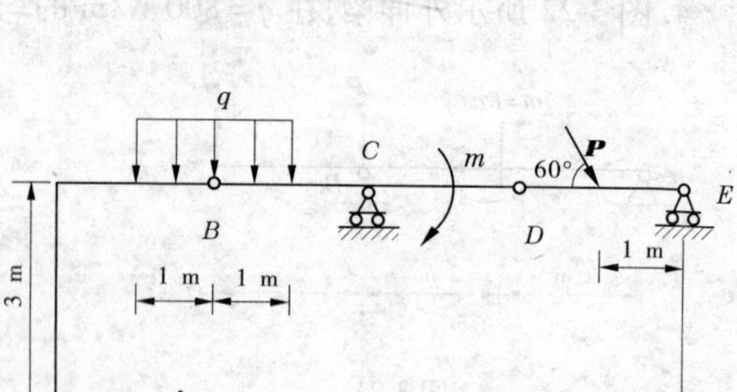

图 3-27

第四章　杆件的内力分析

复习提要

进行结构的受力分析时，只考虑力的运动效应，可以将结构看做是刚体；但进行结构的内力分析时，要考虑力的变形效应，必须把结构作为变形固体处理。所研究杆件受到的其他构件的作用，统称为杆件的外力，外力包括荷载（主动力）以及荷载引起的约束反力（被动力）。广义地讲，对构件产生作用的外界因素除荷载以及荷载引起的约束反力外，还有温度改变、支座移动、制造误差等。杆件在外力作用下的变形可分为4种基本变形及其组合变形。

一、杆件的基本变形及其特点

（一）轴向拉伸与压缩

（1）受力特点：杆件受到与杆轴线重合的外力作用。

（2）变形特点：杆轴沿外力方向伸长或缩短。产生轴向拉伸与压缩变形的杆件称为拉压杆。

（二）剪切

（1）受力特点：杆件受到垂直杆轴方向的一组等值、反向、作用线相距极近的平行力作用。

（2）变形特点：二力之间的横截面产生相对错动变形。产生剪切变形的杆件通常为拉压杆的连接件。

（三）扭转

（1）受力特点：杆件受到垂直杆轴平面内的力偶作用。

（2）变形特点：相邻横截面绕杆轴产生相对扭转变形。产生扭转变形的杆件称为轴。

（四）平面弯曲

（1）弯曲变形的受力特点：杆件受到垂直杆轴方向的外力，或杆轴所在平面内作用的外力偶。

（2）弯曲变形的变形特点：杆轴由直变弯。产生弯曲变形的杆件称为梁。

（3）平面弯曲的概念：力的作用平面与梁的变形平面相重合的弯曲称为平面弯曲。注意：作用于梁上的外力必须都在梁的同一纵向对称平面内，梁才产生平面弯曲。纵向对称平面为梁横截面的对称轴与轴线构成的平面。

（4）单跨静定梁的3种基本形式为：悬臂梁、简支梁、外伸梁。

二、内力及其截面法

(一)内力的概念

由于外力作用而引起的受力构件内部质点之间相互作用力的改变量称为附加内力,简称内力。工程力学所研究的内力是由外力引起的,内力随外力的变化而变化,外力增大,内力也增大,外力撤销后,内力也随之消失。

(二)截面法

确定构件任一截面上内力值的基本方法是截面法。截面法求内力的步骤为:

(1)截开。在欲求内力截面处,用一假想截面将构件一分为二。

(2)代替。弃去任一部分,并将弃去部分对保留部分的作用以相应内力代替(即显示内力)。

(3)平衡。根据保留部分的平衡条件,确定截面内力值。

三、轴向拉伸和压缩杆件的内力分析

(一)轴力的计算

轴向拉压杆在横截面上只有一种内力,即轴力 F_N。它通过截面形心,与横截面相垂直。规定:拉力为正,压力为负。计算轴力的方法是截面法。

直接法计算指定截面轴力:根据轴力与外力的平衡关系,以及杆段受力图上轴力与外力的方向,某一横截面上的轴力在数值上等于该截面一侧杆上所有轴向外力的代数和,即由外力直接判断为:离开截面的外力(拉力)产生正轴力,指向截面的外力(压力)产生负轴力。仍可记为轴力“拉为正,压为负”。

轴力的物理意义为:轴力是杆受轴向拉伸和压缩时横截面上的内力,是抵抗轴向拉伸和压缩变形的一种抗力。

(二)轴力图

轴力图是表示轴力沿杆轴方向变化的图形。取与杆轴平行的横坐标 x 表示各截面位置,与杆轴垂直的纵坐标 F_N 表示各截面轴力的大小,规定正的轴力画在横坐标轴的上方,负的轴力画在横坐标轴下方,并标明正负符号,绘出的图形即为轴力图。

四、扭转轴的内力分析

(一)功率、转速与外力偶矩之间的关系

功率、转速与外力偶矩之间的关系可表示为

$$T = 9\ 550\frac{P}{n} \tag{4-1}$$

式中,P 为轴传递的功率,kW;n 为轴的转速,r/min;T 为外力偶矩,N · m。

(二)扭矩、扭矩图

扭转轴横截面的内力计算仍采用截面法。如图 4-1 所示,扭矩的正负号规定为:按右

手螺旋法则,以右手四指顺着扭矩的转向,若拇指指向与截面外法线方向一致,扭矩为正;反之,为负。

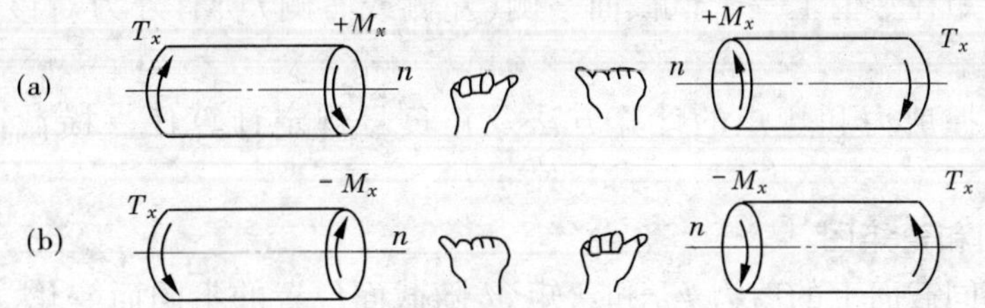

图 4-1

为了直观地反映扭矩随截面位置变化的规律,以便确定危险截面,与轴力图相仿可绘出扭矩图。绘制扭矩图的要求是:选择合适比例将正值的扭矩纵坐标画在横坐标轴的上方,负的扭矩纵坐标画在横坐标轴下方;图中标明截面位置,截面的扭矩值、单位和正负号。

五、梁的内力分析

(一)梁的内力

根据平衡方程,求得支座反力,再用截面法分析和计算任一横截面上的内力。

梁段的横截面上有与该截面平行的内力——剪力,通常用 F_Q 表示;截面上必有一内力偶——弯矩,常用 M 表示。

剪力和弯矩的正负号规定如下:

剪力 F_Q:使截面邻近的微量段有顺时针转动趋势的剪力为正值,反之为负值,如图 4-2(a)所示。

弯矩 M:使截面邻近的微量段产生下边凸出、上边凹进变形的弯矩为正值,反之为负值,如图 4-2(b)所示。

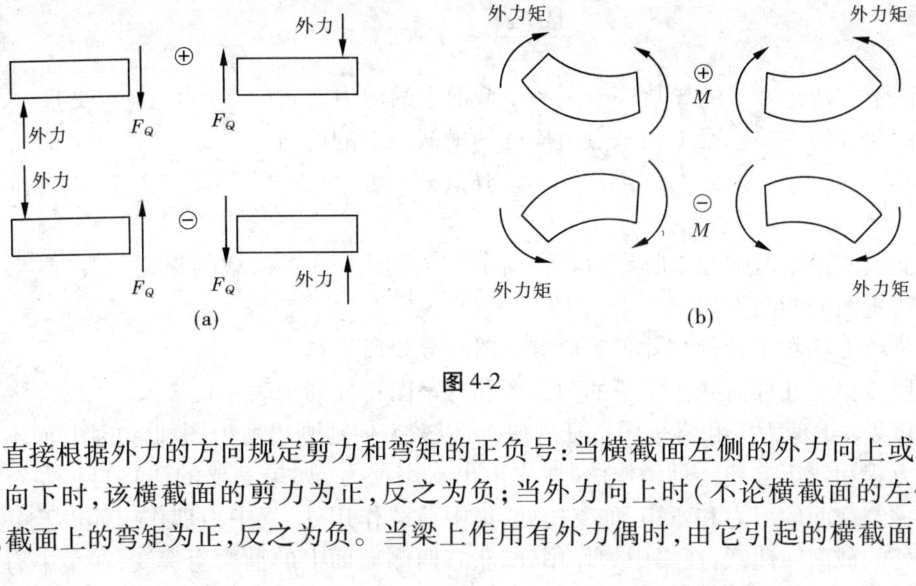

图 4-2

直接根据外力的方向规定剪力和弯矩的正负号:当横截面左侧的外力向上或右侧的外力向下时,该横截面的剪力为正,反之为负;当外力向上时(不论横截面的左侧或右侧),截面上的弯矩为正,反之为负。当梁上作用有外力偶时,由它引起的横截面上的弯矩正负号仍由梁的凸起方向决定。

任一横截面上的剪力在数值上等于该截面一侧(左侧或右侧)所有外力的代数和;任一横截面上的弯矩在数值上等于该截面一侧(左侧或右侧)所有外力对该截面形心力矩的代数和。

要求熟练掌握剪力和弯矩的计算方法及正负号规定计算任一横截面上的剪力和弯矩。

(二)剪力图和弯矩图

一般梁的不同截面上的剪力 F_Q 和弯矩 M 随截面位置的不同而变化,横截面位置用沿梁轴线的坐标 x 表示(一般取梁的左端为坐标原点)。则有

剪力方程 $F_Q = F_Q(x)$

弯矩方程 $M = M(x)$

把剪力方程、弯矩方程分别用图形表示出来,这种图形叫梁的剪力图、弯矩图。

可仿照轴力图和扭矩图的作法,根据剪力方程和弯矩方程画出梁的剪力图和弯矩图。即以平行于梁轴线的坐标轴为横坐标,其上各点表示横截面的位置,以垂直于杆轴线的纵坐标表示横截面上的剪力或弯矩,按选定的比例尺,在坐标系上画出表示 $F_Q(x)$、$M(x)$ 的图形即为剪力图和弯矩图。

梁的 F_Q 图和 M 图是梁强度、刚度计算的重要依据,应熟练掌握其作法。

(三)弯矩、剪力和载荷集度间的关系及其应用

1. 弯矩、剪力和载荷集度间的微分关系

弯矩、剪力和载荷集度间的微分关系可表示为

$$\frac{dF_Q(x)}{dx} = q(x) \tag{4-2}$$

即横截面上的剪力对 x 的导数等于同一横截面上分布荷载的集度。式(4-2)的几何意义是:剪力图上某点的切线斜率等于梁上与该点对应处的荷载集度。

$$\frac{dM(x)}{dx} = F_Q(x) \tag{4-3}$$

即横截面上的弯矩对 x 的导数等于同一横截面上的剪力。式(4-3)的几何意义是:弯矩图上某点的切线斜率等于梁上与该点对应处的横截面上的剪力。

$$\frac{dM^2(x)}{dx^2} = \frac{dF_Q(x)}{dx} = q(x) \tag{4-4}$$

即横截面上的弯矩对 x 的二阶导数,等于同一横截面上分布荷载的集度。式(4-4)可用来判断弯矩图的凹凸方向。

2. 某段直梁在几种荷载作用下的剪力图和弯矩图特征

某段直梁在几种荷载作用下的剪力图和弯矩图特征列于表4-1。

利用表4-1剪力图和弯矩图特征规律,可以较方便地画出剪力图和弯矩图,而不需列出剪力方程和弯矩方程。具体作法是:先求出支座反力(如果需要的话),再由左至右求出几个控制截面的剪力和弯矩,如支座处、集中荷载作用处、集中力偶作用处以及分布荷载变化处的截面。注意:在集中力作用处,左右两侧截面上的剪力有突变;在集中力偶作

用处，左右两侧截面上的弯矩有突弯。在控制截面之间，可以确定剪力图和弯矩图的线形，最后得到剪力图和弯矩图。如果梁上某段内有分布荷载作用，则需求出该段内剪力 $F_Q=0$ 截面上弯矩的极值，最后标出具有代表性的剪力值和弯矩值。

表 4-1　某段直梁在几种荷载作用下剪力图与弯矩图的特征

一段梁上的外力情况	向下的均布荷载 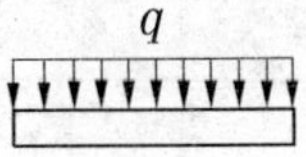	无荷载 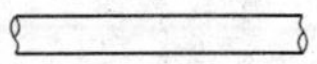	集中力 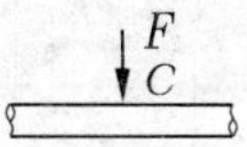	集中力偶 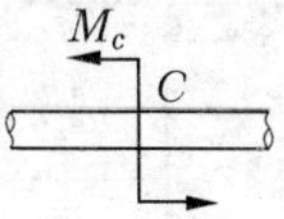
剪力图上的特征	向下方倾斜的直线 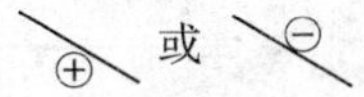	水平直线，一般为 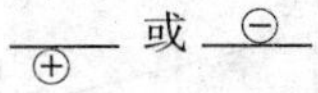	在 C 处有突变 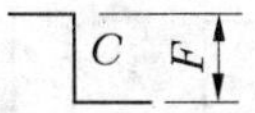	在 C 处无变化 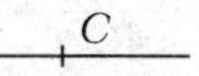
弯矩图上的特征	下凸的二次抛物线 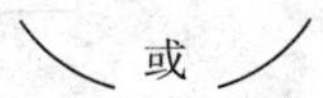	一般为斜直线 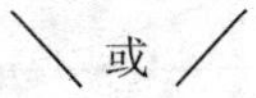	在 C 处有尖角 	在 C 处有突变 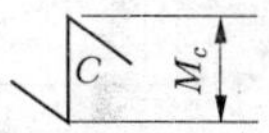
最大弯矩所在截面的可能位置	在F_Q=0的截面		在剪力突变的截面	在紧靠 C 点的某一侧的截面

(四) 用叠加法绘弯矩图

1. 叠加原理

在多个荷载作用下，梁的横截面上的弯矩等于各个荷载单独作用所引起的弯矩的叠加，这种求弯矩的方法称为叠加法。

一般而言，只要所求的量（如内力、位移等）是荷载的线性函数，就可先求该量在每一荷载单独作用下的值，然后叠加，即为几个荷载联合作用下该量的总值，此即叠加原理。

2. 叠加法绘内力图

用叠加法作弯矩图时，可先分别绘出各个荷载单独作用的弯矩图，然后将各图对应处的纵坐标叠加，即得所有荷载共同作用的弯矩图。

剪力图也可用叠加法绘出。叠加法的应用范围很广，不限于求梁的剪力和弯矩。凡是作用因素（如荷载、变温等）和所引起的结果（如内力、应力、变形等）之间成线性关系的情况，都可采用叠加法。

叠加法绘内力图步骤如下：

(1) 荷载分组。把梁上作用的复杂荷载分解为几组简单荷载单独作用的情况。

(2) 分别作出各简单荷载单独作用下梁的剪力图和弯矩图。各简单荷载作用下单跨静定梁的内力图可查表 4-2。

(3) 叠加各内力图上对应截面的纵坐标代数值，得原梁的内力图。

3. 用区段叠加法作梁的弯矩图

用区段叠加法作梁的弯矩图对复杂荷载作用下的梁、刚架及超静定结构的弯矩图绘制都是十分方便的。它是在控制截面法求内力的基础上应用叠加原理作出的。

任一截面 K 的弯矩 $M_K(x)$ 也是两者的叠加，即：

$$M_K(x) = \overline{M}_K(x) + M_K^0(x) \tag{4-5}$$

式中，$\overline{M}_K(x)$ 为简支梁仅受两端力矩作用下 K 截面的弯矩值；$M_K^0(x)$ 为简支梁仅受梁上荷载 q 作用下 K 截面的弯矩值。

表 4-2　静定梁在简单荷载作用下的 F_Q 图、M 图

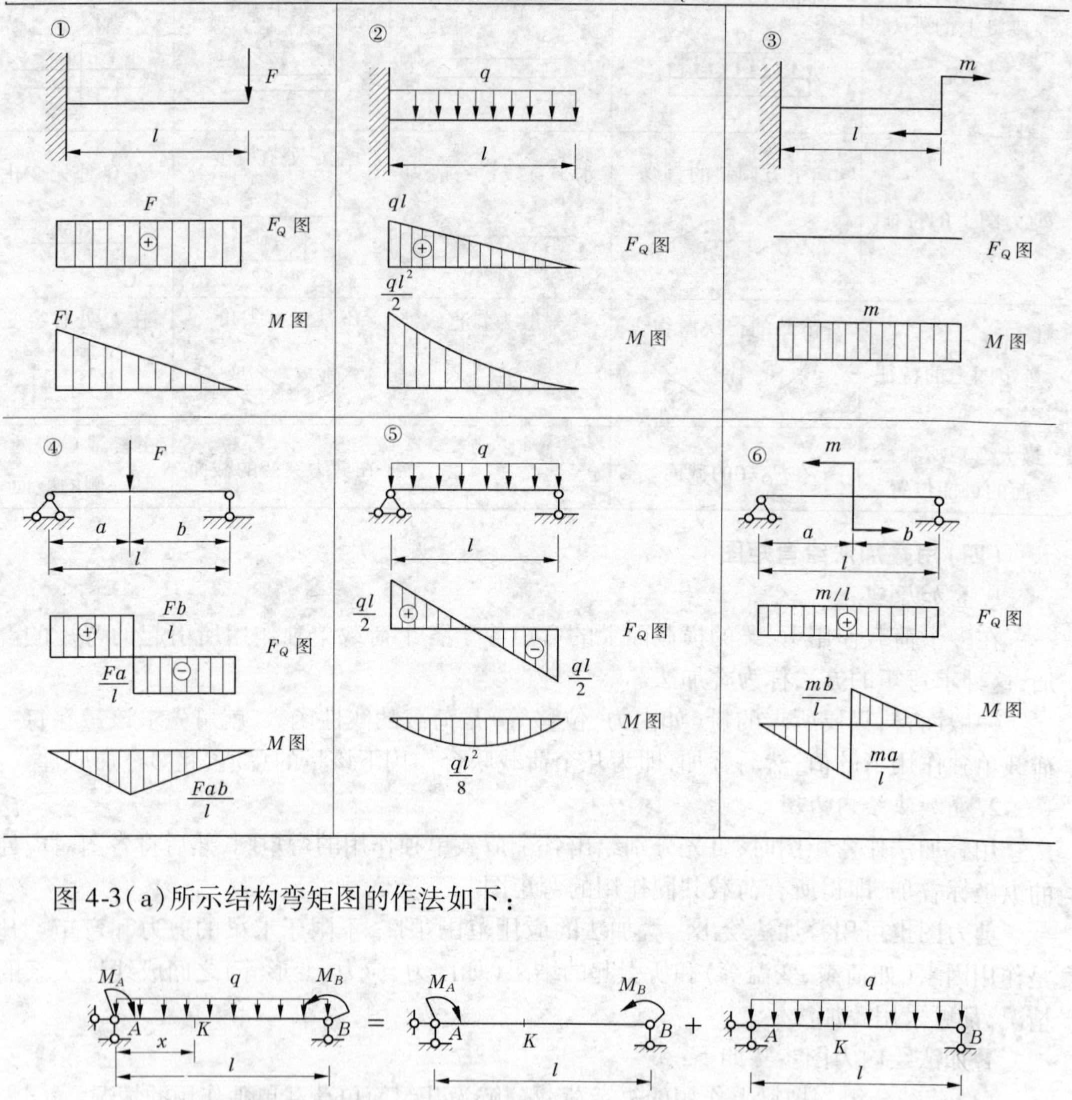

图 4-3(a)所示结构弯矩图的作法如下：

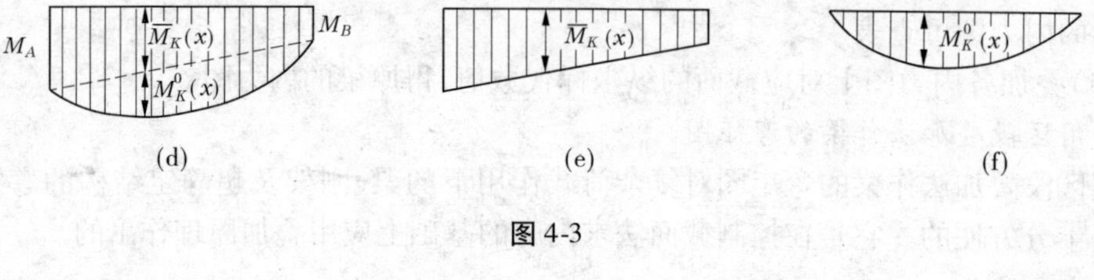

图 4-3

(1)先求解并绘出梁两端的弯矩值。

(2)把两端弯矩值连以直线即为 $\overline{M}_K(x)$ 弯矩图。

(3)若梁上有外荷载,应在两端弯矩值连线的基础上再叠加上同跨度、同荷载的简支梁 $M_K^0(x)$ 弯矩图。

结论:任意梁段都可以看做简支梁,都可用简支梁弯矩图的叠加法作该梁段的弯矩图。

注意:叠加时是以两端弯矩值连线为基础逐点叠加的,即把连线当成梁的轴线来看待。这种叠加方法推广到任意杆段也是适合的。要十分熟悉如图4-4(a)、(b)、(c)所示3种常见情况的弯矩图,因为这对今后绘制复杂荷载作用的弯矩图很有帮助。

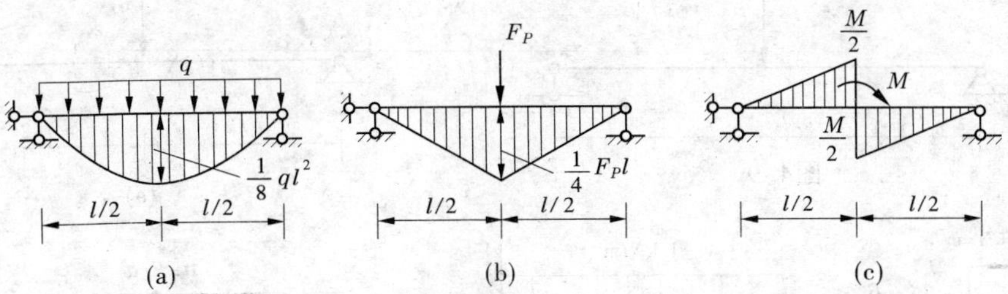

图4-4

训练题

一、填空题

1. 轴力杆受载如图4-5所示,此杆处于平衡状态,P = ________,截面1—1和2—2上的内力分别为 F_{N1} = ________,F_{N2} = ________。

2. 如图4-6所示,一传动轴上装有5个轮子,主动轮2输入的功率为60 kW,从动轮1、3、4、5输出的功率依次为18 kW、12 kW、22 kW和8 kW,轴的转速 $n = 200$ r/min。截面Ⅰ—Ⅰ的扭矩 T_1 = ________,截面Ⅱ—Ⅱ的扭矩 T_2 = ________。

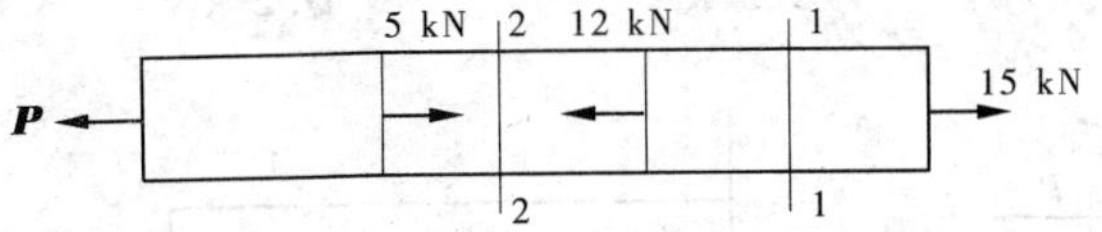

图4-5

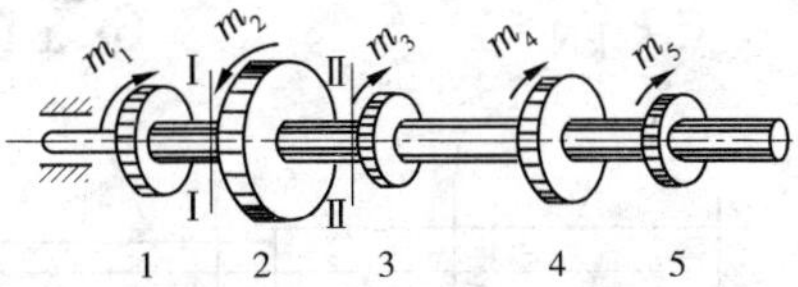

图4-6

3. 图4-7所示圆轴受3个扭转外力偶作用,截面1—1的扭矩 T_1 = ________,截面2—2的扭矩 T_2 = ________。

4. 在图4-8所示圆轴中改变外力偶矩________值,不会改变1—1截面的扭矩。

5. 梁的3种基本形式是________、________和________。

6. 图4-9所示简支梁,不论 P 作用在何处,梁内最大弯矩满足 $M_{max} \leq$ ________。

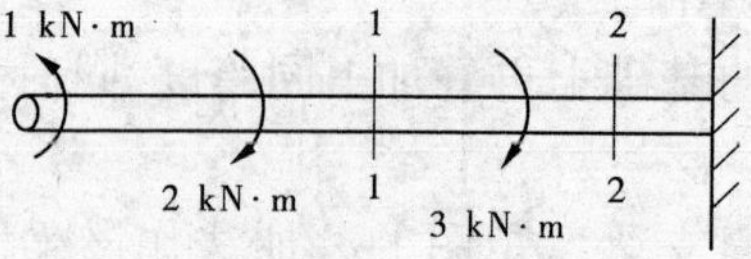

图 4-7

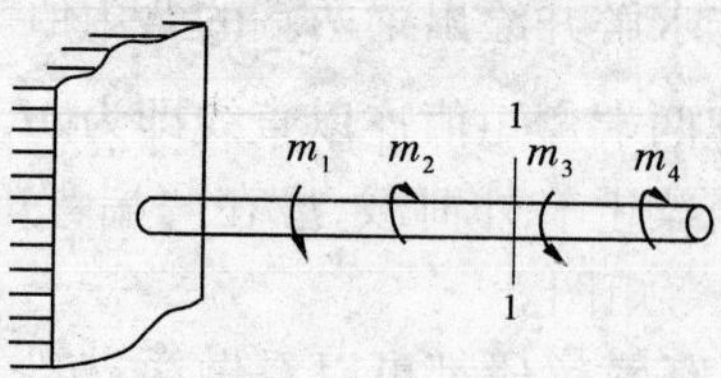

图 4-8

7. 图 4-10 所示梁指定截面的内力：F_{QC} = ________，M_C = ________，M_D = ________。

8. 在图 4-11(a)梁的最大弯矩是图 4-11(b)梁的最大弯矩的________倍。

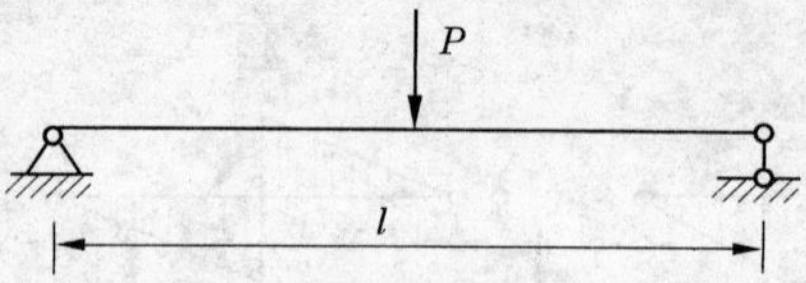

图 4-9

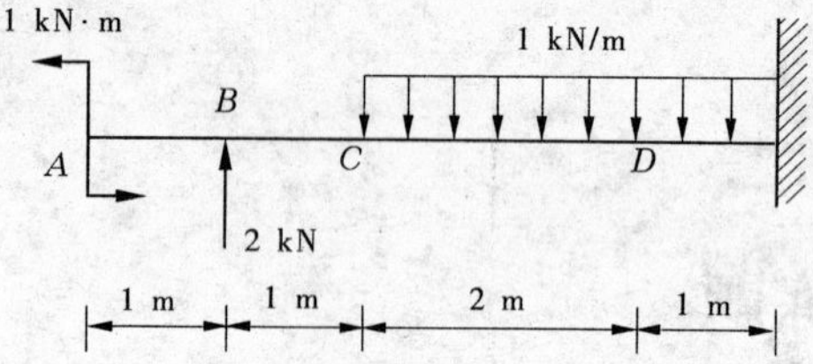

图 4-10

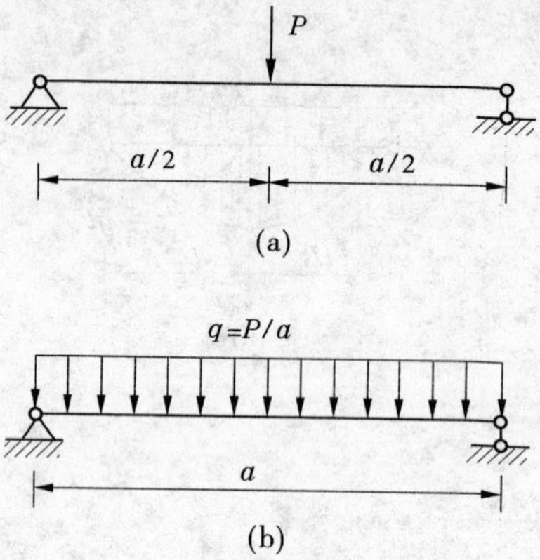

图 4-11

二、选择题

1. 变截面杆如图 4-12 所示，设 F_{N1}、F_{N2}、F_{N3} 分别表示杆件中截面 1—1、2—2、3—3 上的内力，则下列结论正确的是(　　)。

A. $F_{N1} \neq F_{N2} \neq F_{N3}$　　B. $F_{N1} = F_{N2} > F_{N3}$

C. $F_{N1} = F_{N2} = F_{N3}$　　D. $F_{N1} = F_{N2} < F_{N3}$

2. 图 4-13 所示轴力杆，其中最大拉力为(　　)。

A. 5 kN　　B. 4 kN　　C. 3 kN　　D. 2 kN

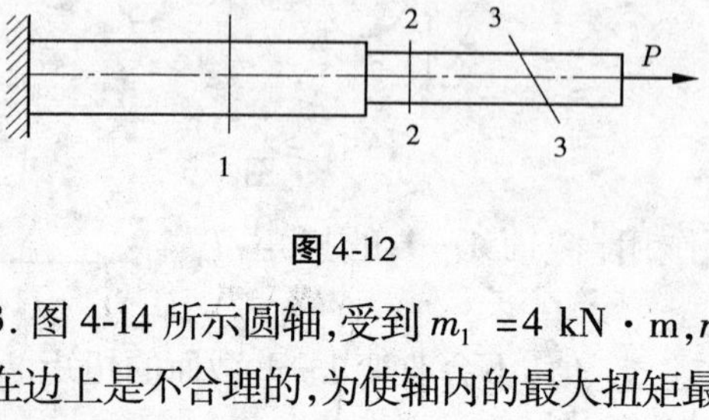

图 4-12

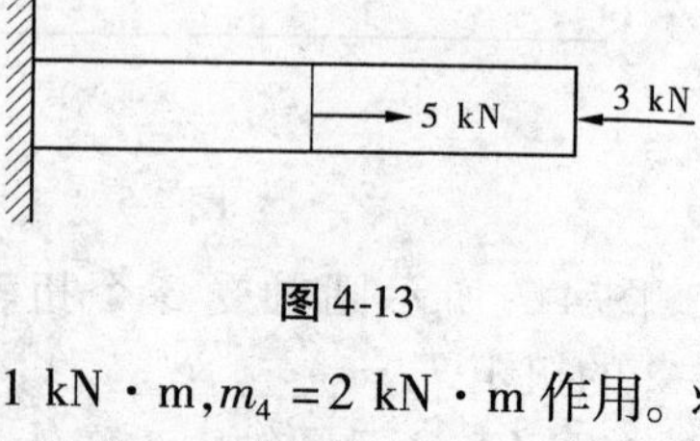

图 4-13

3. 图 4-14 所示圆轴，受到 $m_1 = 4$ kN·m，$m_2 = m_3 = 1$ kN·m，$m_4 = 2$ kN·m 作用。将 m_1 布置在边上是不合理的，为使轴内的最大扭矩最小，m_1 应与哪一个外力偶位置对调？(　　)

A. m_2　　B. m_3　　C. m_4　　D. 不必换

4. 图 4-15 所示圆轴，将 C 截面截开，对于左右两个隔离体，截面 C 上的扭矩分别为 M_n 和 M_n'，则下列结论正确的是(　　)。

A. M_n 为正，M_n' 为负　　B. M_n 和 M_n' 均为负

C. M_n 和 M_n' 均为正　　D. M_n 为负，M_n'为正

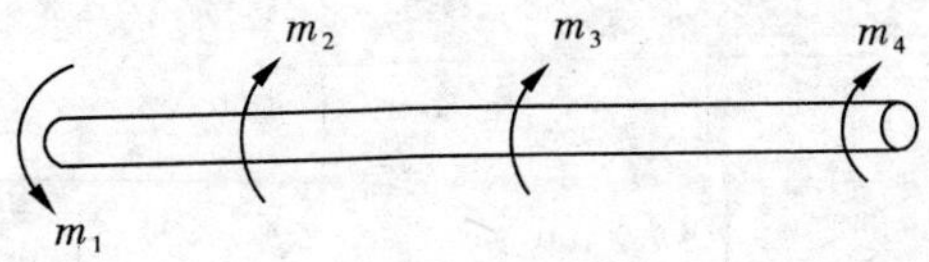

图 4-14

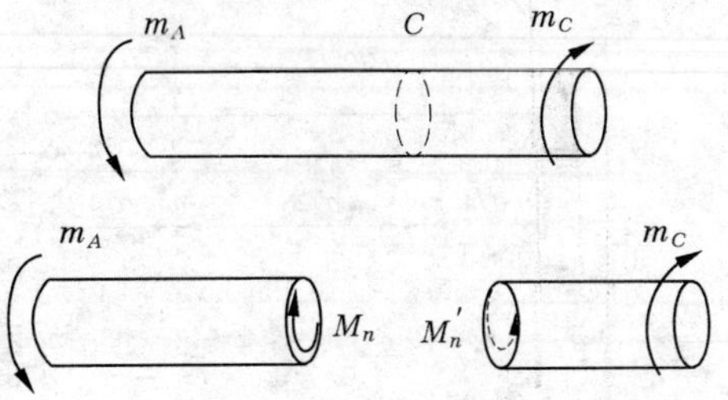

图 4-15

5. 纯弯曲梁段的横截面内力有(　　)。

A. M 和 F_Q　　B. F_Q 和 F_N　　C. M 和 F_N　　D. 只有 M

6. 图 4-16 所示悬臂梁上 A 截面的内力为(　　)。

A. $F_{QA}=qa, M_A=0$　　B. $F_{QA}=qa, M_A=-\dfrac{qa^2}{2}$

C. $F_{QA}=-qa, M_A=\dfrac{qa^2}{2}$　　D. $F_{QA}=-qa, M_A=-2qa^2$

7. 图 4-17(a)所示悬臂梁与图 4-17(b)所示简支梁两者的内力图为(　　)。

A. 剪力图相同，弯矩图不同　　B. 剪力图不同，弯矩图相同

C. 剪力图、弯矩图均相同　　D. 剪力图、弯矩图均不同

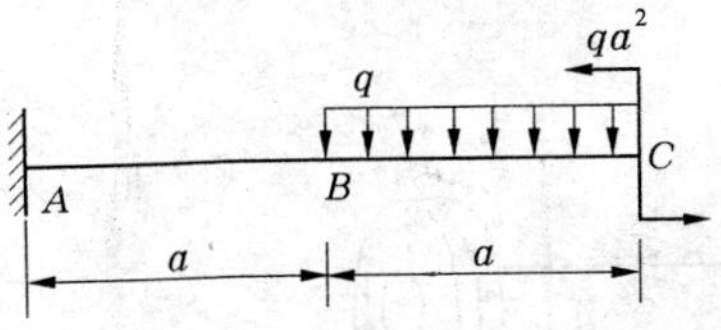

图 4-16

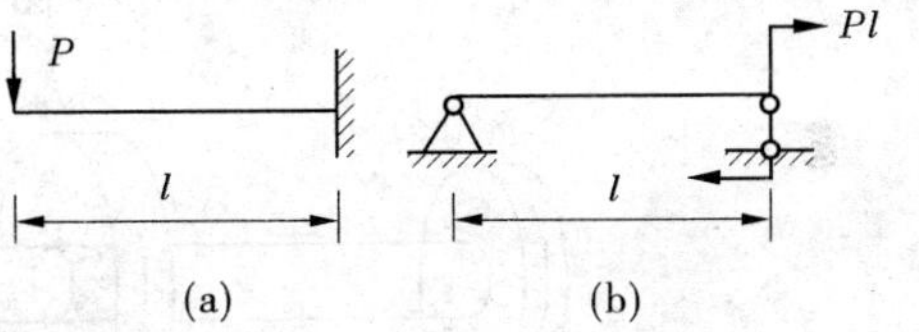

图 4-17

8. 简支梁的四种受载情况如图 4-18 所示，设 M_1、M_2、M_3、M_4 分别表示梁 ①、②、③、④中的最大弯矩，则它们之间的关系是(　　)。

A. $M_1 > M_2 = M_3 > M_4$　　B. $M_1 > M_2 > M_3 > M_4$

C. $M_1 > M_2 > M_3 = M_4$　　D. $M_1 = M_2 = M_3 = M_4$

三、作图题

1. 作图 4-19 所示各拉压杆的轴力图。

2. 作图 4-20 所示拉压杆的扭矩图。

3. 传动轴如图 4-21 所示，已知其转速为 $n=150$ r/min，主动轮 B 输入功率 $P_B=44$ kW，从动轮 A、C 输出功率分别为 $P_A=25$ kW，$P_C=19$ kW。试画出此传动轴的扭矩图。

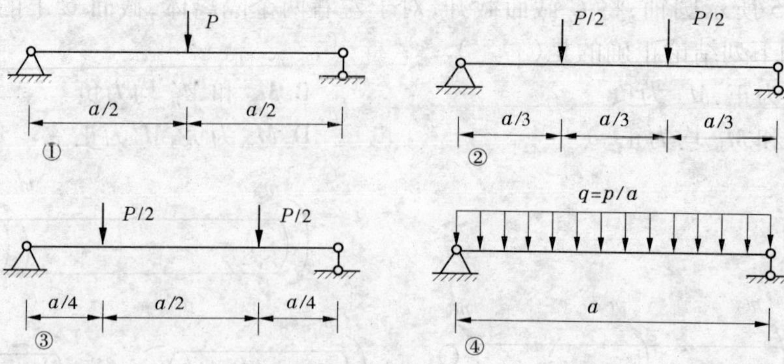

图 4-18

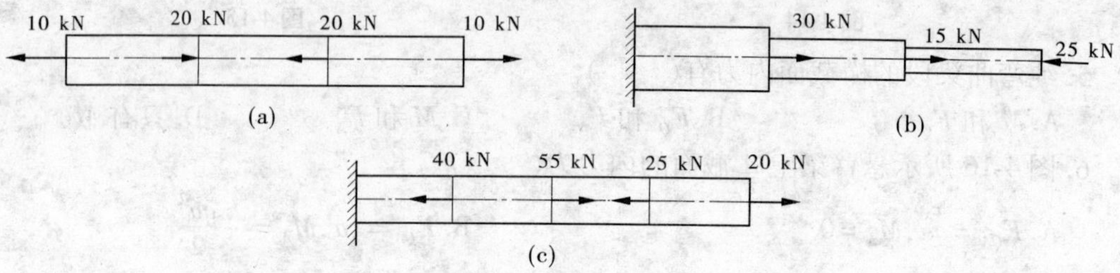

图 4-19

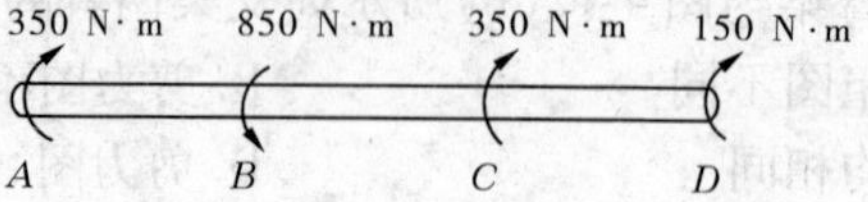

图 4-20

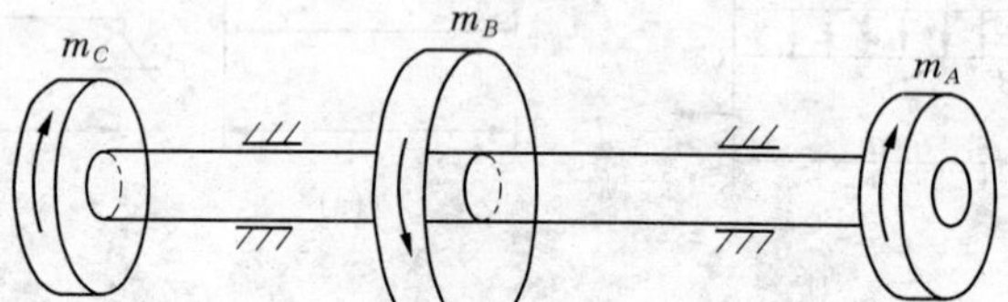

图 4-21

4. 绘制图 4-22 所示各梁的剪力图和弯矩图。

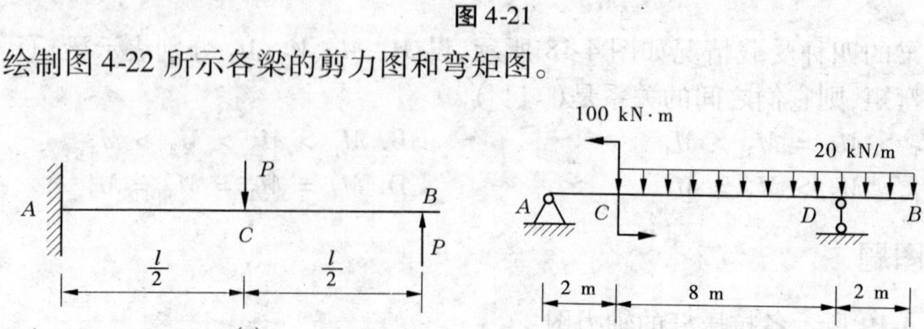

图 4-22

5. 绘制图 4-23 所示外伸梁的剪力图和弯矩图。

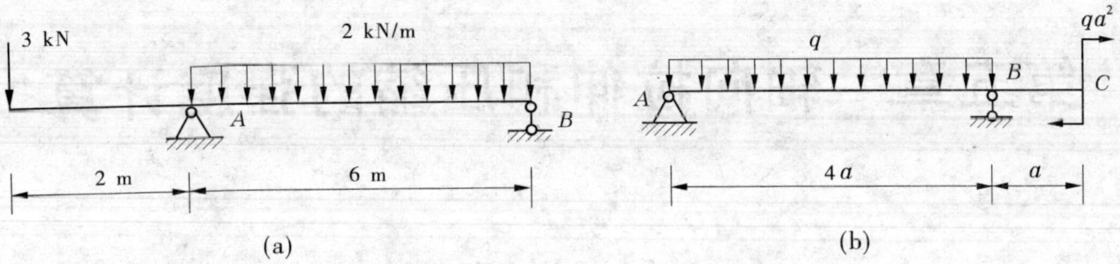

图 4-23

6. 绘制图 4-24 所示梁的剪力图和弯矩图。

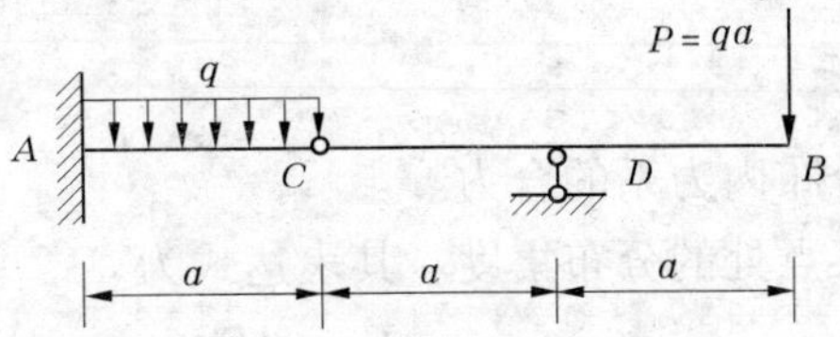

图 4-24

7. 试根据弯矩、剪力与荷载集度之间的微分关系指出如图 4-25 所示剪力图和弯矩图的错误。

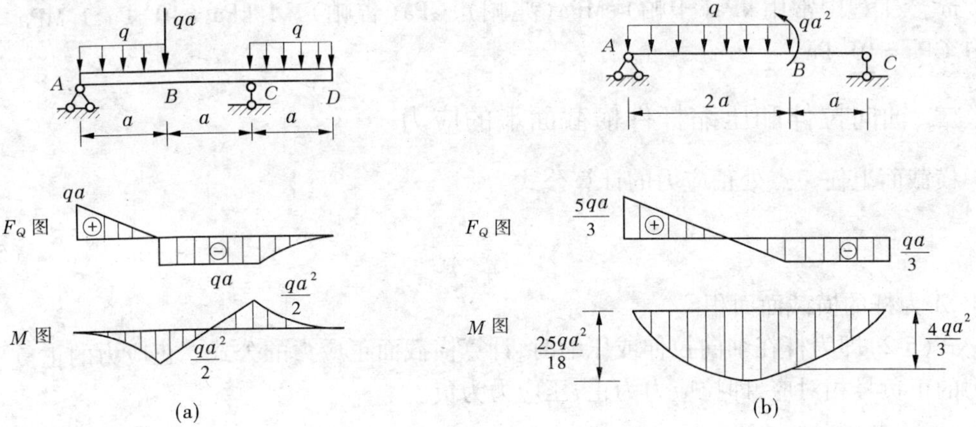

图 4-25

8. 已知外伸梁的剪力图(如图 4-26 所示),绘制荷载图和弯矩图(梁上无集中力偶)。

9. 已知简支梁的弯矩图(如图 4-27 所示),绘制荷载图和剪力图。

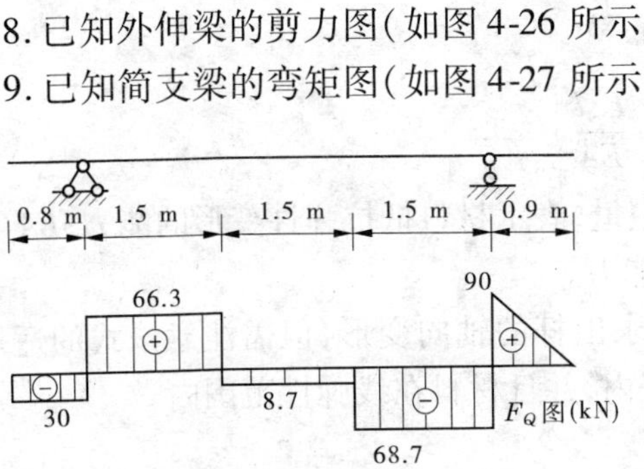

图 4-26

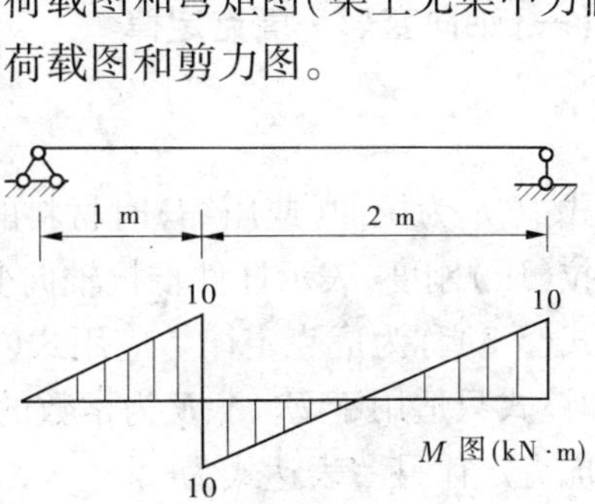

图 4-27

第五章　轴向拉伸和压缩的强度计算

复习提要

一、应力的概念

内力:构件横截面上分布内力系的合力。

应力:内力在截面上某点处的分布集度。其表达式为

$$p = \lim_{\Delta A \to 0} \frac{\Delta F}{\Delta A} = \frac{\mathrm{d}F}{\mathrm{d}A} \tag{5-1}$$

p 为点 K 的总应力,是一个矢量,通常把应力 p 分解成垂直于截面的分量 σ 和相切于截面的分量 τ, σ 称为正应力,τ 称为剪应力。应力的单位是帕斯卡,以 Pa(帕)表示,1 Pa = 1 N/m^2。工程中常用 kPa(千帕)、MPa(兆帕)、GPa(吉帕)。1 kPa = 10^3 Pa,1 MPa = 10^6 Pa,1 GPa = 10^9 Pa。

二、轴向拉伸和压缩杆件横截面上的应力

横截面上任一点处正应力的计算公式为

$$\sigma = \frac{F_N}{A} \tag{5-2}$$

式中,A 为杆的横截面面积。

式(5-2)即为杆在轴向拉伸或压缩时,计算横截面正应力的公式。正应力的正负号与轴力的正负号相对应,即拉应力为正,压应力为负。

三、拉(压)杆件的变形

(一)轴向变形·虎克定律

$$\Delta l = \frac{F_N l}{EA} \tag{5-3}$$

式中,E 为拉伸(或压缩)时材料的弹性模量,表示材料抵抗弹性变形的能力;EA 为杆的抗拉(压)刚度,表示杆件抵抗轴向变形的能力。

式(5-3)称为虎克定律。应用式(5-3)可求出杆的轴向变形,但需注意该式的适用条件,即该式只适用于 F_N、A、E 为常数的一段杆内,并且材料在线弹性范围内。

虎克定律另一表达式为

$$\varepsilon = \frac{\sigma}{E} \quad 或 \quad \sigma = E\varepsilon \tag{5-4}$$

式中，ε 为轴向线应变，表示轴向变形的程度，$\varepsilon = \Delta l/l$。

式(5-4)表示，当变形为弹性变形时，正应力和轴向线应变成正比。注意：

(1) $\sigma \leqslant \sigma_p$，即应力未超过比例极限。

(2) ε 是沿 σ 方向的线应变。

(3)在杆长 l 内，F_N、E、A 均为常量，若不是，则 $\Delta l = \sum \frac{F_N l}{EA}$。

(二)横向应变

1. 横向应变

横向应变的表达式为

$$\varepsilon' = \frac{\Delta a}{a}$$

显然，在拉伸时，ε 为正值，ε' 为负值；在压缩时，ε 为负值，ε' 为正值。

2. 泊松比

泊松比的表达式为

$$\nu = \left|\frac{\varepsilon'}{\varepsilon}\right| \quad 或 \quad \varepsilon' = -\nu\varepsilon \tag{5-5}$$

ν 是一个无量纲的量，其大小因材料而异，由试验测定。

规定 Δl、Δa 以伸长为正，缩短为负；ε 和 ε' 的正负号分别与 Δl 和 Δa 一致，即拉应变为正，压应变为负。所以，轴向线应变 ε 与横向线应变 ε' 的符号恒相反。

(三)直杆考虑自重时的变形计算公式

直杆考虑自重时的变形计算公式为

$$\Delta l = \frac{\frac{W}{2} l}{EA} \tag{5-6}$$

式中，W 为杆的总重，$W = \gamma Al$。即直杆因自重引起的变形，在数值上等于将杆的总重的一半集中作用在杆端所产生的变形。

四、材料在拉伸和压缩时的力学性质

(一)材料在拉伸时的力学性质

1. 低碳钢的拉伸试验

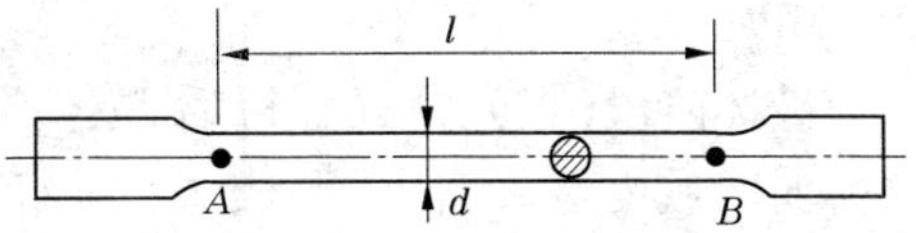

图 5-1

标准试件：一种是圆截面试件，如图 5-1 所示。在试件中部 A、B 之间的长度 l 称为标距，标距 l 与标距内横截面直径 d 的关系为 $l = 10d$ 或 $l = 5d$；另一种是矩形截面试件，标距与横截面面积 A 的关系为 $l = 11.3\sqrt{A}$ 或 $l = 5.65\sqrt{A}$。

1)拉伸过程中的各个阶段及特性点

如图 5-2(a)所示 $F \sim \Delta l$ 曲线，称为拉伸图。如图 5-2(b)所示 $\sigma \sim \varepsilon$ 曲线，称为材料的应力—应变图。从拉伸图和应力—应变图以及试件的变形现象，可确定低碳钢的力学性质。

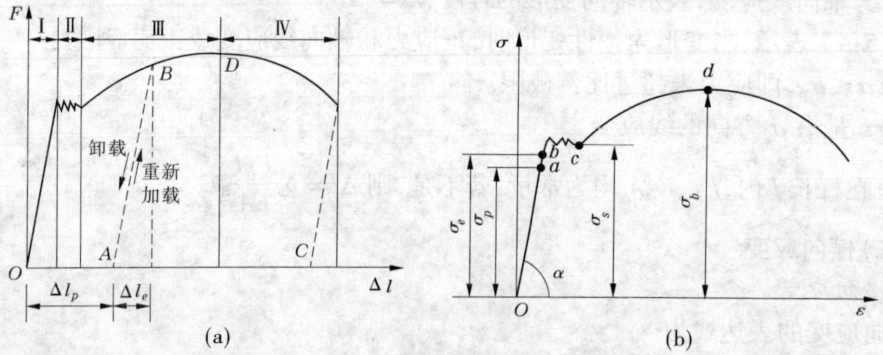

图 5-2

整个拉伸过程大致可分为以下 4 个阶段：

弹性阶段（Ⅰ）：当试件中的应力不超过如图 5-2（b）所示 b 点的应力时，试件的变形是弹性的，b 点对应的应力称为弹性极限，用 σ_e 表示。在弹性阶段内，Oa 线为直线，这表示应力和应变（或拉力和伸长变形）成线性关系，即材料服从虎克定律。a 点对应的应力称为比例极限，用 σ_p 表示。在这段范围内确定材料的弹性模量 E，即 $E=\tan\alpha=\sigma/\varepsilon$。

根据试验结果，材料的弹性极限和比例极限在数值上非常接近，故工程上对它们往往不加区别。Q235 钢的比例极限 $\sigma_p=200$ MPa。

屈服阶段（Ⅱ）：此阶段亦可称为流动阶段。当增加荷载使应力超过弹性极限后，变形增加较快，而应力不增加或产生波动，在应力—应变曲线上呈锯齿形线条，这种现象称为材料的屈服或流动。材料屈服时，在抛光好的试件表面能观察到两组与试件轴线成 45°的正交细微线条，这些线条称为滑移线（见图 5-3）。通常取最低点 c 所对应的应力为材料屈服时的应力，称为屈服极限或流动极限，用 σ_s 表示。当应力达到屈服极限时，材料会出现明显的塑性变形，使构件不能正常工作，所以屈服极限 σ_s 是衡量材料强度的一个重要指标，Q235 钢的屈服极限 $\sigma_s=235$ MPa。

强化阶段（Ⅲ）：在强化阶段中，试件主要产生塑性变形，而且随着外力的增加，塑性变形量显著地增加。这一阶段的最高点 d 所对应的应力称为强度极限，用 σ_b 表示。强化阶段中最高点 d 所对应的应力是材料所能承受的最大应力，Q235 钢的强度极限为 $\sigma_b=$ 400 MPa。

破坏阶段（Ⅳ）：从 d 点以后，试件在某一薄弱区域内的伸长急剧增加，试件横截面在这薄弱区域内显著缩小，形成了“颈缩”现象，如图 5-4 所示，最后试件在最小截面处被拉断。

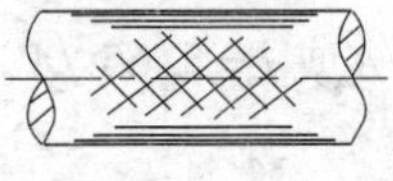

图 5-3

图 5-4

材料的比例极限 σ_p（或弹性极限）、屈服极限 σ_s 及强度极限 σ_b 是特性点的应力，这在以后的计算中有重要意义。

2)材料的塑性指标

延伸率
$$\delta = \frac{l_1 - l}{l} \times 100\% \tag{5-7}$$

截面收缩率
$$\psi = \frac{A - A_1}{A} \times 100\% \tag{5-8}$$

工程中一般将 $\delta \geqslant 5\%$ 的材料称为塑性材料,$\delta < 5\%$ 的材料称为脆性材料。低碳钢的延伸率一般为 25% 左右,故为塑性材料。

3)冷作硬化现象

在材料的强化阶段,如果卸去拉力,则卸载时拉力和变形之间仍为线性关系,如图 5-2(a)所示虚线 *BA*。如卸载后立即重新加载,则拉力和变形之间大致仍按 *AB* 直线变化,直到 *B* 点后再按原曲线 *BD* 变化。将 *OBD* 曲线和 *ABD* 曲线比较后可以看出:

(1)卸载后重新加载时,材料的比例极限提高了(由原来的 σ_p 提高到 *B* 点所对应的应力),而且不再有屈服现象。

(2)拉断后的塑性变形减少了(即拉断后的残余伸长由原来的 *OC* 减小到 *AC*)。

这一现象称为冷作硬化现象。

材料经过冷作硬化处理后,其比例极限提高,表明材料的强度可以提高,这是有利的一面。但是,材料经加工硬化处理后,其塑性降低,这在许多情况下又是不利的。

2. 其他塑性材料拉伸时的力学性质

对于没有明显屈服阶段的塑性应变时的应力作为屈服阶段的塑性材料,通常以产生 0.2% 的塑性应变时的应力作为屈服极限,称为条件屈服极限,用 $\sigma_{0.2}$ 表示,如图 5-5 所示。

3. 铸铁拉伸时的力学性能

如图 5-6 所示给出铸铁拉伸时的应力—应变曲线。从图中可以看出:

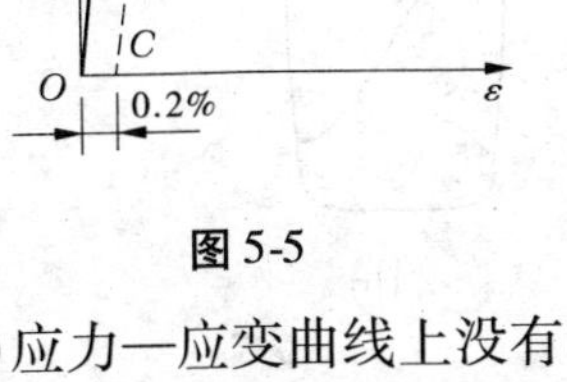

图 5-5

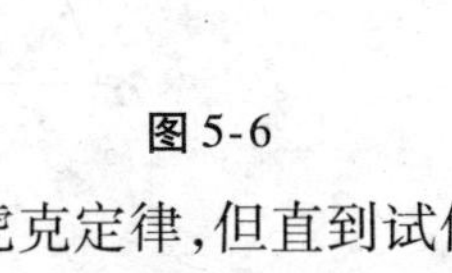

图 5-6

(1)应力—应变曲线上没有明显的直线段,即材料不服从虎克定律,但直到试件拉断为止,曲线的曲率都很小。因此,在工程上,曲线的绝大部分可用一割线(如图 5-6 中虚线)代替,在这段范围内,认为材料近似服从虎克定律。

(2)变形很小,拉断后的残余变形只有 0.5% ~0.6%,故铸铁为脆性材料。

(3)没有屈服阶段和"颈缩"现象。唯一的强度指标是拉断时的应力,即强度极限

σ_b，但强度极限很低。

（二）材料在压缩时的力学性质

1. 低碳钢的压缩试验

低碳钢压缩试验的试件采用圆柱形。为了避免试件受压后发生弯曲，规定试件高度和直径的关系为 $l = (1.5 \sim 3.0)d$。试验得到低碳钢的应力—应变曲线如图 5-7（a）所示。由试验得知：

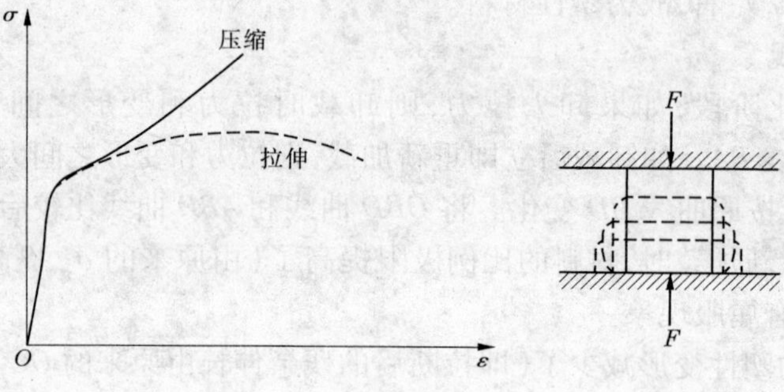

(a)　　(b)

图 5-7

（1）低碳钢压缩时的比例极限 σ_p、屈服极限 σ_s 及弹性模量 E 都与拉伸时的相同。

（2）当应力超过屈服极限之后，压缩试件产生很大的塑性变形，愈压愈扁，横截面面积不断增大，如图 5-7（b）所示。虽然应力不断增加，但因试件不会破裂，故无法得到压缩强度极限。

2. 铸铁的压缩试验

铸铁压缩试验也采用圆柱形短试件。应力—应变曲线和试件破坏情况如图 5-8（a）、（b）所示。由试验得知：

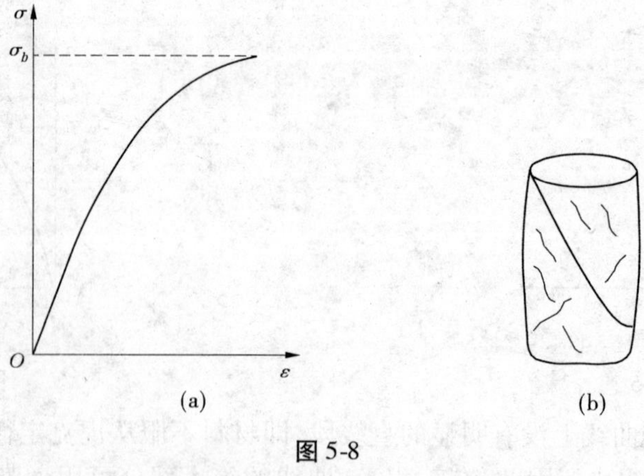

(a)　　(b)

图 5-8

（1）铸铁压缩试验和铸铁拉伸试验相似，应力—应变曲线上没有直线段，即材料不服从虎克定律。

（2）没有屈服阶段。

（3）铸铁压缩和铸铁拉伸相比，破坏后的轴向应变较大，一般为 5% ~10%。

(4)试件沿着和横截面大约成55°的斜截面剪断。通常以试件剪断时横截面上的正应力作为强度极限 σ_b 。铸铁压缩强度极限比拉伸强度极限高4~5倍。

(三)塑性材料和脆性材料的比较

塑性材料和脆性材料在常温和静荷载下的力学性质有很大差别,比较如下:

(1)塑性材料的抗拉强度比脆性材料的抗拉强度高,故塑性材料一般用来制成受拉杆件;脆性材料的抗压强度比抗拉强度高,故一般用来制成受压构件,而且成本较低。

(2)塑性材料能产生较大的塑性变形,而脆性材料的变形较小。要使塑性材料破坏需消耗较大的能量,因此这种材料抵抗冲击的能力较好(因为材料抵抗冲击能力的大小决定于它能吸收多大的动能)。此外,在结构安装时,常常需要校正构件的不正确尺寸,塑性材料可以产生较大的变形而不破坏,脆性材料则往往会由此引起断裂。

(3)当构件中存在应力集中时,塑性材料对应力集中的敏感性较小。必须指出,材料的塑性或脆性实际上与工作温度、变形速度、受力状态等因素有关。例如,低碳钢在常温下表现为塑性,但在低温下表现为脆性;石料通常认为是脆性材料,但在各向受压的情况下却表现出很好的塑性。

五、拉(压)杆的强度计算

(一)许用应力和安全系数

工程上将极限正应力 σ_u 除以一个大于1的安全系数 n,作为材料的许用正应力,用式子表达为

$$[\sigma]=\frac{\sigma_u}{n} \tag{5-9}$$

对于脆性材料,$\sigma_u=\sigma_b$;对于塑性材料,$\sigma_u=\sigma_s$(或 $\sigma_{0.2}$)。

安全系数的数值恒大于1,由式(5-9)可见,对许用应力数值的规定,实质上是如何选择安全系数问题。选择安全系数时,应该是在满足安全要求的情况下,尽量满足经济要求。安全系数的确定取决于以下几方面的因素:

(1)材料的素质。

(2)荷载情况。

(3)构件在使用期内可能遇到的意外事故或其他不利的工作条件等。

(4)计算时所作的简化不完全符合实际情况,即计算简图和计算方法的精确程度。

(5)构件的重要性。

安全系数 n 的选取,除需要考虑上述因素外,还要考虑其他很多因素。在通常情况下,对于静荷载问题,塑性材料一般取 $n=1.5\sim2.0$,脆性材料一般取 $n=2.0\sim2.5$。安全系数和许用应力的具体数据,一般由国家在有关规范中规定。

(二)拉(压)杆的强度计算

轴向拉(压)杆的强度条件为

$$\sigma_{max}=\frac{F_{N\max}}{A}\leqslant[\sigma] \tag{5-10}$$

式(5-10)称为拉(压)杆的强度条件。应用该条件,可以解决有关强度计算的以下三

类问题。

(1)强度校核。当已知杆的材料许用应力$[\sigma]$、截面尺寸A和承受的荷载$F_{N\max}$时,可用式(5-10)校核杆的强度是否满足要求。

(2)设计截面尺寸。已知荷载与材料的许用应力时,可将式(5-10)改写成$A \geqslant \frac{F_{N\max}}{[\sigma]}$以确定截面尺寸。

(3)确定许可荷载$[F]$。已知构件截面尺寸和材料的许用应力时,可将式(5-10)改写成$F_{N\max} \leqslant A[\sigma]$,再由内力与外力关系确定许可荷载$[F]$。

六、应力集中的概念

在削弱截面附近的小范围内,应力局部增大,而离开该区域稍远的地方,应力迅速减小并趋于均匀。这种由于截面尺寸突变而引起的应力局部增大的现象,称为应力集中。

应力集中的程度可用应力集中处的$\sigma_{\max}$与杆被削弱处横截面上的平均应力$\overline{\sigma}_0$的比值来衡量,此比值称为应力集中系数,用α_k表示,即

$$\alpha_k = \frac{\sigma_{\max}}{\overline{\sigma}_0} \tag{5-11}$$

试验表明:α_k只与构件的形状和尺寸有关,而与材料无关。对于工程中常见的大多数典型构件,它们的应力集中系数α_k可以从有关手册中查到,一般为1.2~3.0。

用塑性材料制成的构件在静载作用下,可以不考虑应力集中的影响。应力集中对脆性材料的危害显得严重,即使在静载条件下也应考虑应力集中对构件承载能力的影响。

七、连接件的强度计算

(一)剪切的实用计算

剪切面上的剪力F_Q可用截面法求得,横截面上的剪力是沿截面作用的。剪切面上的切应力分布情况较为复杂,实用计算中假设切应力τ在剪切面上均匀分布,即

$$\tau = F_Q/A_Q \tag{5-12}$$

式中,A_Q为剪切面面积。

剪切强度条件为

$$\tau = \frac{F_Q}{A_Q} \leqslant [\tau] \tag{5-13}$$

式中,$[\tau]$为铆钉的许用切应力。

如将铆钉按上述实际受力情况进行剪切破坏试验,量测出铆钉在剪断时的极限荷载F_u,并由式(5-12)计算出铆钉剪切破坏的极限切应力τ_u,再除以安全系数n就可得到$[\tau]$。对于钢材,通常取$[\tau]=(0.6\sim0.8)[\sigma]$。

(二)挤压的实用计算

连接件除可能被剪切破坏外,还可能发生挤压破坏。所谓挤压,是指两个构件相互传递压力时接触面相互压紧而产生的局部压缩变形。连接件在满足剪切条件的同时,还必须满足挤压条件。连接件与被连接件之间相互接触面上的压力F_{bs}称为挤压力,挤压力

的作用面 A_{bs} 称为挤压面，挤压面上应力 σ_{bs} 称为挤压应力。

在实用计算中，假设挤压应力均匀地分布在挤压面上，即

$$\sigma_{bs} = F_{bs}/A_{bs} \tag{5-14}$$

则挤压强度条件为

$$\sigma_{bs} = \frac{F_{bs}}{A_{bs}} \leqslant [\sigma_{bs}] \tag{5-15}$$

式中，$[\sigma_{bs}]$为容许挤压应力。

$[\sigma_{bs}]$也可由通过挤压破坏试验得到的极限挤压应力 σ_{ubs} 除以安全系数 n 得到，各种材料的许用挤压应力$[\sigma_{bs}]$可在有关手册中查得。对于钢材而言，通常取$[\sigma_{bs}]$为许用正应力$[\sigma]$的 1.7～2.0 倍。

关于挤压面面积 A_{bs} 的计算，需根据接触面的情况而定。当实际挤压面为平面时，挤压面面积为接触面面积；当受压面是半圆柱曲面时，在实际计算中，按挤压面的正投影面积计算。

挤压计算中须注意，如果两个相互挤压构件的材料不同，应对挤压强度较小的构件进行计算。

训练题

一、填空题

1. 构件安全工作的基本要求是构件要具有足够的________、________、________。

2. 图 5-9 表示四种材料的应力—应变曲线，则：

(1)弹性模量最大的材料是________。

(2)强度最高的材料是________。

(3)塑性性能最好的材料是________。

3. 现有铸铁和钢两种材料，在图 5-10 所示结构中 ① 杆选________，② 杆选________比较合理。

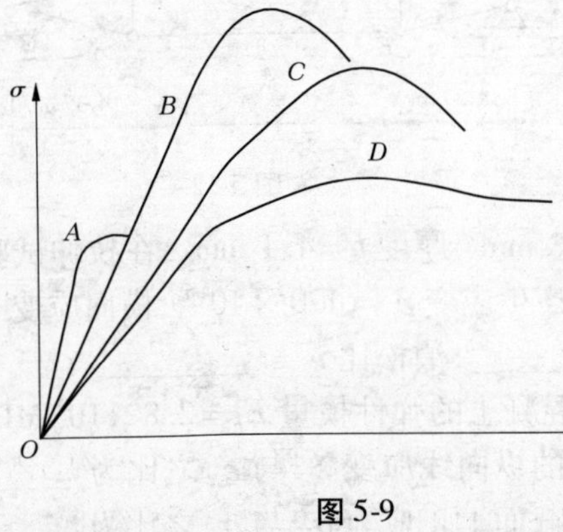

图 5-9

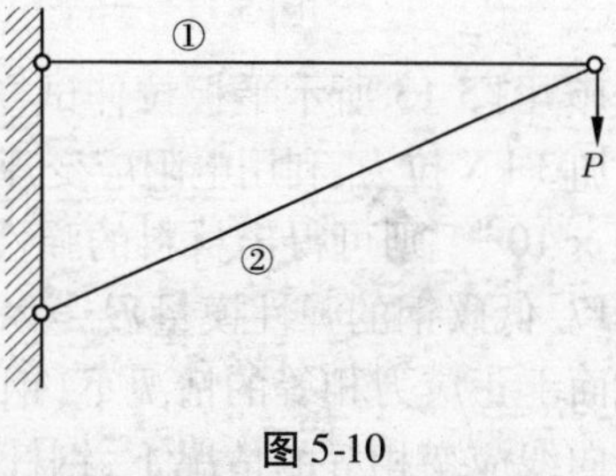

图 5-10

4. 拉压杆中某点的最大正应力发生在____截面上，最大切应力发生在__________上。

5. 拉伸和压缩的虎克定律有两种表达形式：一种以变形和力的形式表示，公式为________；另一种以应力和应变的形式表示，公式为________。

6. 横截面为边长是 b 的正方形，长度为 l 的拉杆，在弹性范围内其伸长量为 Δl，则其横向变形 Δb =________。

7. 材料的弹性模量 E 反映了材料__________能力，它与构件的尺寸及构件所受外力________关。

8. 脆性材料的压缩破坏主要是因________作用而破坏，破裂面一般与轴线的夹角为________。

9. 工程上规定，塑性材料的延伸率 δ ________，脆性材料的延伸率 δ ________。

10. 极限应力 σ^0 是材料________时对应的应力。塑性材料的极限应力是________，脆性材料的极限应力是________。

11. 拉伸和压缩时的强度条件是：$\sigma_{\max} = \dfrac{F_{N\max}}{A} \leqslant [\sigma]$，运用强度条件，可以解决__________、__________、__________三类强度问题。

12. 名义屈服极限 $\sigma_{0.2}$ 是对__________________材料规定的。

13. 在图 5-11 所示的 $\sigma \sim \varepsilon$ 曲线上，对应 a 点的应力称为________，对应 b 点的应力称为________，对应 c 点的应力称为________，对应 d 点的应力称为________。

14. 低碳钢在屈服阶段呈现应力__________，而应变________现象；冷作硬化现象使材料的比例极限________，而塑性________。

15. 图 5-12 所示为一混合屋架结构的计算简图。屋架的上弦用钢筋混凝土制成，下面的拉杆和中间竖向撑杆用角钢构成，其截面均为两个 75 mm × 8 mm 的等边角钢。已知屋面承受的均布荷载 $q = 20$ kN/m。求得拉杆 AE 和 EG 横截面上的应力 σ_{AE} =________，σ_{EG} =________。

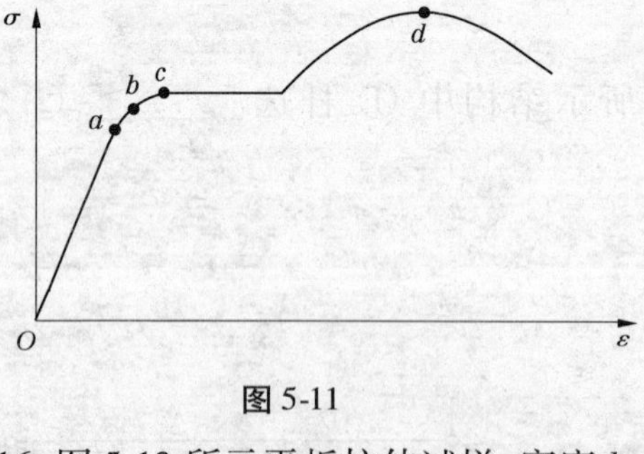

图 5-11

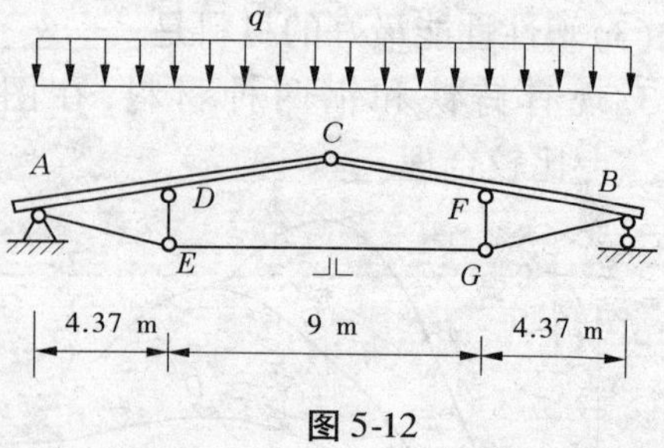

图 5-12

16. 图 5-13 所示平板拉伸试样，宽度 $h = 29.8$ mm，厚度 $b = 4.1$ mm。在拉伸试验时，每增加 3 kN 拉力，利用电阻应变片测得轴线方向产生应变 $\varepsilon = 120 \times 10^{-6}$，横向应变 $\varepsilon' = -38 \times 10^{-6}$，则可得出材料的弹性模量 E =________，泊松比 ν =________。

17. 低碳钢的弹性模量 $E_g = 2.1 \times 10^5$ MPa，混凝土的弹性模量 $E_h = 2.8 \times 10^4$ MPa，在横截面上正应力相等的情况下，钢杆和混凝土杆的纵向线应变 ε_g 与 ε_h 之比为________；在纵向线应变相等的情况下，钢杆和混凝土杆横截面上正应力 σ_g 与 σ_h 之比为________。

18. 图 5-14 所示销钉受拉力 P 作用，其钉头直径为 D，高度为 h，钉杆直径为 d。由图可知，剪切面面积为________，挤压面面积为________。

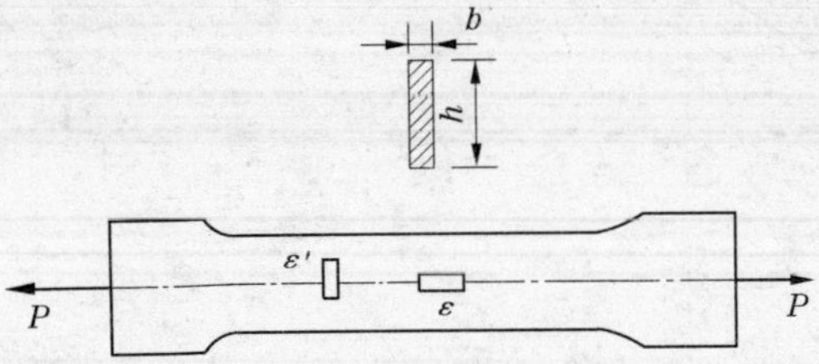

图 5-13

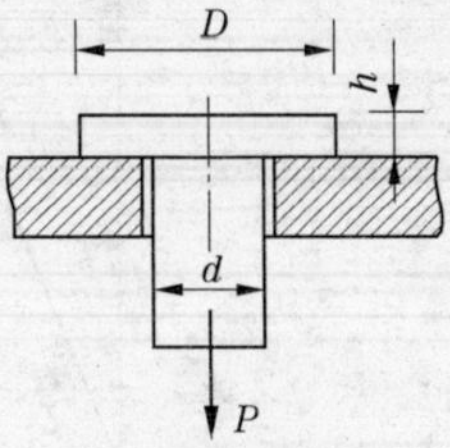

图 5-14

19. 图 5-15 所示木接头，左、右两部分的形状和尺寸相同。其剪切面面积为________，挤压面面积为________。

20. 图 5-16 所示，两钢板用圆锥销连接，则其剪切面面积为________，挤压面面积为________。

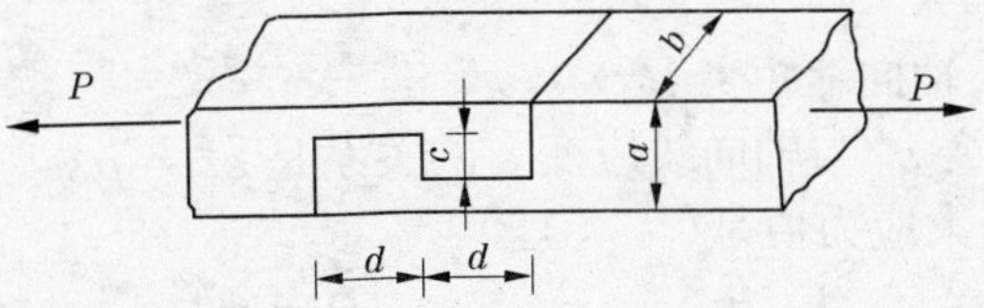

图 5-15

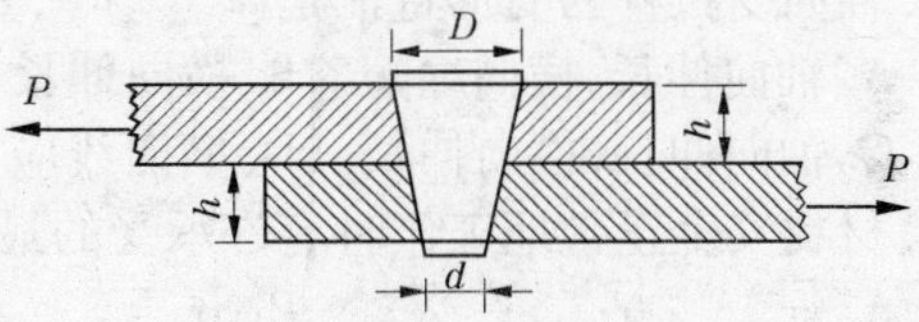

图 5-16

二、选择题

1. 所谓强度，是指构件抵抗下面四种情况的哪一种能力(　　)。

A. 变形　　B. 扭转　　C. 破坏　　D. 弯曲

2. 若两等直杆的横截面面积为 A，长度为 l，两端所受轴向拉力均相同，但材料不同，那么下列结论正确的是(　　)。

A. 两者轴力相同，应力相同　　B. 两者应变和伸长量相同

C. 两者变形相同　　D. 两者刚度不同

3. 钢材经过冷作硬化处理后，其性能的变化是(　　)。

A. 比例极限提高，塑性变形能力降低　　B. 弹性模量降低

C. 比例极限降低，塑性变形能力降低　　D. 延伸率提高

4. 低碳钢的拉伸 $\sigma \sim \varepsilon$ 曲线如图 5-17 所示。若加载至强化阶段的 C 点，然后卸载，则应力回到零值的路径是沿(　　)。

A. 曲线 $cbaO$　　B. 曲线 $cbf(bf//Oa)$

C. 直线 $ce(ce//Oa)$　　D. 直线 $cd(cd//O\sigma$ 轴)

5. 低碳钢的拉伸 $\sigma \sim \varepsilon$ 曲线如图 5-17 所示，若加载至强化阶段的 C 点时，试件的弹性应变和塑性应变分别是(　　)。

A. 弹性应变是 Of，塑性应变是 ed　　B. 弹性应变是 Oe，塑性应变是 Of

C. 弹性应变是 ed，塑性应变是 Oe　　D. 弹性应变是 Oe，塑性应变是 Of

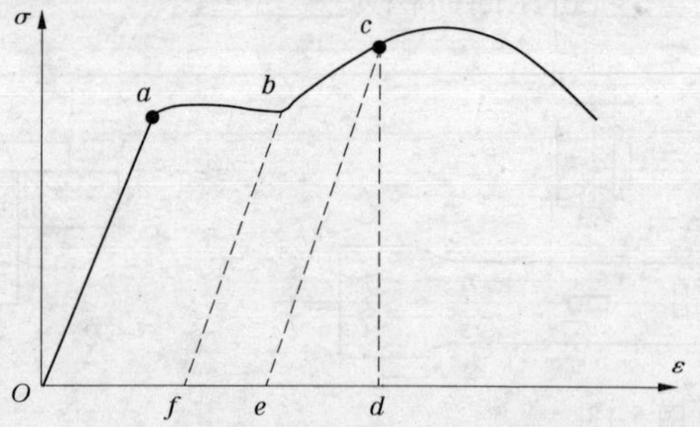

图 5-17

6. 等截面直杆承受拉力 P 作用,若选用三种不同的截面形状:圆形、正方形、空心圆,比较材料用量,则(　　)。

A. 正方形截面最省料　　B. 圆形截面最省料
C. 空心圆截面最省料　　D. 三者用料相同

7. 轴向受拉杆的变形特征是(　　)。

A. 轴向伸长,横向缩短　B. 横向伸长,轴向缩短
C. 轴向伸长,横向伸长　D. 横向线应变 ε' 与轴向线应变 ε 的关系是 $\varepsilon' = \mu\varepsilon$

8. 材料安全正常地工作时容许承受的最大应力值是(　　)。

A. σ_p　B. σ_s　C. σ_b　D. $[\sigma]$

9. 若正方形横截面的轴向拉杆容许应力 $[\sigma] = 100$ MPa,杆两端的轴向拉力 $F_N = 2.5$ kN,根据强度条件,拉杆横截面的边长至少为(　　)。

A. $\sqrt{\dfrac{100}{2\ 500}}$ m　B. $\sqrt{\dfrac{2.5}{100}}$ m　C. $\sqrt{\dfrac{2\ 500}{100}}$ m　D. 5 mm

10. σ_p、σ_s 和 σ_b 分别代表材料的比例极限、屈服极限和强度极限。铸铁是脆性材料,它的强度指标为(　　)。

A. σ_p　B. σ_s　C. σ_b　D. $\dfrac{\sigma_s + \sigma_b}{2}$

11. 长度、横截面和轴向拉力相同的钢杆与铝杆的关系是两者的(　　)。

A. 容许荷载相同　　B. 应力相同
C. 轴向伸长量相同　　D. 轴向线应变相同

12. 图 5-18 所示板式试样,在试样的表面,沿纵向和横向各贴一片应变片,测得纵向应变 $\varepsilon = 120 \times 10^{-6}$,横向应变 $\varepsilon' = -40 \times 10^{-6}$。这种材料的泊松比 ν 为(　　)。

A. 3　B. −3　C. 1/3　D. −1/3

13. 低碳钢的应力—应变曲线如图 5-19 所示,压缩试验为实线,拉伸试验为虚线。在屈服阶段以前,两条直线基本重合,E 代表弹性模量,σ_s 代表屈服极限,两者有(　　)。

A. $E_{拉} = E_{压}, \sigma_{s拉} = \sigma_{压}$　　B. $E_{拉} = E_{压}, \sigma_{s拉} \neq \sigma_{压}$
C. $E_{拉} \neq E_{压}, \sigma_{s拉} \neq \sigma_{压}$　　D. $E_{拉} \neq E_{压}, \sigma_{s拉} = \sigma_{压}$

14. 现有铸铁和钢两种材料。在图 5-20 所示结构中,合理的选材方式是(　　)。

A. ①杆选钢,②杆选铸铁　　B. 两杆均选钢
C. ①杆选铸铁,②杆选钢　　D. 两杆均选铸铁

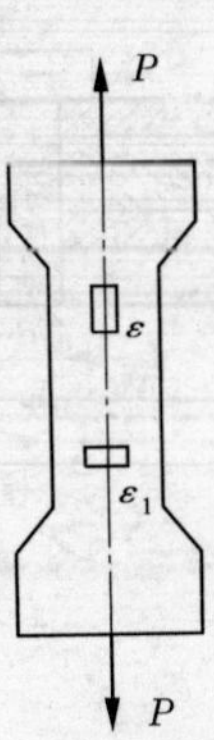

图 5-18

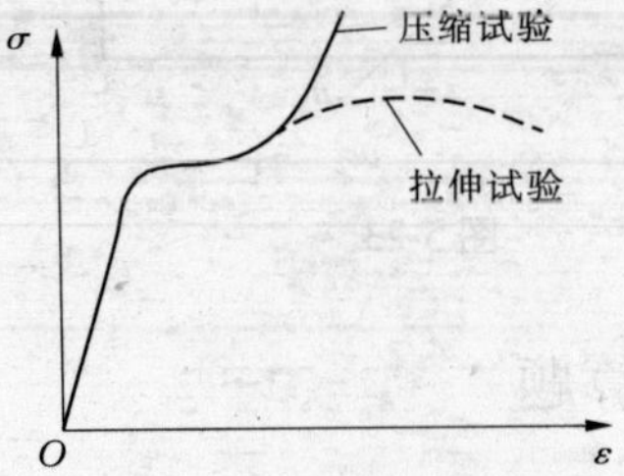

图 5-19

15. 一木柱受力如图 5-21 所示。柱的横截面为边长 200 mm 的正方形，材料可认为符合虎克定律，其弹性模量 $E=10^4$ MPa。不计柱的自重，得出以下四种计算结果，其中错误的是(　　)。

A. 上段应力 $\sigma=-2.5$ MPa，下段应力 $\sigma=-4$ MPa

B. 上段应力 $\sigma=-2.5$ MPa，下段应力 $\sigma=-6.5$ MPa

C. 上段应变 $\varepsilon=-2.5\times10^{-4}$，下段应变 $\varepsilon=-6.5\times10^{-4}$

D. 柱的总变形 $\Delta l=-1.35$ mm

16. 图 5-22 所示结构，已知 $q=1$ kN/m，$l=4$ m，BC 为圆截面钢杆，直径 $d=10$ mm，BC 杆的应力为(　　)。

A. $\sigma=25.5$ MPa　　B. $\sigma=30$ MPa　　C. $\sigma=16.8$ MPa　　D. $\sigma=20.1$ MPa

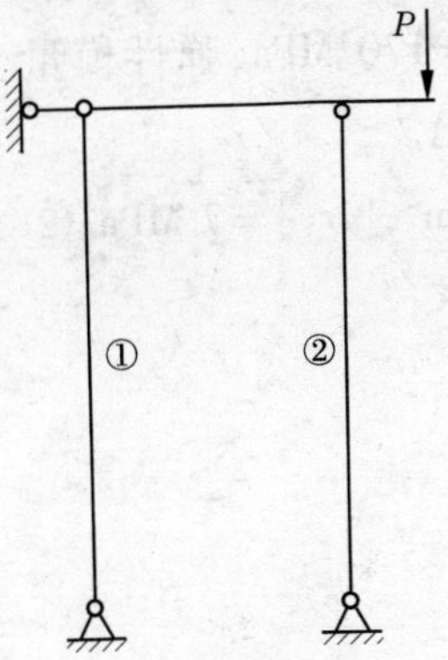

图 5-20

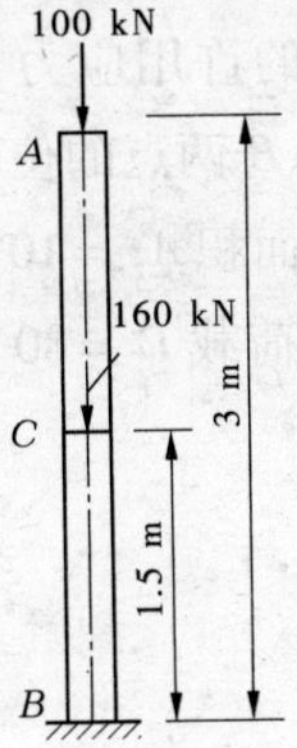

图 5-21

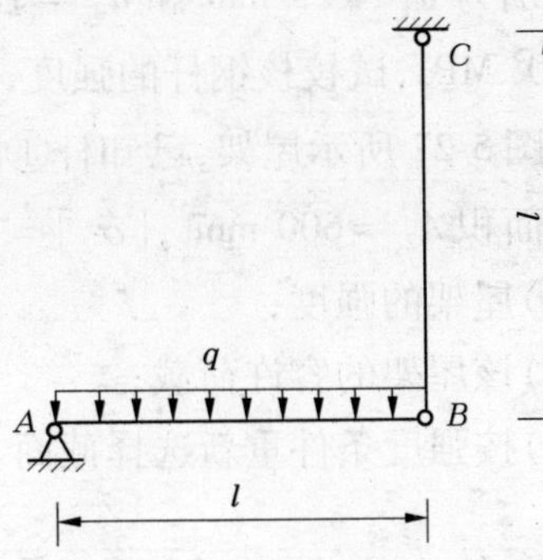

图 5-22

17. 图 5-23 所示轴力杆，设斜截面 m—m 的面积为 A，则 P/A 应为(　　)。

A. 斜截面上的正应力　　B. 斜截面上的切应力

C. 斜截面上的总应力　　D. 横截面上的正应力

18. 图 5-24 所示销钉的切应力为(　　)。

A. $\dfrac{P}{2td}$　　B. $\dfrac{2P}{\pi d^2}$　　C. $\dfrac{P}{td}$　　D. $\dfrac{4P}{\pi d^2}$

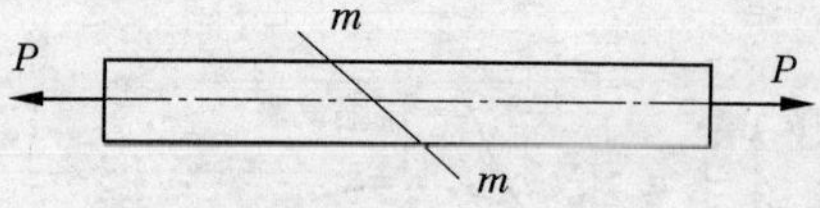

图 5-23

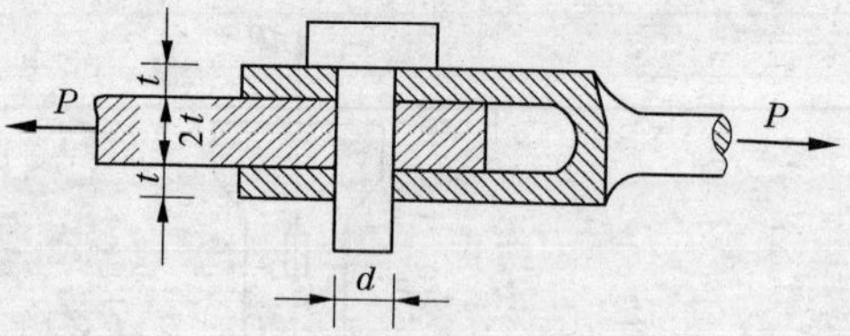

图 5-24

三、计算题

1. 图 5-25 所示等截面杆件，已知：$E=200$ GPa，$A=4\ \text{cm}^2$。试求：

(1) 作杆的轴力图；

(2) 最大正应力 $\sigma_{\max}$；

(3) 最大线应变 $\varepsilon_{\max}$；

(4) 杆的总变形 Δl_{AD}。

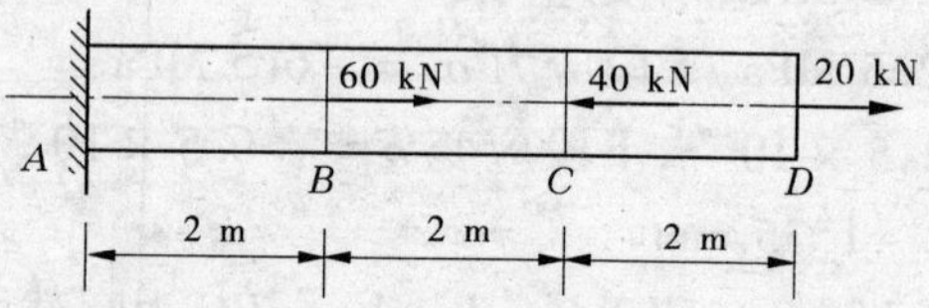

图 5-25

2. 刚性梁 AB 用两根钢杆 AC、BD 悬挂着，受力如图 5-26 所示。已知钢杆 AC 和杆 BD 的直径分别为 $d_1=25$ mm 和 $d_2=18$ mm，钢的许用应力 $[\sigma]=170$ MPa，弹性模量 $E=2.1\times10^5$ MPa，试校核钢杆的强度，并计算 A、B 两点的位移 Δ_A、Δ_B。

3. 图 5-27 所示屋架，已知杆①的横截面面积 $A_1=10\ 000\ \text{mm}^2$，$[\sigma_1]=7$ MPa；② 杆的横截面面积 $A_2=600\ \text{mm}^2$，$[\sigma_2]=160$ MPa，荷载 $P=80$ kN。求：

(1) 屋架的强度；

(2) 该屋架的容许荷载；

(3) 按强度条件重新选择截面。

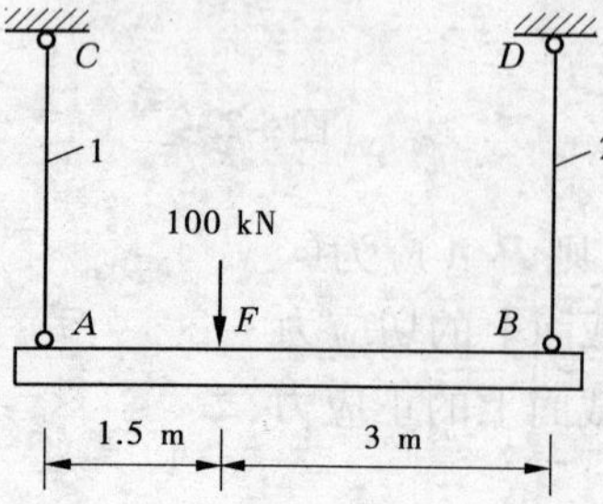

图 5-26

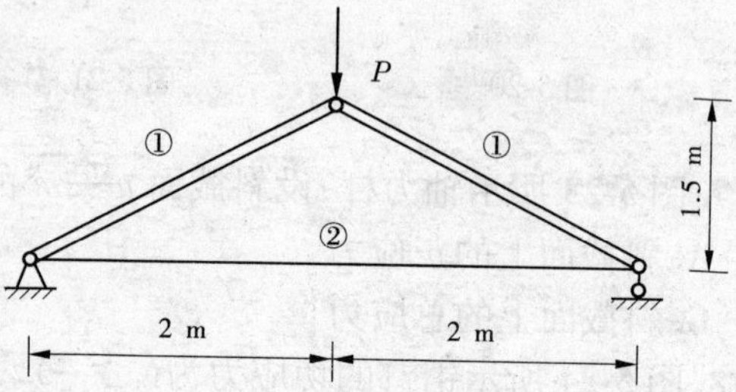

图 5-27

4. 图 5-28 所示结构，杆 AB 为直径 $d=25$ mm 的钢杆，$[\sigma_1]=170$ MPa，杆 AC 是木杆，$[\sigma_2]=10$ MPa，试校核杆 AB 的强度，并确定杆 AC 的横截面面积。

5. 在图 5-29 所示支架中，杆 ① 和杆 ② 均为钢杆，容许应力 $[\sigma]=160$ MPa，横截面面积 $A_1=500\ \text{mm}^2$，$A_2=400\ \text{mm}^2$，已知荷载 $P=110$ kN，试校核强度。

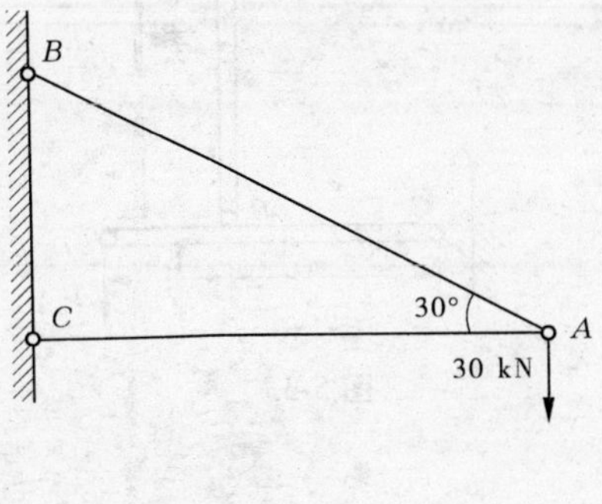

图 5-28

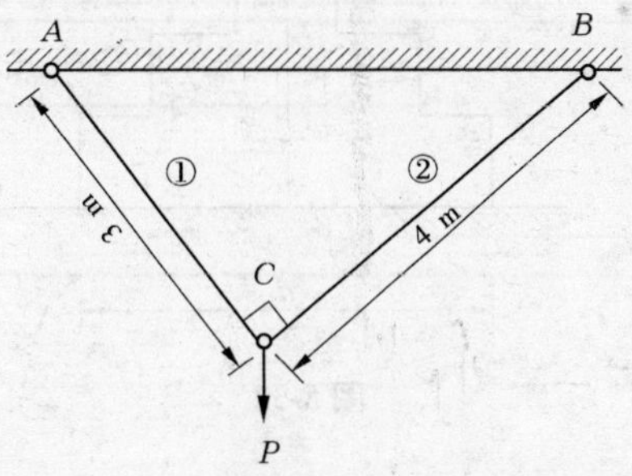

图 5-29

6. 在图 5-30 所示支架中，杆 AB 为圆钢杆，$d=16$ mm，$[\sigma_1]=160$ MPa；杆 BC 为木杆，横截面面积为 100 mm × 100 mm，$[\sigma_2]=4.5$ MPa，试求容许荷载。

7. 图 5-31 所示三铰屋架的拉杆 AB 采用 16 锰圆钢，已知材料的许用应力 $[\sigma]=200$ MPa，试按强度条件选择杆 AB 的直径 d。

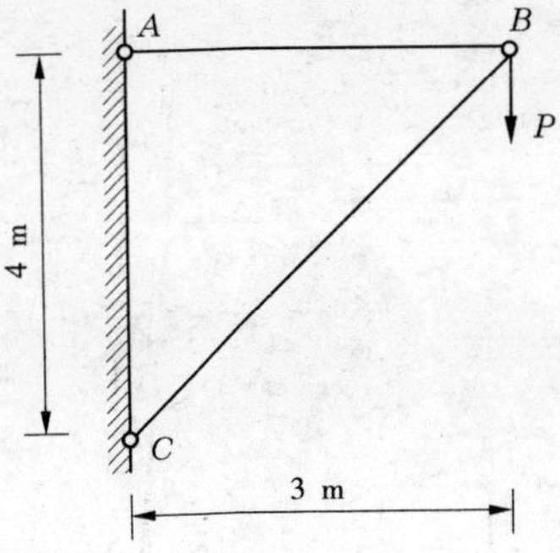

图 5-30

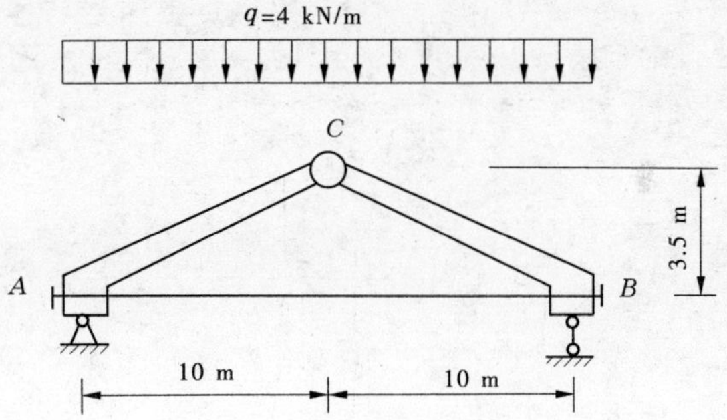

图 5-31

8. 轴心受压柱的基础如图 5-32 所示。已知轴压力 $F_N=490$ kN，基础埋深 $H=1.8$ m，基础和土的平均容重 $\gamma=19.6\ \text{kN/m}^3$，地基土壤的许用应力 $[\sigma]=0.196$ MPa，试求正方形基础底边的边长 a。

9. 图 5-33 所示结构，水平杆 CD 为刚性杆，AB 为钢杆，其直径 $d=20$ mm，弹性模量 $E=2\times10^5$ MPa，许用应力 $[\sigma]=170$ MPa。求：

(1) 结构的许可荷载 $[P]$；

(2) 在 $[P]$ 作用下，D 点的铅垂位移。

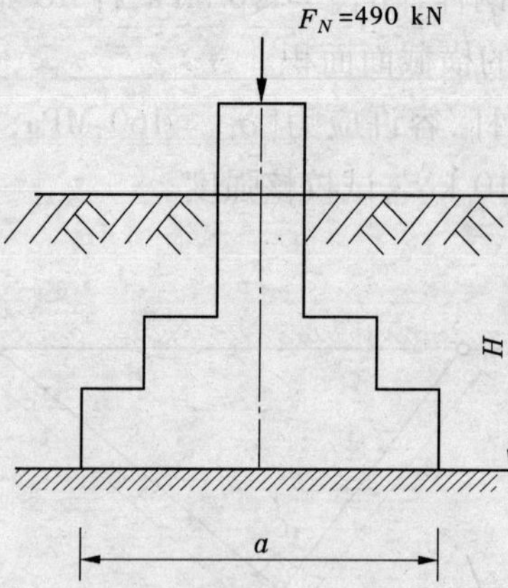

图 5-32

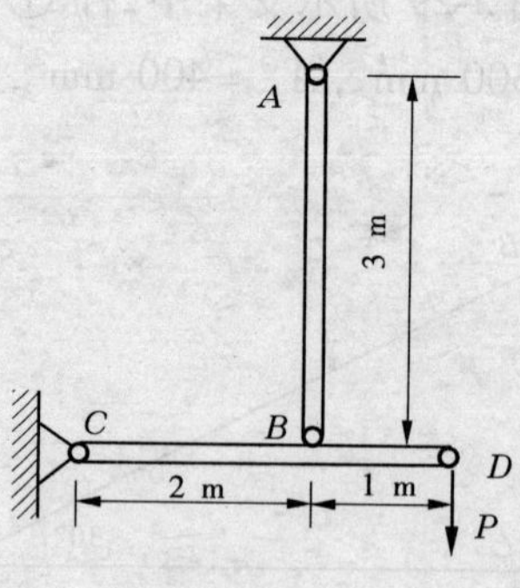

图 5-33

第六章 截面的几何性质

复习提要

一、物体的重心

物体的重力是地球对物体的引力，重力作用线总是通过一个确定的点，这个点就是物体的重心。

物体的几何形状和尺寸所决定的物体的几何中心称为物体的形心。均质物体的重心与其形心重合。确定其重心及形心的位置的方法有以下几种。

(一)对称法

具有对称轴、对称面或对称中心的均质物体，其形心必定在对称轴、对称面或对称中心上。常用物体的形心列入表6-1，以供参考。

(二)积分法

对于没有对称轴、对称面或对称中心的物体，可用积分法确定形心位置。

(三)组合法

工程结构中有些构件的截面是由几个简单图形(如矩形、圆形、三角形等)组成的，如工字形、T形和槽形等，这类截面称为组合截面。组合截面图形的形心计算公式为：

$$\left.\begin{aligned} x_c &= \frac{A_1x_1+A_2x_2+\cdots+A_nx_n}{A_1+A_2+\cdots+A_n} = \frac{\sum_{i=1}^{n}A_ix_i}{\sum_{i=1}^{n}A_i} \\ y_c &= \frac{A_1y_1+A_2y_2+\cdots+A_ny_n}{A_1+A_2+\cdots+A_n} = \frac{\sum_{i=1}^{n}A_iy_i}{\sum_{i=1}^{n}A_i} \end{aligned}\right\} \qquad (6\text{-}1)$$

式中，$A_1,A_2,\cdots,A_n$ 为各分图形(有限个)面积；$x_1,x_2;\cdots,x_n,y_1,y_2,\cdots,y_n$ 是各分图形对应的形心坐标。

(四)试验法

一个形状比较复杂的物体，如果无法用积分法或组合法确定重心的位置，那么可用试验法来确定。常用的试验法有悬挂法及称重法。

二、面积矩

(一)面积矩的定义

如图6-1所示为一任意截面的几何图形(以下简称图形)。积分$\int_A y\mathrm{d}A$ 和$\int_A z\mathrm{d}A$ 分别定

义为该图形对 z 轴和 y 轴的面积矩和静矩，用符号 S_z 和 S_y 来表示，即

$$\left.\begin{aligned} S_z &= \int_A y\mathrm{d}A \\ S_y &= \int_A z\mathrm{d}A \end{aligned}\right\} \tag{6-2}$$

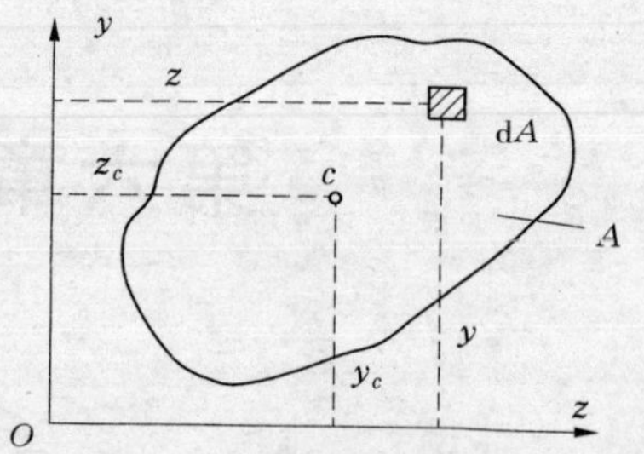

图 6-1

面积矩的数值可正、可负，也可为零。面积矩的量纲是长度的 3 次方，其常用单位为 m^3 或 mm^3。

（二）面积矩与形心

平面图形的形心坐标公式为

$$\left.\begin{aligned} y_c &= \frac{S_z}{A} \\ z_c &= \frac{S_y}{A} \end{aligned}\right\} \tag{6-3}$$

或改写成

$$\left.\begin{aligned} S_z &= Ay_c \\ S_y &= Az_c \end{aligned}\right\} \tag{6-4}$$

面积矩的几何意义：图形的形心相对于指定的坐标轴之间距离的远近程度。图形形心相对于某一坐标距离愈远，对该轴的面积矩绝对值愈大。

图形对通过其形心的轴的面积矩等于零；反之，图形对某一轴的面积矩等于零，该轴一定通过图形形心。

（三）组合截面面积矩和形心的计算

组合截面对某一轴的面积矩等于其各简单图形对该轴面积矩的代数和，即

$$\left.\begin{aligned} S_z &= \sum S_{zi} = \sum A_i y_i \\ S_y &= \sum S_{yi} = \sum A_i z_i \end{aligned}\right\} \tag{6-5}$$

式中，A_i 和 y_i、z_i 分别代表各简单图形的面积和形心坐标。

组合平面图形的形心位置由式(6-1)确定。

三、惯性矩和惯性积

（一）极惯性矩

任意平面图形如图 6-1 所示，其面积为 A。积分 $\int_A \rho^2 \mathrm{d}A$ 称为图形对 O 点的极惯性矩，用符号 I_P 表示，即

$$I_P = \int_A \rho^2 \mathrm{d}A \tag{6-6}$$

极惯性矩是相对于指定的点而言的，即同一图形对不同点的极惯性矩一般是不同的。极惯性矩恒为正，其量纲是长度的 4 次方，常用单位为 m^4 或 mm^4。

（1）圆截面对其圆心的极惯性矩为

$$I_P = \frac{\pi D^4}{32}$$

(2) 对于外径为 D、内径为 d 的空心圆截面对圆心的极惯性矩为

$$I_P = \frac{\pi D^4}{32}(1-\alpha^4)$$

式中，α 为空心圆截面内、外径的比值，$\alpha = d/D$。

(二) 惯性矩

在图 6-1 中，定义积分

$$\left.\begin{aligned} I_z &= \int_A y^2 \mathrm{d}A \\ I_y &= \int_A z^2 \mathrm{d}A \end{aligned}\right\} \tag{6-7}$$

为图形对 z 轴和 y 轴的惯性矩。惯性矩是对一定的轴而言的，同一图形对不同的轴的惯性矩一般不同。惯性矩恒为正值，其量纲和单位与极惯性矩相同。

图形对一对正交轴的惯性矩和对坐标原点的极惯性矩存在着一定的关系。用式(6-8)表达为

$$I_P = I_z + I_y \tag{6-8}$$

式(6-8)表明，图形对任一点的极惯性矩，等于图形对通过此点且在其平面内的任一对正交轴惯性矩之和。

表 6-1 给出了一些常见截面图形的面积、形心和惯性矩计算公式，以便查用。工程中使用的型钢截面，如工字钢、槽钢、角钢等，这些截面的几何性质可从《建筑力学》附录的型钢表中查取。

表 6-1　常见图形的面积、形心和惯性矩

序号	图形	面积	形心位置	惯性矩(形心轴)
1	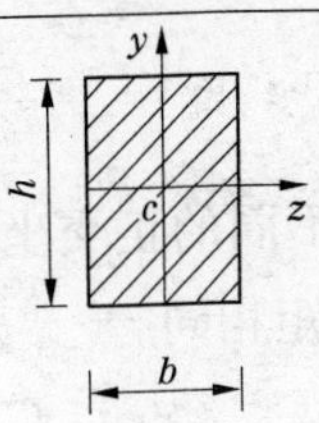	$A = bh$	$z_c = \frac{b}{2}$ $y_c = \frac{h}{2}$	$I_z = \frac{bh^3}{12}$ $I_y = \frac{hb^3}{12}$
2	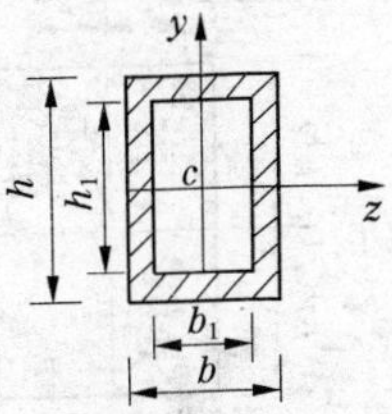	$A = bh - b_1h_1$	$z_c = \frac{b}{2}$ $y_c = \frac{h}{2}$	$I_z = \frac{1}{12}(bh^3 - b_1h_1^3)$ $I_y = \frac{1}{12}(hb^3 - h_1b_1^3)$
3	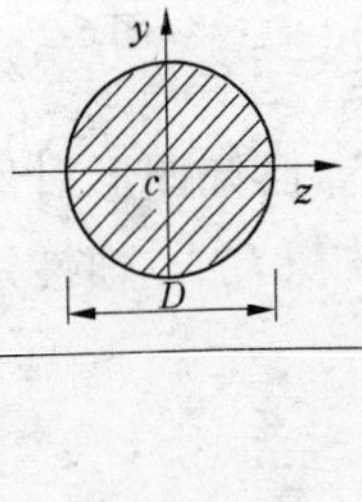	$A = \frac{\pi D^2}{4}$	$z_c = y_c = \frac{D}{2}$	$I_y = I_z = \frac{\pi D^4}{64}$

续表 6-1

序号	图形	面积	形心位置	惯性矩(形心轴)
4	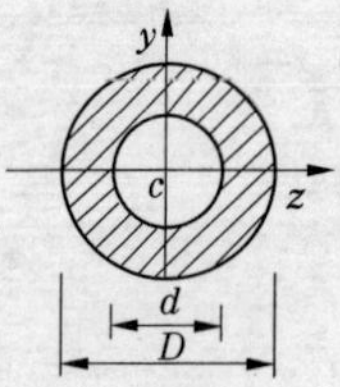	$A=\frac{\pi}{4}(D^2-d^2)$	$z_c=y_c=\frac{D}{2}$	$I_y=I_z=\frac{\pi D^4}{64}(1-\alpha^4)$ $\alpha=\frac{d}{D}$
5	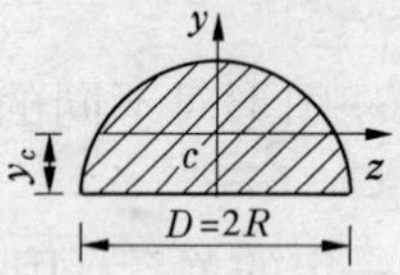	$A=\frac{\pi R^2}{2}$	$z_c=\frac{D}{2}$ $y_c=\frac{4R}{3\pi}$	$I_z=(\frac{1}{8}-\frac{8}{9\pi^2})\pi R^4\approx 0.11R^4$ $I_y=\frac{\pi D^4}{128}=\frac{\pi R^4}{8}$
6	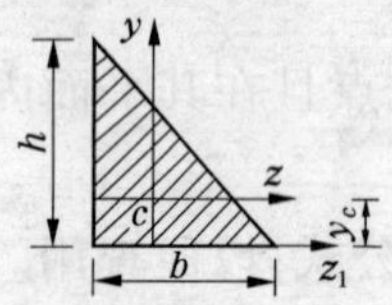	$A=\frac{bh}{2}$	$z_c=\frac{b}{3}$ $y_c=\frac{h}{3}$	$I_z=\frac{bh^3}{36}$ $I_{z_1}=\frac{hb^3}{12}$

(三)惯性积

如图 6-1 所示,积分$\int_A yz\mathrm{d}A$ 定义为图形对 y、z 轴的惯性积,用符号 I_{yz} 表示,即

$$I_{yz}=\int_A yz\mathrm{d}A \tag{6-9}$$

惯性积是对于一定的一对正交坐标轴而言的,即同一图形对不同的正交坐标轴的惯性积不同,惯性积的数值可正、可负、可为零,其量纲和单位与惯性矩相同。

由惯性积的定义可以得出如下结论:若图形具有对称轴,则图形对包含此对称轴在内的一对正交坐标轴的惯性积为零。如图 6-2 所示,y 轴为图形的对称轴,则整个图形对 y、z 轴的惯性积等于零。

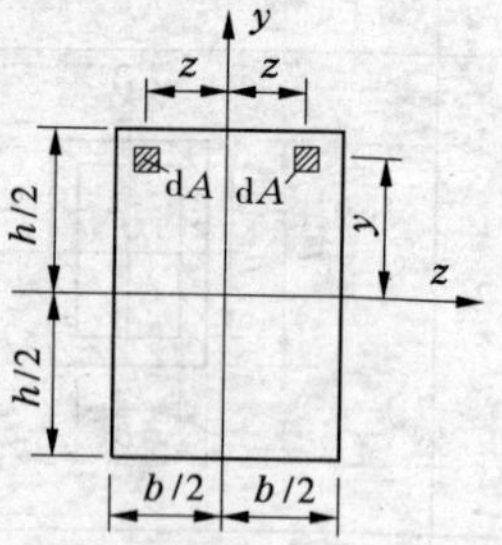

图 6-2

四、组合截面的惯性矩

(一)惯性矩和惯性积的平行移轴公式

任意平面图形如图 6-3 所示。z、y 为一对正交的形心轴,z_1、y_1 为与形心轴平行的另一对正交轴,平行轴间的距离分别为 a、b。已知图形对形心轴的惯性矩 I_z、I_y 和惯性积 I_{zy},求图形对 z_1、y_1 轴的惯性矩 I_{z_1}、I_{y_1} 和惯性积 $I_{z_1y_1}$。惯性矩和惯性积的平行移轴公式为

$$\left.\begin{aligned} I_{z_1} &= I_z + a^2A \\ I_{y_1} &= I_y + b^2A \end{aligned}\right\} \tag{6-10}$$

$$I_{z_1y_1} = I_{zy} + abA \tag{6-11}$$

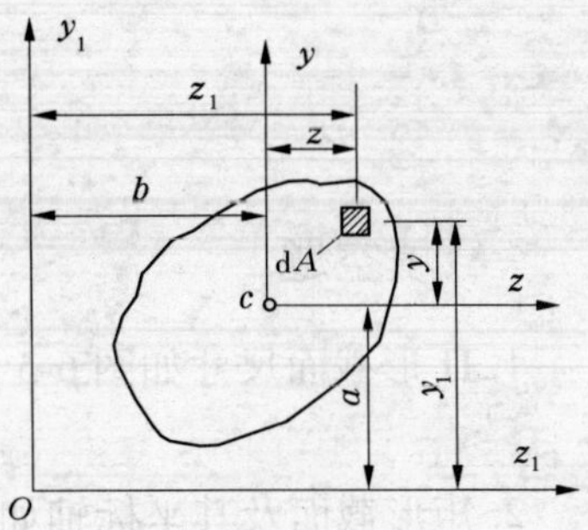

图 6-3

可见,图形对于形心轴的惯性矩是对所有平行轴的惯性矩中最小的一个。在应用平行移轴公式(6-10)时,要注意应用条件,即 z、y 轴必须是通过形心的轴,且 z_1、y_1 轴必须分别与 z、y 轴平行。在应用式(6-11)计算惯性积时,还须注意 a、b 的正负号,它们是截面形心 c 在 z_1Oy_1 坐标系中的坐标值。

(二)组合截面惯性矩计算

组合图形对某一轴的惯性矩等于其各组成部分简单图形对该轴惯性矩之和,即

$$\left.\begin{aligned} I_z &= \sum I_{z_i} \\ I_y &= \sum I_{y_i} \end{aligned}\right\} \tag{6-12}$$

在计算组合图形对 z、y 轴的惯性矩时,应先将组合图形分成若干个简单图形,并计算出每一简单图形对平行于 z、y 轴的自身形心轴的惯性矩,然后利用平行移轴公式(6-10)计算出各简单图形对 z、y 轴的惯性矩,最后利用式(6-12)求总和。

五、主惯性轴和主惯性矩

过图形上任一点都可得到一对主轴,通过截面图形形心的主惯性轴,称为形心主轴,图形对形心主轴的惯性矩称为形心主惯性矩。在对构件进行强度、刚度和稳定计算时,常常需要确定形心主轴和计算形心主惯性矩。因此,确定形心主轴的位置是十分重要的。由于图形对包括其对称轴在内的一对正交坐标轴的惯性积为零,所以对于如图 6-2 所示具有对称轴的截面图形,可根据图形具有对称轴的情况,观察确定形心主轴的位置。

(1)如果图形有一根对称轴,则此轴必定是形心主轴,而另一根形心主轴通过形心,并与对称轴垂直,如图 6-4(b)、(d)所示。

(2)如果图形有两根对称轴,则该两轴都为形心主轴,如图 6-4(a)、(c)所示。

(3)如果图形具有 3 根或更多根对称轴,则过图形形心的任何轴都是形心主轴,且图形对其任一形心主轴的惯性矩都相等,如图 6-4(e)、(f)所示。

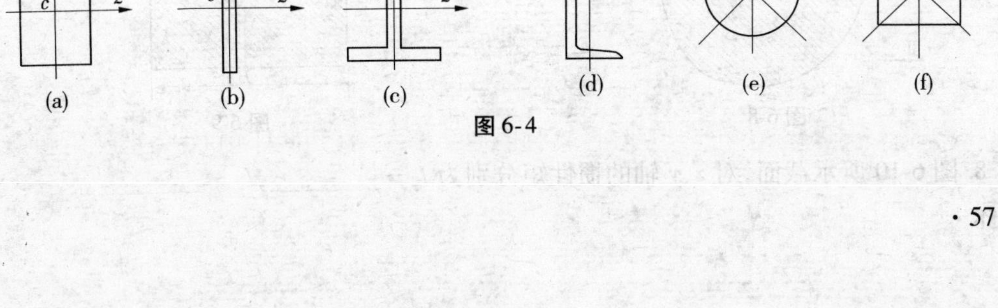

图 6-4

训练题

一、填空题

1. Π 形截面尺寸如图 6-5 所示，y_1、z_1 为参考坐标轴，其形心位置 y_c = ________，z_c = ________。

2. 矩形截面及其坐标轴如图 6-6 所示，则 I_z、I_y、I_{z1} 之间大小顺序是________。

3. 已知图 6-7 所示圆截面对圆心的极惯性矩 $I_P = 240\ \text{cm}^4$，那么 I_y = ________，I_z = ________。

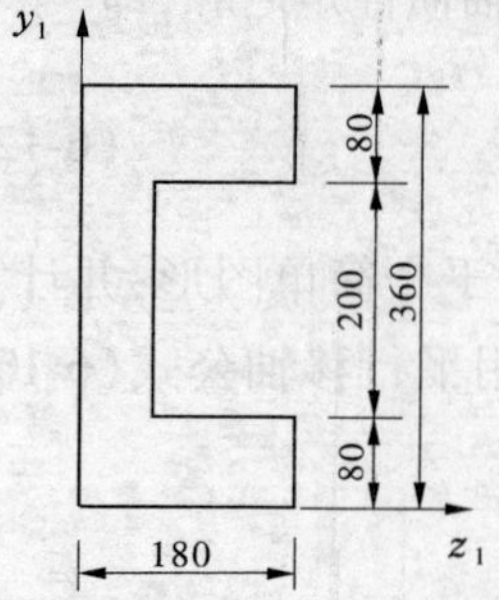

图 6-5 （单位：mm）

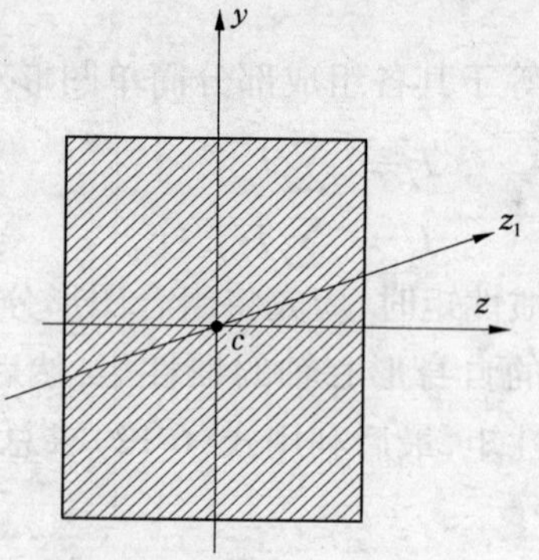

图 6-6

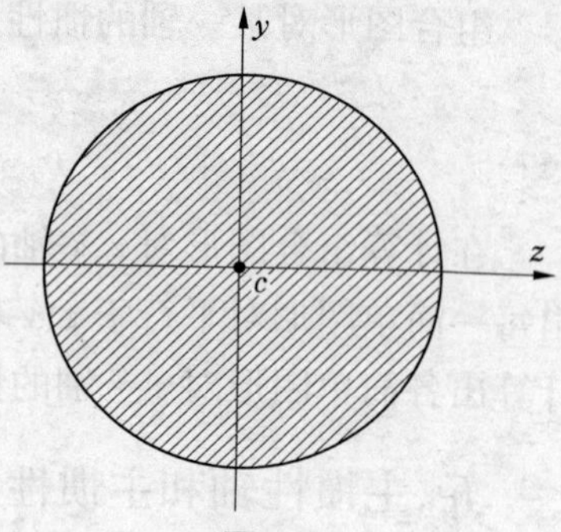

图 6-7

4. 在截面对于所有形心轴的惯性矩中，形心主惯性矩是________值。

5. 在惯性矩的平行移轴公式 $I_{y1} = I_y + a^2A$ 中，y 轴应为________；y_1 轴与 y 轴应________。

6. 在图 6-8 所示的截面图形中，已知 l 直线以上部分Ⅰ对形心轴 z 的静矩为 $S_{z\text{Ⅰ}} = 200$ cm^3，那么 l 直线以下部分Ⅱ对 z 轴的静矩 $S_{z\text{Ⅱ}}$ = ________。

7. 截面图形及其坐标轴如图 6-9 所示，则截面的惯性矩 I_y = ________，I_z = ________。

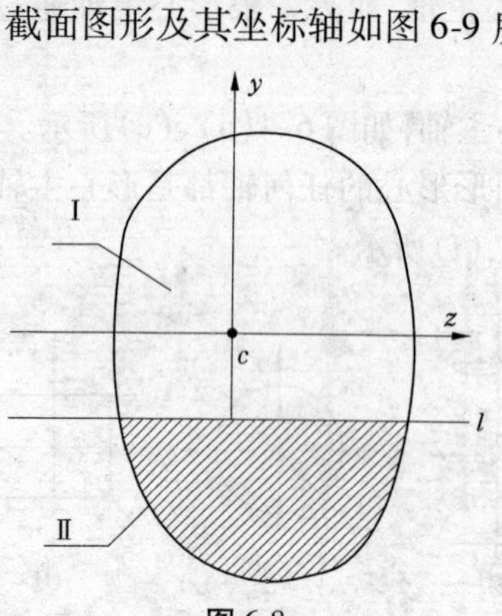

图 6-8

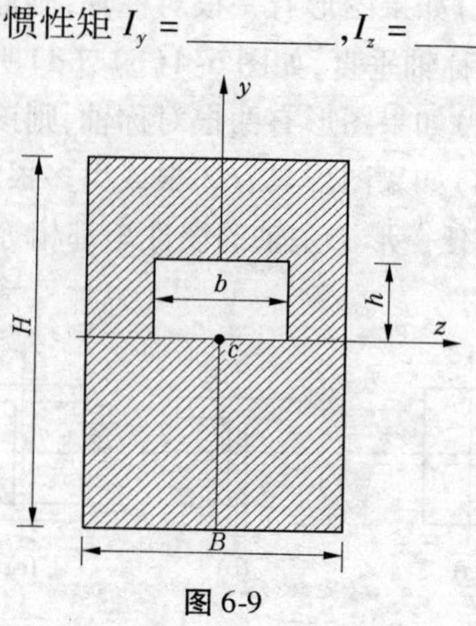

图 6-9

8. 图 6-10 所示截面，对 z、y 轴的惯性矩分别为 I_z = ________，I_y = ________。

9. 图 6-11 所示组合图形由四个相同直径的圆形组成，它对 y、z 轴的惯性矩分别为 $I_y=$ ________，$I_z=$ ________。

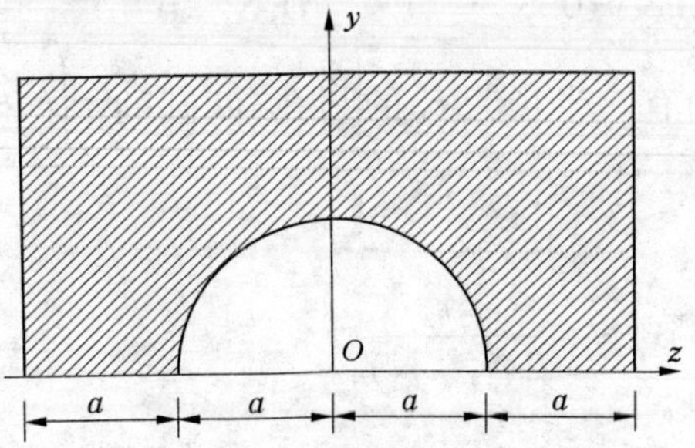

图 6-10

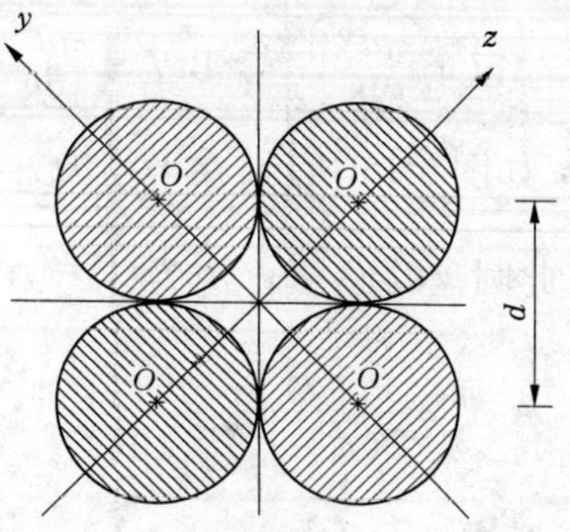

图 6-11

10. 图 6-12 所示截面，系由 22a 工字钢和上、下翼缘各加一块 120 mm × 10 mm 的钢板组成，其形心主惯性矩 $I_y=$ ________，$I_z=$ ________。

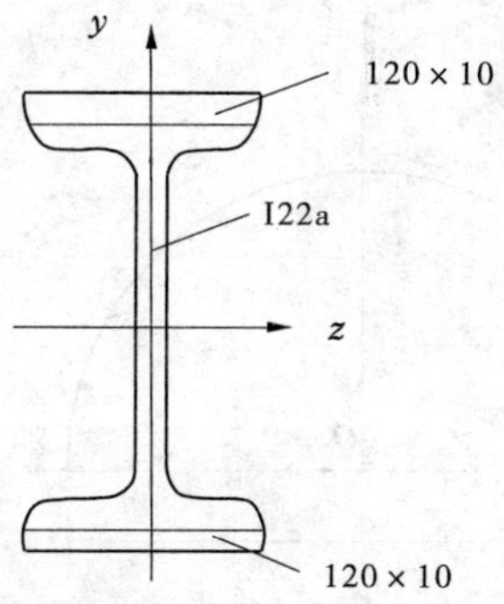

图 6-12 （单位：mm）

二、选择题

1. 截面静矩的量纲是(　　)。

A. 长度　　B. 长度的 2 次方　　C. 长度的 3 次方　　D. 长度的 4 次方

2. 截面静矩的取值情况是(　　)。

A. 恒大于零　　B. 恒为负值

C. 恒等于零　　D. 可能为正、为负或为零

3. 截面的惯性矩和极惯性矩的量纲是(　　)。

A. 长度　　B. 长度的 2 次方　　C. 长度的 3 次方　　D. 长度的 4 次方

4. 惯性矩和极惯性矩的取值可能是(　　)。

A. 大于或等于零　　B. 恒为正值

C. 恒为负值　　D. 可正、可负也可为零

5. 在图 6-13 所示截面图形中，z 轴为形心轴。直线 l 将截面分为Ⅰ、Ⅱ两部分，这两部分对 z 轴的静矩分别为 $S_{z\text{I}}$ 和 $S_{z\text{II}}$，它们之间的关系是(　　)。

A. $S_{z\text{I}}=S_{z\text{II}}$　　B. $S_{z\text{I}}=-S_{z\text{II}}$　　C. $|S_{z\text{II}}|>|S_{z\text{I}}|$　　D. $S_{z\text{I}}=S_{z\text{II}}=0$

6. 图 6-14 所示半圆截面对于 z、y 轴的惯性矩和静矩分别为 I_z、I_y 和 S_z、S_y，则下列结论不正确的是(　　)。

A. $I_z = \frac{\pi d^4}{128}$　　B. $I_y = \frac{\pi d^4}{128}$　　C. $S_y = 0$　　D. $S_z = 0$

7. 如图 6-15 所示，在半径为 r_1 的均质圆盘内有一半径为 r_2 的圆孔，两圆的中心相距为 $\frac{r_1}{2}$，此圆盘的形心 x_c 应为(　　)。

A. $x_c = \frac{r_1 r_2^2}{2(r_1^2 - r_2^2)}$　　B. $x_c = -\frac{r_1 r_2^2}{2(r_1^2 - r_2^2)}$

C. $x_c = \frac{r_1 r_2^2}{2(r_1^2 + r_2^2)}$　　D. $x_c = -\frac{r_1 r_2^2}{2(r_1^2 + r_2^2)}$

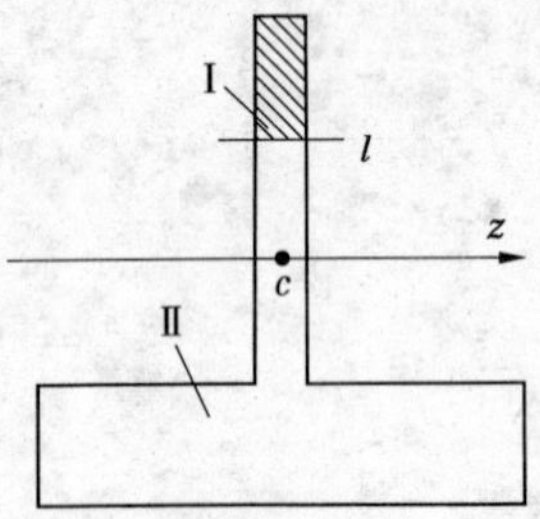

图 6-13

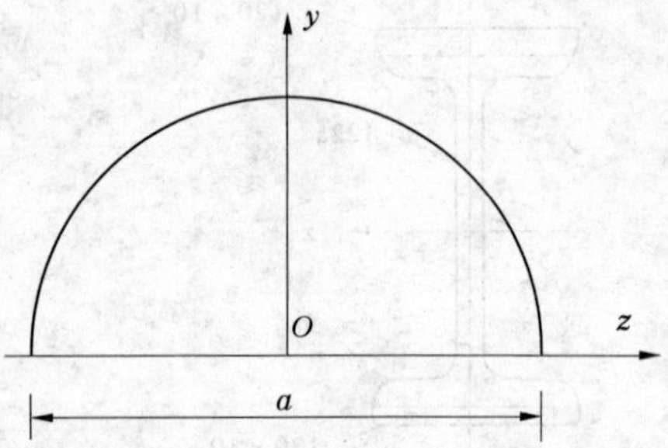

图 6-14

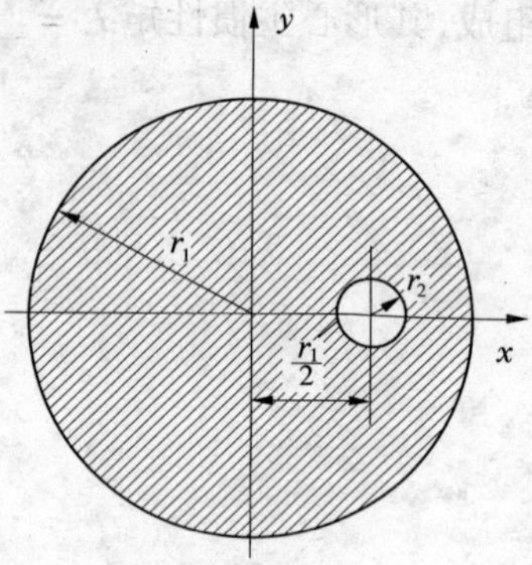

图 6-15

8. 图 6-16 所示四种截面形状①、②、③、④，它们关于 z 轴的静矩分别为 S_{z1}、S_{z2}、S_{z3}、S_{z4}，那么下列关系正确的是(　　)。

A. $S_{z1} = S_{z2} > S_{z3} = S_{z4}$　　B. $S_{z1} > S_{z2} > S_{z3} > S_{z4}$

C. $S_{z1} > S_{z2} = S_{z3} > S_{z4}$　　D. $S_{z1} = S_{z2} = S_{z3} = S_{z4}$

9. 图 6-16 所示四种截面形状①、②、③、④，它们关于 z 轴的惯性矩分别为 I_{z1}、I_{z2}、I_{z3}、I_{z4}，那么下列关系正确的是(　　)。

A. $I_{z1} > I_{z4} > I_{z3} > I_{z2}$　　B. $I_{z1} = I_{z2} = I_{z3} = I_{z4}$

C. $I_{z1} = I_{z2} > I_{z3} = I_{z4}$　　D. $I_{z1} = I_{z4} > I_{z2} = I_{z3}$

10. 图 6-16 所示四种截面形状①、②、③、④，它们关于 y 轴的惯性矩分别为 I_{y1}、I_{y2}、I_{y3}、I_{y4}，那么下列关系正确的是(　　)。

A. $I_{y1} > I_{y4} = I_{y3} > I_{y2}$　　B. $I_{y1} > I_{y4} > I_{y3} > I_{y2}$

C. $I_{y1} = I_{y2} = I_{y3} = I_{y4}$　　D. $I_{y1} = I_{y2} > I_{y3} = I_{y4}$

11. 若截面关于一对正交坐标轴的惯性积等于零，则这一对正交坐标轴必为(　　)。

A. 形心轴　　B. 主惯性轴　　C. 对称轴　　D. 形心主轴

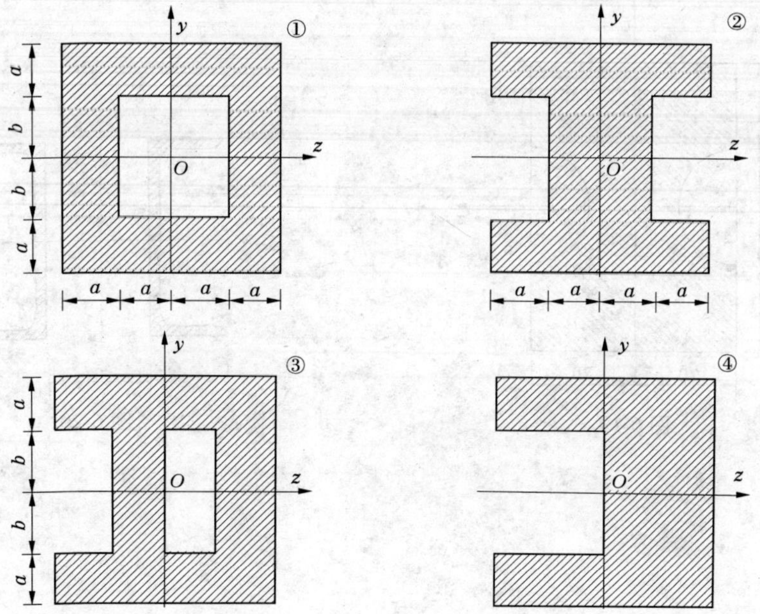

图 6-16

三、计算题

1. 键槽圆轴截面尺寸如图 6-17 所示，求它对 z 轴的惯性矩 I_z。

2. 确定图 6-18 所示截面的形心位置，并计算截面对形心主轴 z 的惯性矩 I_z（单位：mm）。

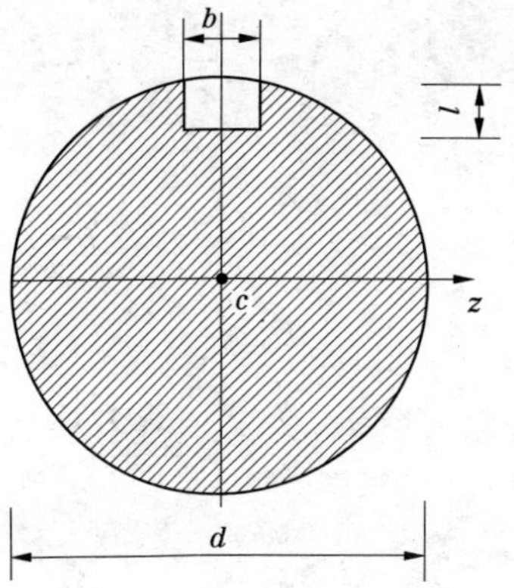

图 6-17

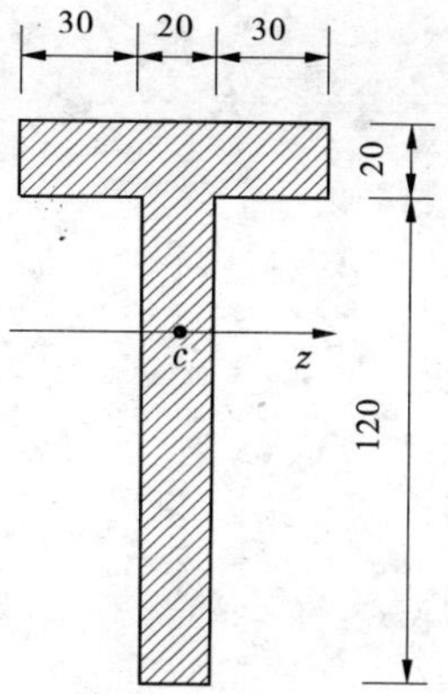

图 6-18

3. 求图 6-19 所示截面的形心主惯性矩 I_z（单位：mm）。

4. 图 6-20 所示由两个 20a 槽钢组成的组合截面，欲使此截面对两个对称轴的惯性矩 $I_z = I_y$，则两槽钢的间距 a 应为多少？

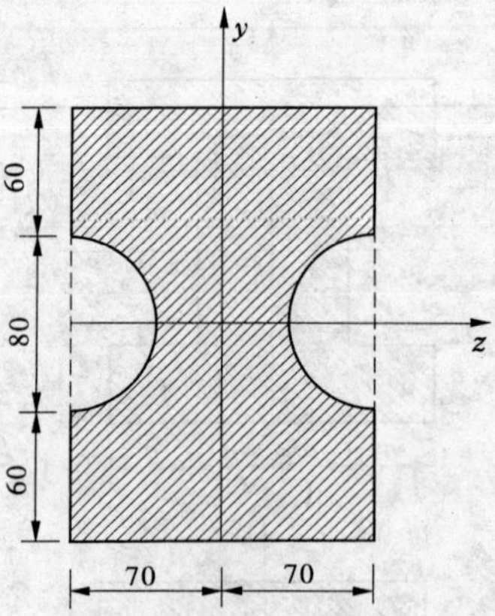

图 6-19

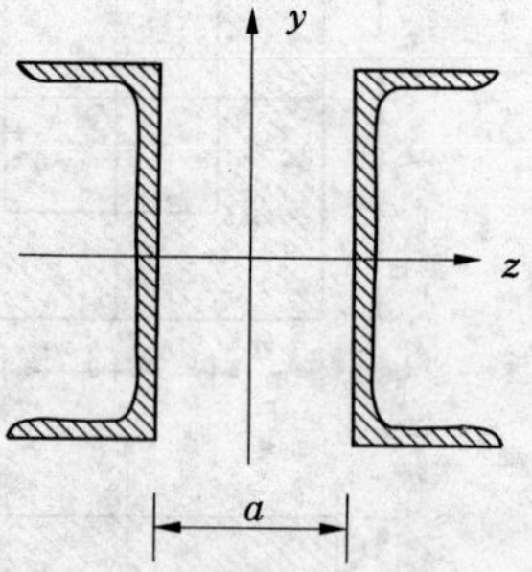

图 6-20

第七章 扭转的强度和刚度计算

复习提要

一、剪切虎克定律、切应力互等定理

(一)剪切虎克定律

当杆只产生弹性变形时,切应力和切应变之间存在着如下关系

$$\tau = G\gamma \tag{7-1}$$

这一关系称为剪切虎克定律。G 为切变模量,量纲与 E 相同,常用单位为 MPa 或 GPa。G 值的大小因材料而异,可由试验测定。

(二)切应力互等定理

在过一点且互相垂直的两个截面上,垂直于两截面交线的切应力大小相等,并均指向或背离这一交线,即

$$\tau = \tau' \tag{7-2}$$

式(7-2)所表示的关系称为切应力互等定理。

(三)E、ν、G 3 个弹性常数间的关系

弹性模量 E、泊松比 ν 和切变模量 G 是材料的 3 个弹性常数,它们之间存在如下关系

$$G = \frac{E}{2(1+\nu)} \tag{7-3}$$

对于绝大多数各向同性材料而言,泊松比 ν 一般大于 0,小于 0.5,因此 G 值为 E 值的 $\frac{1}{3} \sim \frac{1}{2}$。

二、圆杆扭转时的应力和变形计算

(一)横截面上的应力

1. 横截面上切应力计算公式

圆杆横截面上任一点处的切应力公式为

$$\tau_\rho = \frac{M_x \rho}{I_P} \tag{7-4}$$

式中,$I_P = \int_A \rho^2 \mathrm{d}A$ 称为截面的极惯性矩,它只与横截面尺寸有关,I_P 的量纲为长度的 4 次方,常用单位为 mm^4 或 m^4。

横截面上的最大切应力发生在 $\rho = r$ 处,即

$$\tau_{\max} = \frac{M_x}{W_P} \tag{7-5}$$

式中，W_P 称为扭转截面系数，它也只与横截面尺寸有关。W_P 的量纲为长度的 3 次方，常用单位为 mm^3 或 m^3。

2. 横截面上切应力分布规律

圆杆横截面上的切应力分布规律如图 7-1 所示，在圆杆周边上各点处的切应力具有相同的最大值，在圆心处 $\tau = 0$。

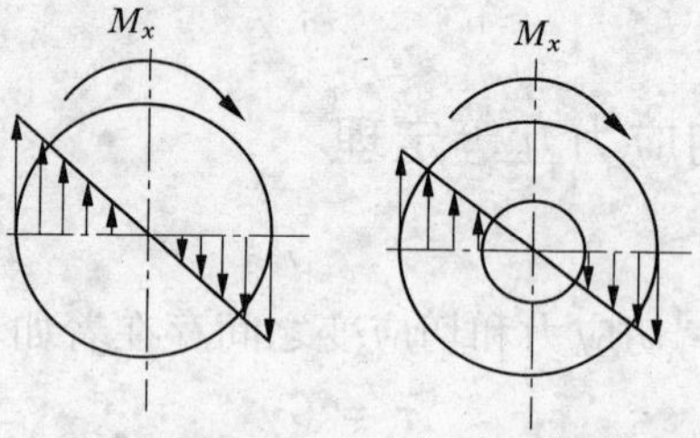

(a)实心圆截面　　(b)空心圆截面

图 7-1

(二) 圆杆扭转时的变形

圆杆扭转时，其变形可用横截面之间的相对角位移 φ，即扭转角表示。单位长度的扭转角为

$$\frac{d\varphi}{dx} = \frac{M_x}{GI_P} \tag{7-6}$$

当杆长 l 之内的 M_x、G、I_P 为常数时，则

$$\varphi = \frac{M_x l}{GI_P} \tag{7-7}$$

乘积 GI_P 称为圆杆的抗扭刚度，它表示圆杆抵抗扭转变形的能力。当 M_x 和 l 不变时，GI_P 越大，则扭转角越小；GI_P 越小，则扭转角越大。扭转角的单位为弧度。

(三) 极惯性矩和扭转截面系数的计算

(1) 对于直径为 D 的圆截面，有

$$I_P = \frac{\pi D^4}{32} \qquad W_P = \frac{\pi D^3}{16} \tag{7-8}$$

(2) 对于外径为 D、内径为 d 的空心圆截面，有

$$I_P = \frac{\pi D^4}{32}(1 - \alpha^4) \qquad W_P = \frac{\pi D^3}{16}(1 - \alpha^4) \tag{7-9}$$

(3) 对于薄壁圆环截面，有

$$I_P \approx 2\pi r_0^3 \delta \qquad W_P \approx 2\pi r_0^2 \delta \tag{7-10}$$

三、圆轴扭转时的强度和刚度计算

(一) 圆轴扭转时的强度计算

圆轴扭转时的强度条件为

$$\tau_{\max} \leqslant [\tau]$$

对于等直圆轴，其强度条件为

$$\tau_{\max} = \frac{M_{x\max}}{W_P} \leqslant [\tau] \tag{7-11}$$

在静荷载作用下，扭转许用切应力$[\tau]$与许用拉应力$[\sigma]$之间有如下关系：

(1)对塑性材料，$[\tau]=(0.5\sim0.6)[\sigma]$；

(2)对脆性材料，$[\tau]=(0.8\sim1.0)[\sigma]$。

应用强度条件，可解决圆轴扭转时的三类强度问题：

(1)强度校核。已知材料的许用切应力$[\tau]$、截面尺寸以及所受荷载，直接应用式(7-11)检查构件是否满足强度要求。

(2)选择截面。已知圆轴所受的荷载及所用材料，可按式(7-11)计算 W_P 后，再进一步确定截面直径。此时，式(7-11)改写为

$$W_P \geqslant \frac{M_{x\max}}{[\tau]}$$

(3)确定许可荷载。已知圆轴的材料和尺寸，按强度条件计算出构件所能承担的扭矩$[M_x]$，再根据扭矩与外力偶的关系计算出圆轴所能承担的最大外力偶。此时，式(7-11)可改写为

$$[M_x] \leqslant [\tau] W_P$$

(二)圆轴扭转时的刚度计算

圆轴扭转时的刚度条件为

$$\theta_{\max} = \frac{M_{x\max}}{GI_P} \leqslant [\theta] \tag{7-12}$$

或写为

$$\theta_{\max} = \frac{M_{x\max}}{GI_P} \times \frac{180}{\pi} \leqslant [\theta] \tag{7-13}$$

四、矩形截面杆的自由扭转简介*

对于非圆截面杆受扭时，其横截面由平面变为曲面，产生所谓翘曲现象，平面假设已不成立。因此，圆轴扭转时的应力变形公式对非圆截面杆均不适用。

发生自由扭转的矩形杆横截面上切应力分布规律如图 7-2 所示，从图中可知：

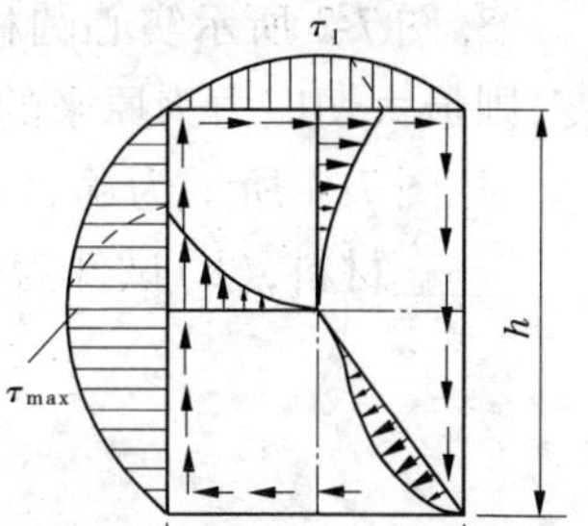

图 7-2

(1)矩形截面杆在自由扭转时横截面上仍然只有切应力。

(2)切应力的方向与横截面上扭矩的方向一致，最大切应力 $\tau_{\max}$ 发生在长边的中点处，短边中点处有较大的切应力 τ_1，形心及角点处切应力为零，周边上各点处的切应力与周边平行。

(3)长边中点处的切应力最大值为

$$\tau_{max} = \frac{M_x}{\alpha h b^2} \tag{7-14}$$

短边中点处的切应力为

$$\tau_1 = \gamma \tau_{max} \tag{7-15}$$

单位长度扭转角为

$$\theta = \frac{M_x}{G\beta b^3 h} \tag{7-16}$$

式中，h 为截面长边长度；b 为截面短边长度；α、β、γ 均为与比值 h/b 有关的系数，见表 7-1。

表 7-1　α、β、γ 值与 h/b 的关系

h/b	1.0	1.5	2.0	2.5	3.0	4.0	6.0	8.0	10.0	∞
α	0.208	0.231	0.246	0.258	0.267	0.282	0.299	0.307	0.313	0.333
β	0.141	0.196	0.229	0.249	0.263	0.281	0.299	0.307	0.313	0.333
γ	1.000	0.859	0.795	0.766	0.753	0.745	0.743	0.742	0.742	0.742

由表 7-1 知，当 $h/b > 10$（即为狭长矩形）时，$\alpha = \beta \approx \frac{1}{3}$，$\gamma = 0.742$。

训练题

一、填空题

1. 剪切弹性模量 G 表示__________。G、E、μ 三者之间的关系是________。

2. 实心圆轴横截面上________处切应力最大，中心处切应力________。

3. 图 7-3 所示实心圆杆，两端受扭转力偶矩作用。若将直径增大一倍，其他条件不变，则最大切应力为原来的________倍，两端的相对扭转角为原来的________倍。

4. 图 7-4 所示为脆性材料和塑性材料扭转试件断裂后的情况，则图中（a）试件为________材料，（b）试件为________材料。

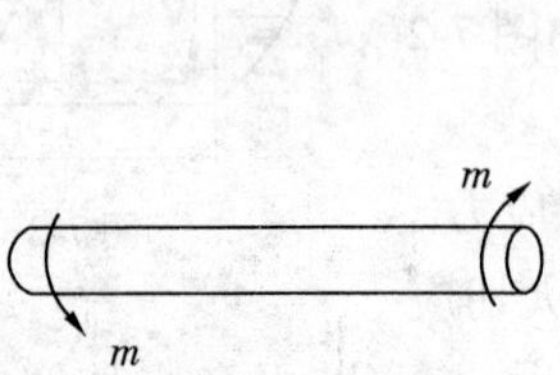

图 7-3

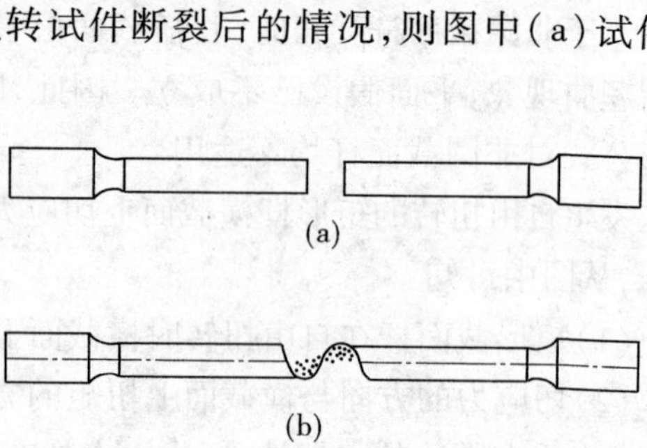

图 7-4

5. 在弹性范围内，若只将等截面圆轴的长度增大一倍，其他条件不变，则圆轴的最大切应力________；单位长度扭转角 θ ________，总相对扭转角 φ ________。

6. 图 7-5 所示圆轴受到 3 个外力偶矩作用,若 $m_1=m_2+m_3$,且 $m_2\neq0$,$m_3\neq0$,从扭转强度考虑,合理的外荷载布置是把________放在中间。

7. 填上图 7-6 所示单元体遗漏的切应力。

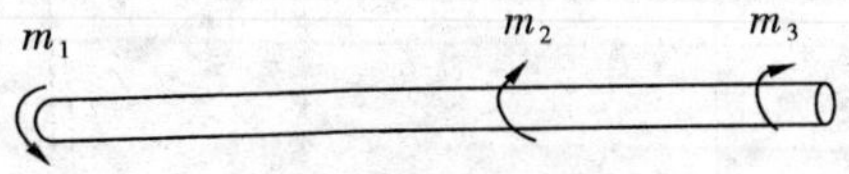

图 7-5

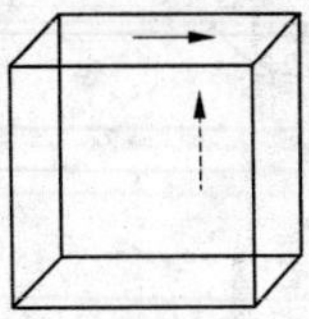

图 7-6

8. 扭转应力公式 $\tau_\rho=\dfrac{M_n}{J_\rho}\rho$ 适用________或________截面直杆。

9. 一受扭空心圆轴,其内外径之比 $\alpha=\dfrac{d}{D}$。轴内最大切应力为 τ_{max},这时横截面上在内圆周处的切应力 $\tau=$________。

10. 图 7-7 所示实心轴和空心轴通过牙嵌式离合器连接在一起。已知轴的转速 $n=100$ r/min,传递功率 $N=7.5$ kW,材料的许用切应力$[\tau]=40$ MPa,则实心轴的直径 $d_1=$________。若空心轴内外直径之比为 1/2,则 $D_2=$________。

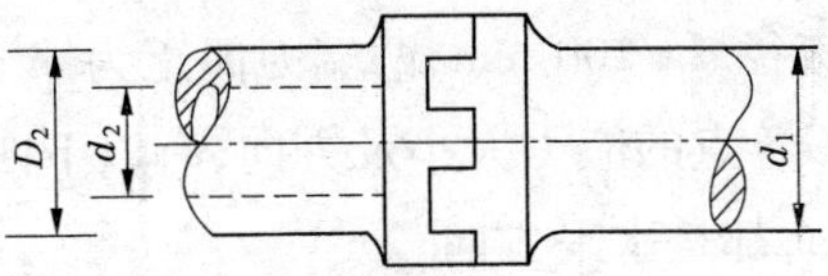

图 7-7

二、选择题

1. 在如图 7-8 所示状态中,按切应力互等定理,相等的是(   )。

A. $\tau_1=-\tau_2$ B. $\tau_2=-\tau_3$ C. $\tau_3=-\tau_4$ D. $\tau_4=-\tau_1$

2. 阶梯圆轴及其受力如图 7-9 所示,其中 AB 段的最大切应力 τ_{max1} 与 BC 段的最大切应力 τ_{max2} 的关系是(   )。

A. $\tau_{max1}=\tau_{max2}$ B. $\tau_{max1}=\dfrac{3}{2}\tau_{max2}$ C. $\tau_{max1}=\dfrac{1}{4}\tau_{max2}$ D. $\tau_{max1}=\dfrac{3}{8}\tau_{max2}$

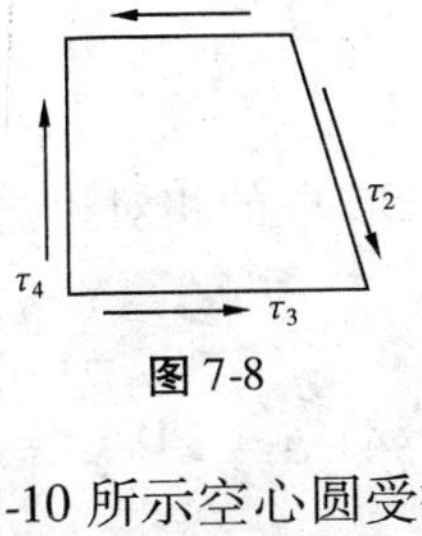

图 7-8

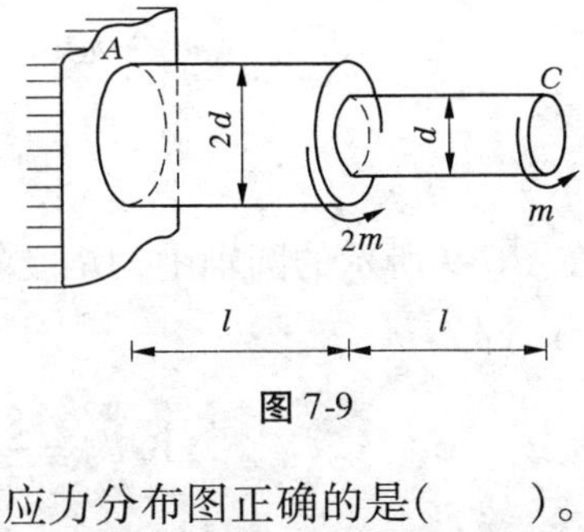

图 7-9

3. 如图 7-10 所示空心圆受扭时,横截面上的切应力分布图正确的是(   )。

4. 实心圆轴,两端受扭转外力偶矩作用。直径为 D 时,设轴内的最大切应力为 τ,若

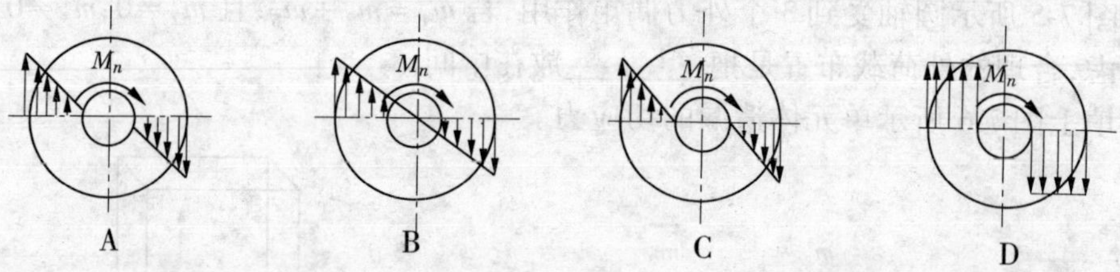

图 7-10

轴的直径改为 $D/2$，其他条件不变，则轴内的最大切应力变为(　　)。

A. 8τ　　B. $\frac{1}{8}\tau$　　C. 16τ　　D. $\frac{1}{16}\tau$

5. 受扭空心圆轴($\alpha = d/D$)，在横截面面积相等的条件下，下列承载能力最大的轴是(　　)。

A. $\alpha = 0$(实心轴)　　B. $\alpha = 0.5$　　C. $\alpha = 0.6$　　D. $\alpha = 0.8$

6. 直径为 D 的实心圆轴，最大的容许扭矩为 M_n，若将轴的横截面积增加一倍，则其最大容许扭矩为(　　)。

A. $\sqrt{2}M_n$　　B. $2M_n$　　C. $2\sqrt{2}M_n$　　D. $4M_n$

7. 图 7-11 实心圆轴的直径 $d = 100$ mm，两端力偶矩为 $m = 14$ kN · m 的外力偶作用，使轴发生扭转。对于 A、B、C 3 点的应力大小及方向，有以下四种说法，正确的是(　　)。

A. $\tau_A = \tau_B = 71.4$ MPa，都是水平方向

B. $\tau_A = \tau_B = 71.4$ MPa，都是铅垂方向

C. $\tau_C = \tau_B = 71.4$ MPa，都是铅垂方向

D. $\tau_C = \tau_B/2 = 35.7$ MPa，都是铅垂方向

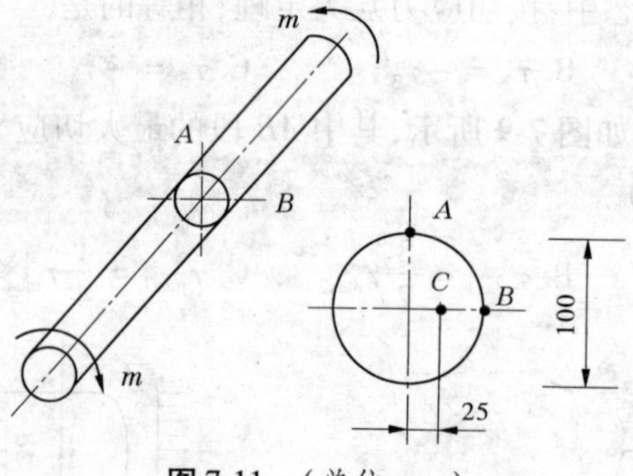

图 7-11　(单位:mm)

8. 在图 7-9 所示的圆轴中，AB 段的相对扭转角 φ_1 和 BC 段的相对扭转角 φ_2 的关系是(　　)。

A. $\varphi_1 = \varphi_2$　　B. $\varphi_2 = \frac{8}{3}\varphi_1$　　C. $\varphi_2 = \frac{16}{3}\varphi_1$　　D. $\varphi_2 = \frac{4}{3}\varphi_1$

9. 图 7-12 所示圆轴左段实心，右段空心，其中右段和左段的最大切应力 $\tau_{max右}$ 和 $\tau_{max左}$

之比 $\tau_{max右}/\tau_{max左}$ 为(　　)。

A. 3　　　　B. 16/5　　　　C. 6　　　　D. 24/7

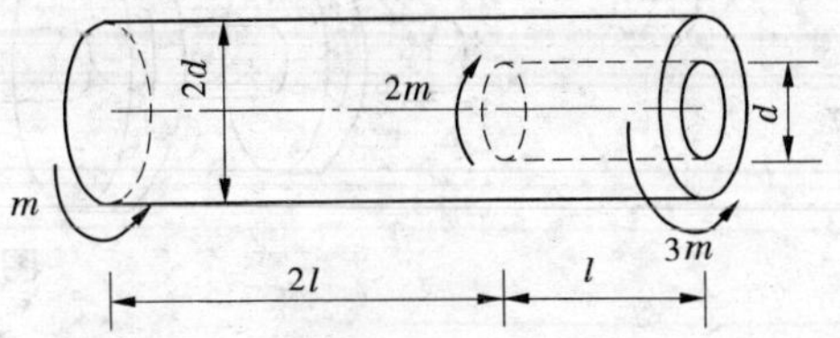

图 7-12

10. 矩形截面杆受扭时,横截面上的最大剪应力出现在(　　),$\tau=0$ 的点在(　　)和(　　)处。

A. 长边中点　　　　B. 短边中点　　　　C. 四个角点　　　　D. 中心处

三、计算题

1. 某空心圆轴,外径 $D=9$ cm,内径 $d=8.4$ cm,两端受扭转外力偶矩 $M=1.6$ kN·m 作用,已知许用应力$[\tau]=60$ MPa。校核该轴的强度。

2. 图 7-13 所示阶梯形圆轴直径分别为 $d_1=40$ mm,$d_2=70$ mm,轴上装有 3 个皮带轮。已知由轮 3 的输入功率为 $P_3=30$ kW,轮 1 的输出功率为 $P_1=13$ kW,轴的转速 $n=200$ r/min,材料的许用切应力$[\tau]=60$ MPa,剪切弹性模量 $G=8\times10^4$ MPa,许用扭转角$[\varphi]=2°/\text{m}$。试校核轴的强度和刚度。

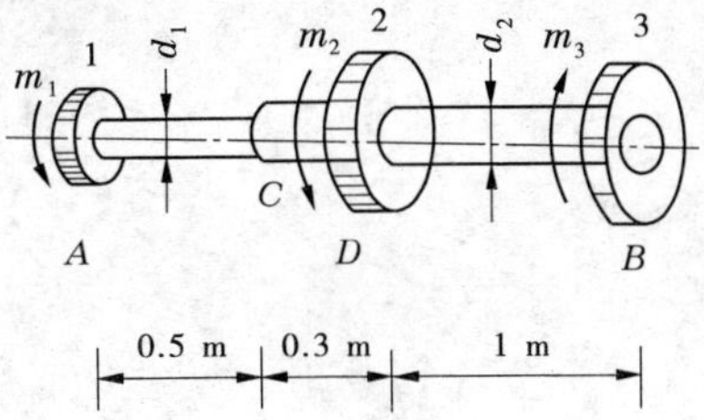

图 7-13

3. 图 7-14 所示圆轴的直径 $d=100$ mm,$l=500$ mm,$m_1=7$ kN·m,$m_2=5$ kN·m。若材料的剪切弹性模量 $G=8.2\times10^4$ MPa。试求:

(1)作轴的扭矩图;

(2)轴的最大剪应力;

(3)C 截面相对 A 截面的扭转角。

4. 图 7-15 所示圆轴,已知其转速为 $n=300$ r/min,主动轮 A 的输入功率为 $P_A=200$ kW,从动轮 B、C、D 的输出功率分别为 $P_B=100$ kW,$P_C=P_D=50$ kW。试求:

(1)画出扭矩图;

(2)若轴的直径 $d=100$ mm,轴中最大剪应力;

(3)若将轮 A 和轮 D 位置对调,对轴的强度和刚度是否有利?

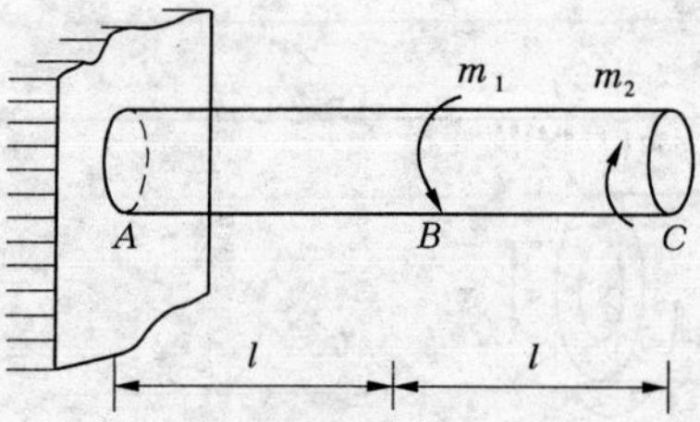

图 7-14

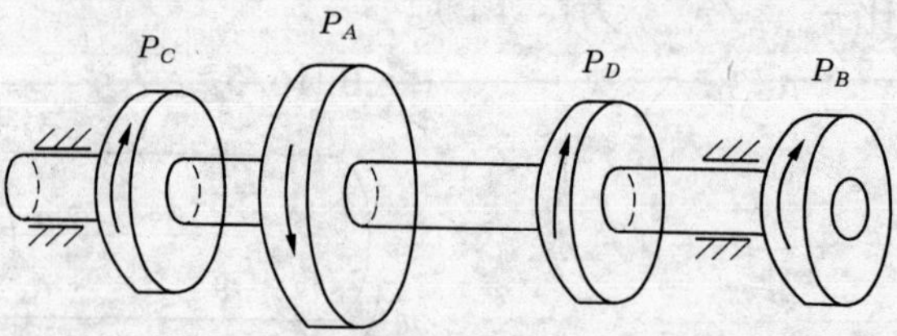

图 7-15

第八章　弯曲的强度和刚度计算

复习提要

一、梁横截面上的正应力

平面弯曲时，如果某段梁各横截面上只有弯矩而没有剪力，这种平面弯曲称为纯弯曲。如果某段梁各横截面不仅有弯矩而且有剪力，此段梁在发生弯曲变形的同时，还伴有剪切变形，这种平面弯曲称为横力弯曲或剪切弯曲。

从上部各层纤维缩短到下部各层纤维伸长的连续变化中，中间有一层长度不变的过渡层称为中性层。中性层与横截面的交线称为中性轴，如图 8-1 所示。中性轴将横截面分为受压和受拉两个区域。

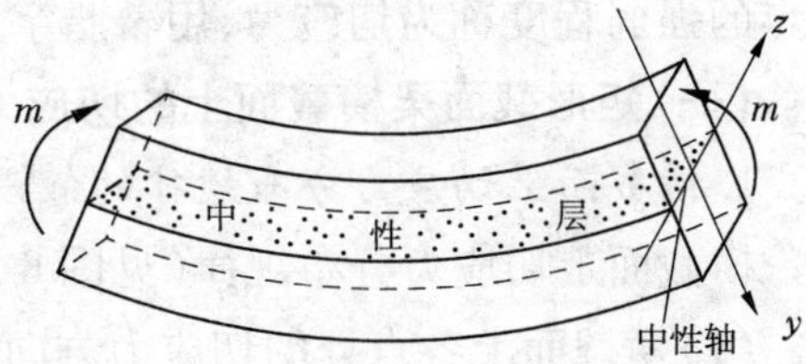

图 8-1

(一) 正应力计算公式

1. 梁横截面正应力计算公式

梁横截面上任一点处正应力的计算公式为

$$\sigma = \frac{M_z y}{I_z} \tag{8-1}$$

式(8-1)表明：梁横截面上任一点的正应力与该截面上的弯矩 M 和该点到中性轴的距离 y 成正比，而与该截面对中性轴的惯性矩 I_z 成反比。

计算时直接将 M 和 y 的绝对值代入公式，正应力的性质（拉或压）可由弯矩 M 的正负及所求点的位置来判断。当 M 为正时，中性轴以上各点为压应力，取负值；中性轴以下各点为拉应力，取正值，如图 8-2(a)所示。当 M 为负时则相反，如图 8-2(b)所示。

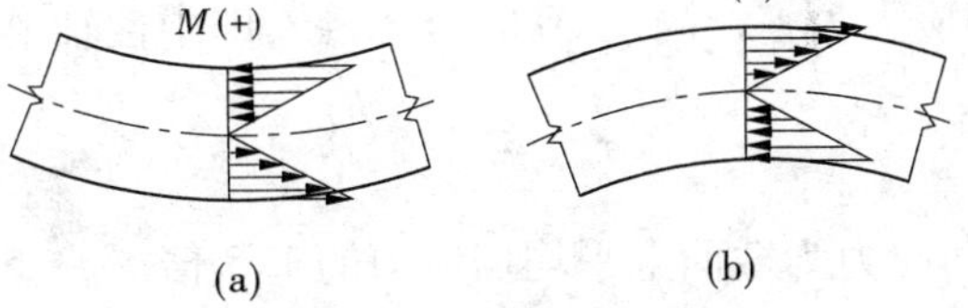

图 8-2

2. 弯曲正应力规律分布

弯曲正应力沿截面高度按线性规律分布，中性轴上各点的正应力均为零。如图 8-2 所示。

3. 梁变形的基本计算公式

梁变形的基本计算公式为

$$\frac{1}{\rho}=\frac{M_z}{EI_z} \tag{8-2}$$

由式(8-2)可知,曲率 $1/\rho$ 与 M 成正比,与 EI_z 成反比。这表明:梁在外力作用下,某横截面上的弯矩愈大,该处梁的弯曲程度就愈大;而 EI_z 值愈大,则梁愈不易弯曲,故 EI_z 称为梁的抗弯刚度,其物理意义是表示梁抵抗弯曲变形的能力。

(二)正应力公式的适用条件

正应力公式的适用条件是:①平面弯曲梁;②梁的最大正应力不超过材料的比例极限。

二、梁横截面上的切应力

当梁发生横向弯曲时,横截面上一般都有剪力存在,截面上与剪力对应的分布内力在各点的强弱程度称为切应力,用希腊字母 τ 表示。

(一)矩形截面梁横截面上的切应力

1. 横截面上切应力分布规律的假设

横截面上切应力分布规律(见图 8-3)的假设为:

(1)横截面上各点处的切应力方向都平行于剪力 F_Q。

(2)切应力沿截面宽度均匀分布,即离中性轴等距离的各点处的切应力相等。

2. 切应力计算公式

切应力计算公式为

$$\tau=\frac{F_Q S_z}{I_z b} \tag{8-3}$$

式中,F_Q 为所求切应力的点所在横截面上的剪力;b 为所求切应力的点处的截面宽度;I_z 为整个截面对中性轴的惯性矩;S_z 为所求切应力的点处横线以下(或以上)的面积 A^* 对中性轴的静矩。

3. 切应力分布规律

切应力沿截面高度按二次抛物线规律变化,如图 8-3 所示。当 $y=\pm h/2$ 时,$\tau=0$,即截面上、下边缘处的切应力为零。当 $y=0$ 时,$\tau=\tau_{\max}$,即中性轴上切应力最大,其值为

$$\tau_{\max}=1.5\frac{F_Q}{A} \tag{8-4}$$

即矩形截面上的最大切应力为截面上平均切应力的 1.5 倍。

(二)其他截面梁横截面上的切应力

1. 工字形截面及 T 形截面

工字形截面由腹板和上、下翼缘板组成,如图 8-4(a)所示,横截面上的剪力 F_Q 的绝大部分由腹板所承担。在上、下翼缘板上,也有平行于 F_Q 的切应力分量,但分布情况比

较复杂，并且数值较小，通常并不进行计算。

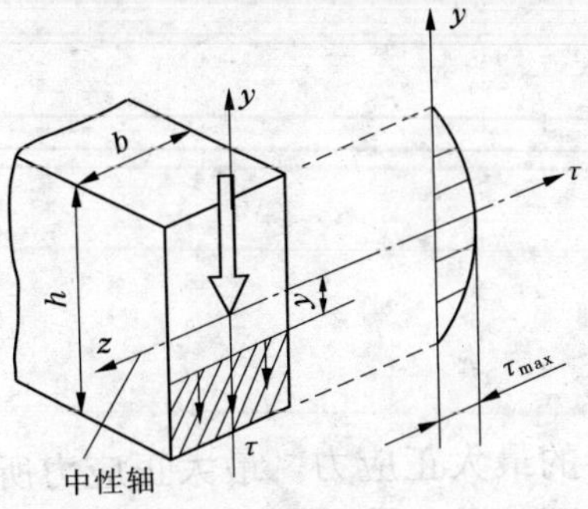

图 8-3

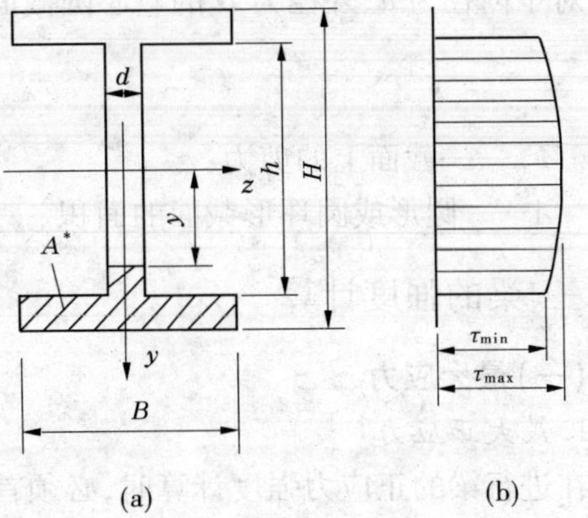

图 8-4

工字形截面腹板为一狭长的矩形，腹板上的切应力可用式(8-3)计算，即

$$\tau = \frac{F_Q S_z}{I_z d} \tag{8-5}$$

式中，d 为腹板的宽度；F_Q 为截面上的剪力；I_z 为工字形截面对中性轴的惯性矩；S_z 为过欲求应力点的水平线与截面边缘间的面积 A^* 对中性轴的静矩。

切应力沿腹板高度的分布规律如图 8-4(b)所示，仍按抛物线规律分布，最大切应力仍发生在截面的中性轴上，并且腹板上的最大切应力与最小切应力相差不大。

当腹板的厚度很小时，近似地认为工字形截面梁的最大切应力为

$$\tau_{\max} \approx \frac{F_Q}{bh} \tag{8-6}$$

T 形截面是由两个矩形组成的如图 8-5 所示。下面的窄长矩形仍可用矩形截面的切应力公式计算，最大切应力仍发生在截面的中性轴上。

2. 圆形和圆环形截面

对于圆形截面和圆环形截面，弯曲时最大切应力仍发生在中性轴上(见图 8-6)，并且沿中性轴均匀分布，对于直径为 d 的圆截面，最大切应力为

$$\tau_{\max} = \frac{4}{3}\frac{F_Q}{A} \tag{8-7}$$

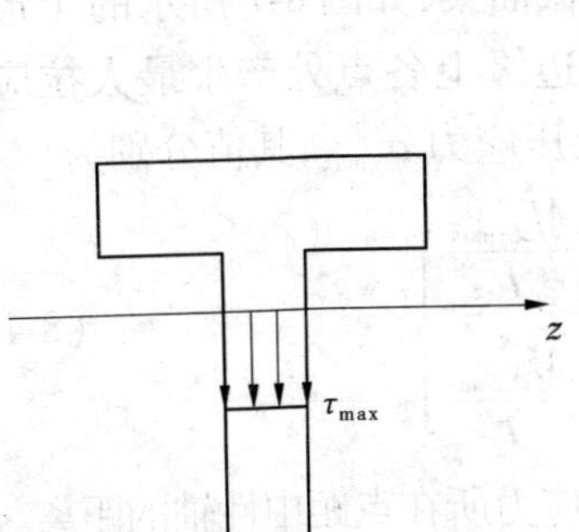

图 8-5

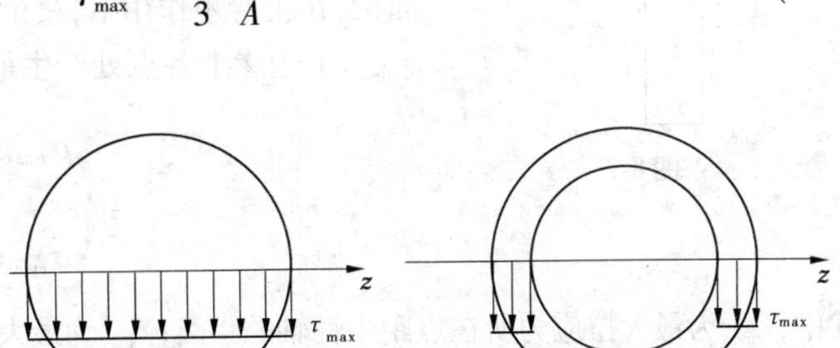

图 8-6

对于内径为 d、外径为 D 的空心圆截面，最大切应力为

$$\tau_{max} = 2\frac{F_Q}{A} \tag{8-8}$$

式中　F_Q——截面上的剪力；

A——圆形或圆环形截面的面积。

三、梁的强度计算

（一）最大应力

1. 最大正应力

在进行梁的正应力强度计算时，必须首先算出梁的最大正应力。最大正应力所在截面称为危险截面。对于等直梁，弯矩绝对值最大的截面就是危险截面。危险截面上最大应力所在的点，称为危险点，它在距中性轴最远的上、下边缘处。

对于中性轴是截面对称轴的梁，最大正应力为

$$\sigma_{max} = \frac{M_{max}}{W_z} \tag{8-9}$$

式中，$W_z = \frac{I_z}{y_{max}}$称为抗弯截面系数，它是一个与截面形状、尺寸有关的几何量，常用单位是 m^3 或 mm^3。矩形和圆形截面的抗弯截面系数分别为

矩形　$$W_z = \frac{I_z}{y_{max}} = \frac{\frac{bh^3}{12}}{\frac{h}{2}} = \frac{1}{6}bh^2$$

圆形截面　$$W_z = \frac{I_z}{y_{max}} = \frac{\frac{\pi d^4}{64}}{\frac{d}{2}} = \frac{1}{32}\pi d^3$$

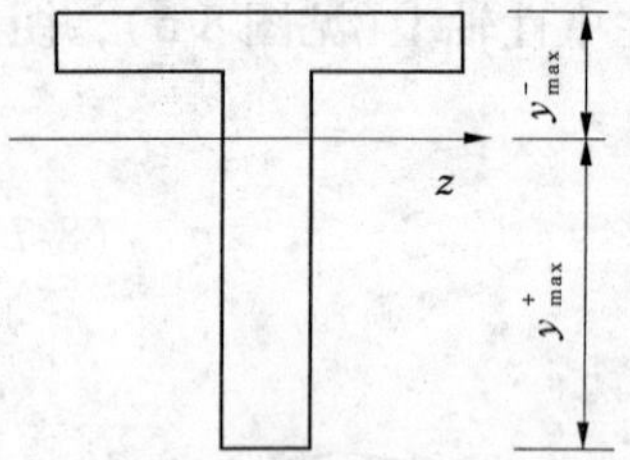

图 8-7

对于工字钢、槽钢等型钢截面，W_z 值可在《建筑力学》附录的型钢表中查得。

对于中性轴不是对称轴的截面梁，如图 8-7 所示的 T 形截面梁，在正弯矩作用下，梁的下边缘上各点处产生最大拉应力 σ_{tmax}，上边缘上各点处产生最大压应力 σ_{cmax}，其值分别为

$$\left.\begin{aligned} \sigma_{tmax} &= \frac{My_{tmax}}{I_z} \\ \sigma_{cmax} &= \frac{My_{cmax}}{I_z} \end{aligned}\right\} \tag{8-10}$$

式中，y_{tmax} 为最大拉应力所在点距中性轴的距离；y_{cmax} 为最大压应力所在点距中性轴的距离。

2. 最大切应力

就全梁来说，最大切应力一般发生在最大剪力 F_{Qmax} 所在截面的中性轴上各点处。对

于不同形状的截面，τ_{max}的计算公式可归纳为

$$\tau_{max} = \frac{F_{Qmax}S_{zmax}}{I_z b} \tag{8-11}$$

式中，S_{zmax}为中性轴一侧截面对中性轴的静矩；b为横截面在中性轴处的宽度。

（二）梁的强度条件

1. 正应力强度条件

为了保证梁能安全工作，必须使梁的最大工作正应力σ_{max}不超过其材料的许用应力$[\sigma]$，即正应力强度条件为

$$\sigma_{max} = \frac{M_{max}}{W_z} \leqslant [\sigma] \tag{8-12}$$

如果梁的材料是脆性材料，其抗压许用应力和抗拉许用应力不同。通常将梁的横截面做成与中性轴不对称形状。此时，应分别对拉应力和压应力建立强度条件，即

$$\left.\begin{aligned} \sigma_{tmax} &= \frac{M_t y_{tmax}}{I_z} \leqslant [\sigma]_t \\ \sigma_{cmax} &= \frac{M_c y_{cmax}}{I_z} \leqslant [\sigma]_c \end{aligned}\right\} \tag{8-13}$$

式中，σ_{tmax}、σ_{cmax}为最大拉应力和最大压应力；M_t、M_c为产生最大拉应力和最大压应力截面上的弯矩；$[\sigma]_t$、$[\sigma]_c$为材料的许用拉应力和许用压应力；y_{tmax}、y_{cmax}为产生最大拉应力和最大压应力截面上的点到中性轴的距离。

运用正应力强度条件，可解决梁的三类强度计算问题：

（1）强度校核。在已知梁的材料和横截面的形状、尺寸（即已知$[\sigma]$、W_z）以及所受荷载（即已知M_{max}）的情况下，检查梁是否满足正应力强度条件。

（2）设计截面。当已知荷载和所用材料（即已知M_{max}、$[\sigma]$）时，可以根据强度条件计算所需的抗弯截面系数$W_z \geqslant \frac{M_{max}}{[\sigma]}$，然后根据梁的截面形状进一步确定截面的具体尺寸。

（3）确定许可荷载。如果已知梁的材料和截面尺寸（即已知$[\sigma]$、W_z），则先由强度条件计算梁所能承受的最大弯矩，即$M_{max} \leqslant [\sigma] W_z$，然后由$M_{max}$与荷载的关系计算许可荷载。

2. 切应力强度条件

为了保证梁能安全正常工作，梁在荷载作用下产生的最大切应力也不能超过材料的许用切应力$[\tau]$，即切应力强度条件为

$$\tau_{max} = \frac{F_{Qmax}S_{zmax}}{I_z b} \leqslant [\tau] \tag{8-14}$$

对梁进行强度计算时，必须同时满足正应力强度条件和切应力强度条件。一般情况下，梁的正应力强度条件为梁强度的控制条件，故一般先按正应力强度条件选择截面或确定许可荷载，然后再按切应力强度条件进行校核。

(三)提高梁弯曲强度的措施

由于弯曲正应力是控制梁强度的主要因素,因此从梁的正应力强度条件考虑,采取以下措施可提高梁的强度。

1. 合理安排梁的支座和荷载来降低最大弯矩值 M_{max}

(1)梁支承的合理安排。例如,如图 8-8(a)所示受均布荷载作用的简支梁,其最大弯矩值 $M_{max}=0.125ql^2$;如果将两支座向跨中方向移动 $0.2l$,如图 8-8(b)所示,则最大弯矩降为 $0.025ql^2$,即只有前者的 1/5。

(2)荷载的合理布置。在工作条件允许的情况下,应尽可能合理地布置梁上的荷载。例如,如图 8-9 所示把一个集中力分为几个较小的集中力,分散布置,梁的最大弯矩就明显减小。

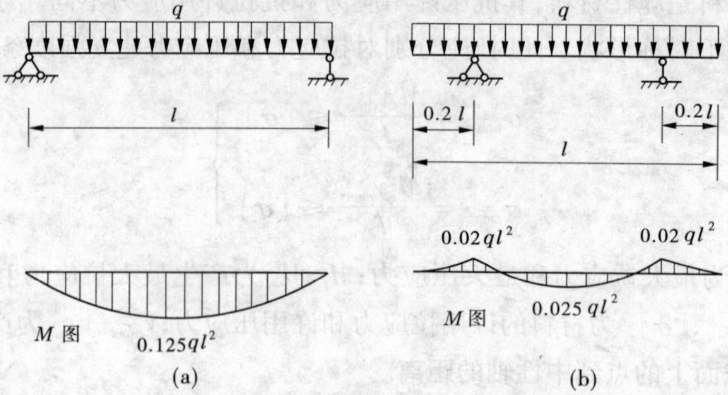

图 8-8

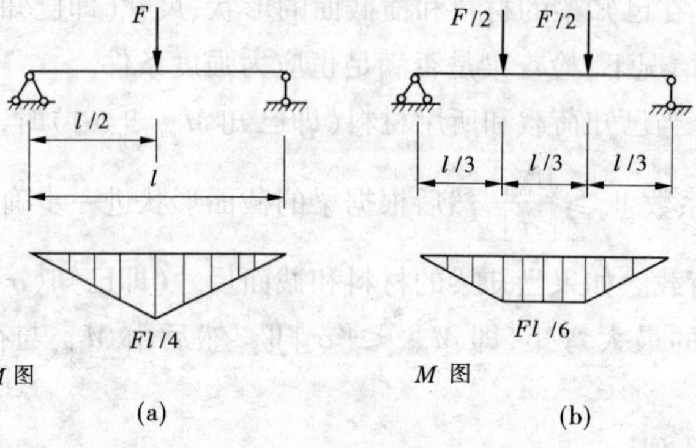

图 8-9

2. 采用合理的截面形状

(1)从应力分布规律考虑,应将较多的截面面积布置在离中性轴较远的地方。凡是中性轴附近用料较多的截面就是不合理的截面,即截面面积相同时,工字形比矩形好,矩形比正方形好,正方形比圆形好。

(2)从抗弯截面系数 W_z 考虑。从强度角度来看,当截面面积一定时,W_z 值愈大愈有利。通常用抗弯截面模量 W_z 与横截面面积 A 的比值来衡量梁的截面形状的合理性和经济性。表 8-1 中列出了几种常见的截面形状及其 W_z/A 值。

表 8-1　几种常见的截面形状及其 W_z/A 值

	圆　形	矩　形	圆环形	槽　钢	工字钢
截面形状	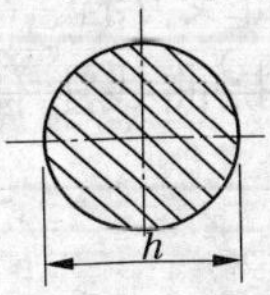	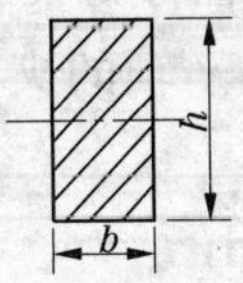	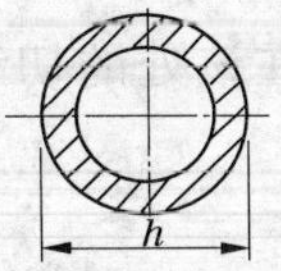	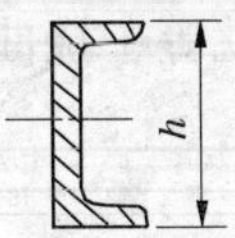	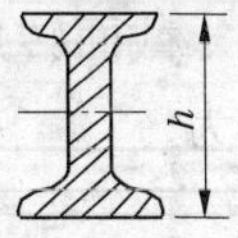
$\frac{W_z}{A}$	0.125h	0.167h	0.205h	(0.27～0.31)h	(0.27～0.31)h

(3)从材料的强度特性考虑。合理地布置中性轴的位置，使截面上的最大拉应力和最大压应力同时达到材料的许用应力。对于抗拉强度和抗压强度相等的塑性材料梁，宜采用对称于中性轴的截面形状；对于抗拉和抗压强度不等的材料，一般采用非对称截面形状，使中性轴偏向强度较低的一边。设计时最好满足以下条件

$$\frac{\sigma_{c\max}}{\sigma_{t\max}}=\frac{\dfrac{My_c}{I_z}}{\dfrac{My_t}{I_z}}=\frac{y_c}{y_t}=\frac{[\sigma]_c}{[\sigma]_t}$$

即截面受拉、受压的边缘到中性轴的距离与材料的抗拉、抗压许用应力成正比，这样才能充分发挥材料的潜力。

(4)采用等强度梁。若将梁制成变截面梁，使各截面上的最大弯曲正应力与材料的许用应力$[\sigma]$相等或接近，这种梁称为等强度梁，如图 8-10(a)所示的雨篷悬臂梁、图8-10(b)所示的薄腹梁、图 8-10(c)所示的鱼腹式吊车梁等，都是近似地按等强度原理设计的。

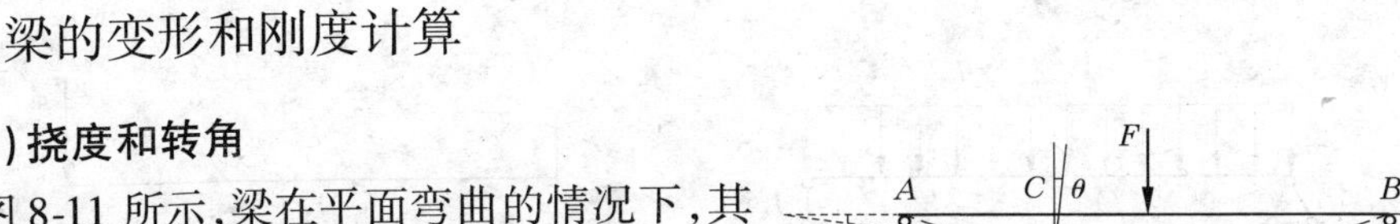

(a)　　　　(b)　　　　(c)

图 8-10

四、梁的变形和刚度计算

(一)挠度和转角

如图 8-11 所示，梁在平面弯曲的情况下，其轴线为一光滑连续的平面曲线，称为挠曲线。由图可见，梁变形后任一横截面将产生两种位移：

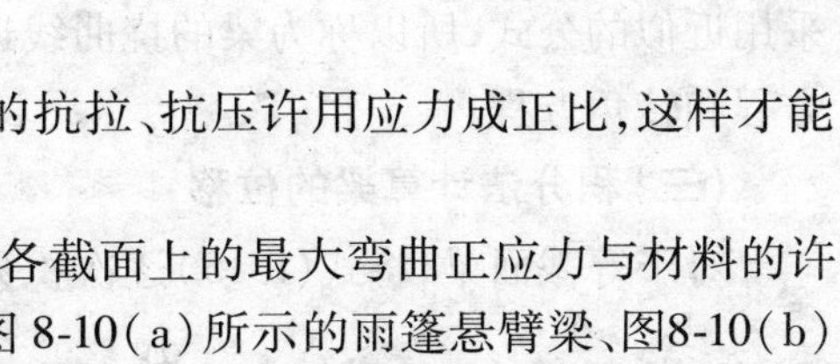

图 8-11

(1)挠度。梁任一横截面的形心沿 y 轴方向的线位移 CC'，称为该截面的挠度，通常用 y 表示，并以向下为正。其单位为 mm 或 m。

(2)转角。梁任一横截面相对于原来位置所转动的角度,称为该截面的转角,用 θ 表示,并以顺时针转动为正。单位为弧度(rad)。

梁的挠曲线可用方程 $y=f(x)$ 来表示,该方程称为梁的挠曲线方程。

截面转角 θ 就等于挠曲线在该处的切线与 x 轴的夹角。挠曲线上任意一点处的斜率为

$$\tan\theta = \frac{dy}{dx} \tag{1}$$

由于实际变形 θ 是很小的量,可认为 $\tan\theta \approx \theta$。于是式(1)可写成

$$\theta = \frac{dy}{dx} \tag{2}$$

式(2)表明,梁任一横截面的转角 θ 等于挠曲线方程的一阶导数。

(二)梁的挠曲线近似微分方程

梁的挠曲线近似微分方程为

$$\frac{d^2y}{dx^2} = -\frac{M_z(x)}{EI_z} \tag{8-15}$$

式(8-15)略去了剪力对梁弯曲变形的影响,并且在推导过程中略去了高阶微量,曲率采用近似的公式,所以称为梁的挠曲线近似微分方程。对此微分方程求解,即可得到挠度方程和转角方程。

(三)积分法计算梁的位移

对于等截面梁,将式(8-15)逐次积分便得到梁的转角和挠度方程为

$$\left.\begin{aligned} \theta(x) &= \frac{dy}{dx} = -\frac{1}{EI_z}\left[\int M_z(x)\,dx + C\right] \\ y(x) &= -\frac{1}{EI_z}\left\{\int\left[\int M_z(x)\,dx\right]dx + Cx + D\right\} \end{aligned}\right\} \tag{8-16}$$

这种应用两次积分法求出挠曲线方程的方法称为积分法。方程中的积分常数可通过挠曲线上已知的位移条件(通常称为边界条件)来确定。例如,图 8-12(a)所示简支梁,左、右两支座处的挠度 y_A 和 y_B 都等于零;如图 8-12(b)所示,悬臂梁在固定端处的挠度 y_A 和转角 θ_A 都等于零等。

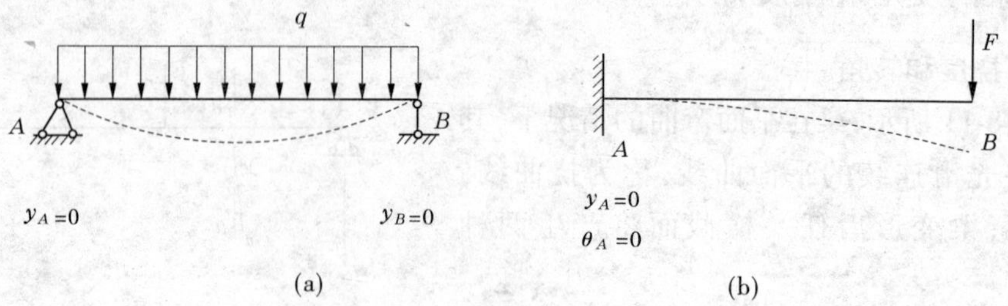

图 8-12

如果梁的弯矩方程须分段写出，则各段梁的挠曲线近似微分方程将不同。因此，在对各段梁的微分方程积分时都将出现两个积分常数。要确定这些积分常数，除利用支承处的边界条件外，还应该根据挠曲线为光滑连续曲线这一特征，利用相邻两段梁在分段处位移的连续条件，即两段梁在分段处应具有相同的挠度和转角。

（四）叠加法求挠度和转角

所谓叠加法，就是首先将梁上所承受的复杂荷载分解为几种简单荷载，然后分别计算梁在每种简单荷载单独作用下产生的位移，最后再将这些位移代数相加。

梁在简单荷载作用下的转角和挠度可从表 8-2 中查得。

表 8-2　简单荷载作用下梁的变形

序号	梁的简图	端截面转角	挠曲线方程	绝对值最大的挠度
1	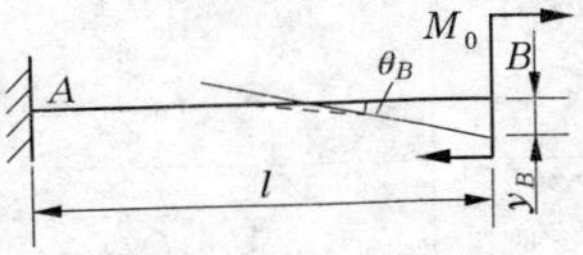	$\theta_B=\dfrac{M_0 l}{EI}$	$y=\dfrac{M_0x^2}{2EI}$	$y_B=\dfrac{M_0l^2}{2EI}$
2	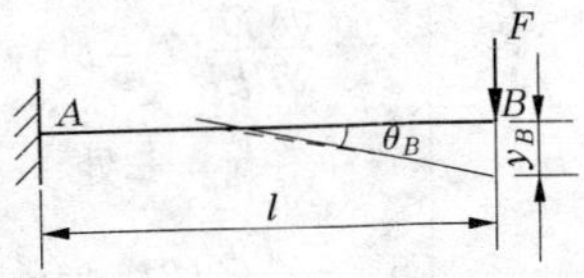	$\theta_B=\dfrac{Fl^2}{2EI}$	$y=\dfrac{Fx^2}{6EI}(3l-x)$	$y_B=\dfrac{Fl^3}{3EI}$
3	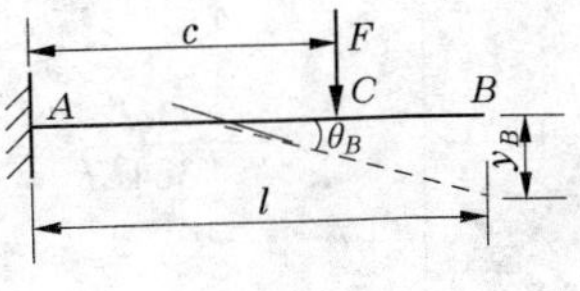	$\theta_B=\dfrac{Fc^2}{2EI}$	$0\leqslant x\leqslant c$ $y=\dfrac{Fx^2}{6EI}(3c-x)$ $c\leqslant x\leqslant l$ $y=\dfrac{Fc^2}{6EI}(3x-c)$	$y_B=\dfrac{Fc^2}{6EI}(3l-c)$
4	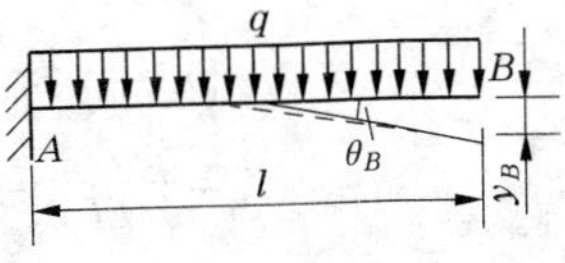	$\theta_B=\dfrac{ql^3}{6EI}$	$y=\dfrac{qx^2}{24EI}(x^2+6l^2-4lx)$	$y_B=\dfrac{ql^4}{8EI}$
5	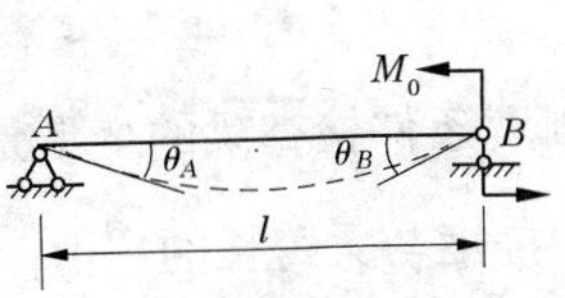	$\theta_A=\dfrac{M_0l}{6EI}$ $\theta_B=-\dfrac{M_0l}{3EI}$	$y=\dfrac{M_0x}{6lEI}(l^2-x^2)$	$x=\dfrac{l}{\sqrt{3}}$处 $y=\dfrac{M_0l^2}{9\sqrt{3}EI}$ $x=\dfrac{l}{2}$处 $y_{\frac{l}{2}}=\dfrac{M_0l^2}{16EI}$

续表 8-2

序号	梁的简图	端截面转角	挠曲线方程	绝对值最大的挠度
6	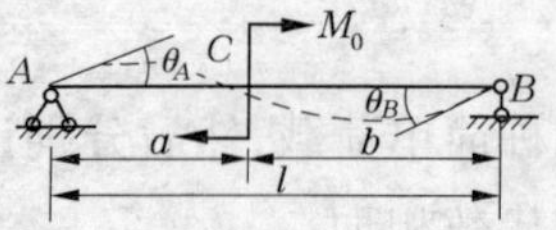	$\theta_A=\frac{-M_0}{6lEI}(l^2-3b^2)$ $\theta_B=\frac{-M_0}{6lEI}(l^2-3a^2)$ $\theta_C=\frac{M_0}{6lEI}(3a^2+3b^2-l^2)$	$0\leqslant x\leqslant a$ $y=\frac{-M_0x}{6lEI}(l^2-3b^2-x^2)$ $a\leqslant x\leqslant l$ $y=\frac{M_0(l-x)}{6lEI}\cdot[l^2-3a^2-(l-x)^2]$	$x=\sqrt{\frac{l^2-3b^2}{3}}$处 $y=\frac{-M_0(l^2-3b^2)^{\frac{3}{2}}}{9\sqrt{3}lEI}$ $x=l-\sqrt{\frac{l^2-3a^2}{3}}$处 $y=\frac{M_0(l^2-3a^2)^{\frac{3}{2}}}{9\sqrt{3}lEI}$
7	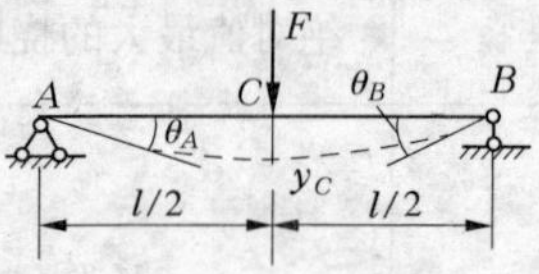	$\theta_A=-\theta_B=\frac{Fl^2}{16EI}$	$0\leqslant x\leqslant\frac{l}{2}$ $y=\frac{Fx}{48EI}(3l^2-4x^2)$	$y_C=\frac{Fl^3}{48EI}$
8	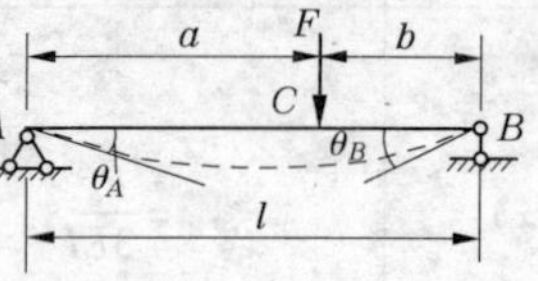	$\theta_A=\frac{Fab(l+b)}{6lEI}$ $\theta_B=-\frac{Fab(l+a)}{6lEI}$	$0\leqslant x\leqslant a$ $y=\frac{Fbx}{6lEI}(l^2-x^2-b^2)$ $a\leqslant x\leqslant l$ $y=\frac{Fb}{6lEI}[(l^2-b^2)x-x^3+\frac{l}{b}(x-a)^3]$	若 $a>b$ 在 $x=\sqrt{\frac{l^2-b^2}{3}}$ 处 $y=\frac{\sqrt{3}Fb}{27lEI}(l^2-b^2)^{\frac{3}{2}}$ 在 $x=\frac{l}{2}$ 处 $y_{\frac{l}{2}}=\frac{Fb}{48EI}(3l^2-4b^2)$
9	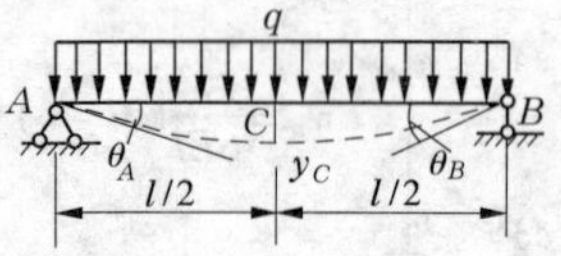	$\theta_A=-\theta_B=\frac{ql^3}{24EI}$	$y=\frac{qx}{24EI}(l^3-2lx^2+x^3)$	$y_C=\frac{5ql^4}{384EI}$
10	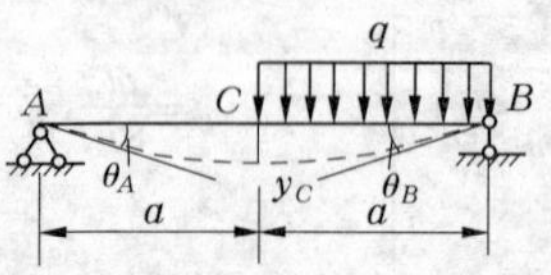	$\theta_A=\frac{7qa^3}{48EI}$ $\theta_B=-\frac{3qa^3}{16EI}$	$0\leqslant x\leqslant a$ $y=\frac{qa}{24EI}(\frac{7}{2}a^2x-x^3)$ $a\leqslant x\leqslant 2a$ $y=\frac{q}{24EI}[\frac{7}{2}a^3x+(x-a)^4-ax^3]$	在 $x=a$ 处 $y_C=\frac{5qa^4}{48EI}$

(五)梁的刚度校核

根据梁的强度条件设计了梁的截面以后,还需要按梁的刚度条件检查梁的变形是否在允许的范围内,以保证梁正常工作。土建工程中常以允许的挠度与梁跨长的比值$[\frac{f}{l}]$作为校核的标准。梁的刚度条件可写为

$$\frac{y_{max}}{l} \leqslant \left[\frac{f}{l}\right] \tag{8-17}$$

梁应同时满足强度条件和刚度条件,但在一般情况下,强度条件起控制作用。

训练题

一、填空题

1. 如果横截面关于中性轴对称,那么横截面上的最大拉应力和最大压应力的数值必定________。

2. 梁的两种横截面如图8-13所示,图(a)的抗弯截面系数 W_{za} = ________,图(b)的抗弯截面系数 W_{zb} = ________。

3. 在弯曲正应力公式 $\sigma = \frac{M}{I_z}y$ 中,y 表示欲求应力点到________的距离。

4. 图8-14所示矩形截面悬臂梁,受集中力 $P = 15$ kN 作用,截面尺寸单位为mm,则此梁的 M_{max} = ________,W_z = ________,σ_{max} = ________。

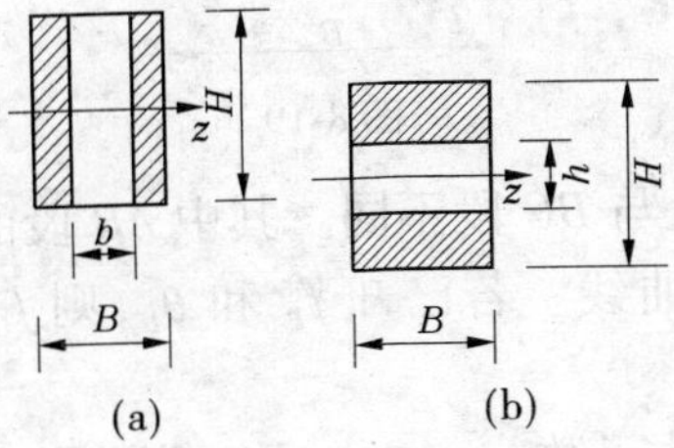

图8-13

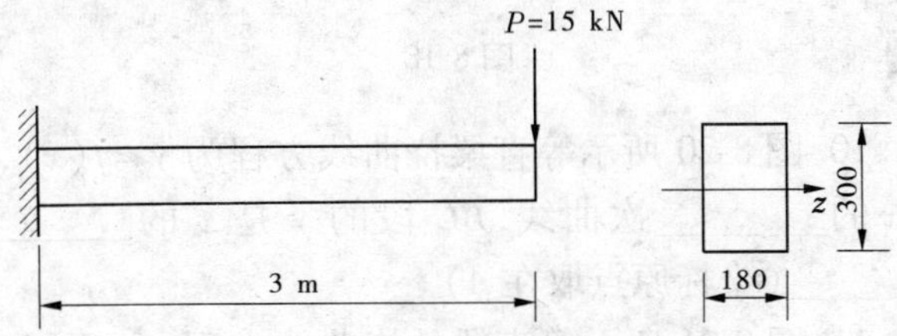

图8-14

5. 某车间操作平台大梁为16号工字钢的外伸梁,受力情况如图8-15所示。该梁的 M_{max} = ________,σ_{max} = ________。

6. 简支梁受力如图8-16所示,该梁的 F_{Qmax} = ________;横截面的 I_z = ________,S^*_{zmax} = ________;危险截面上的 τ_{max} = ________。

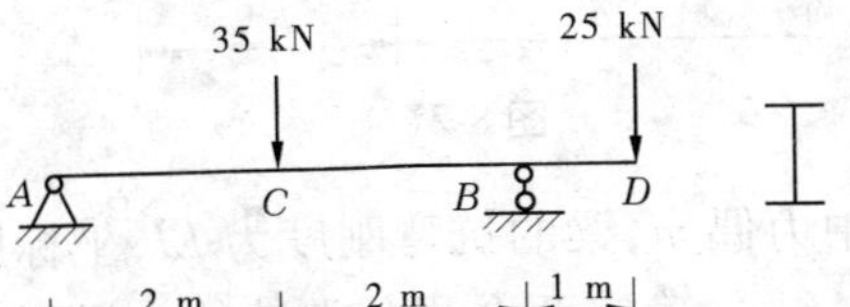

图8-15

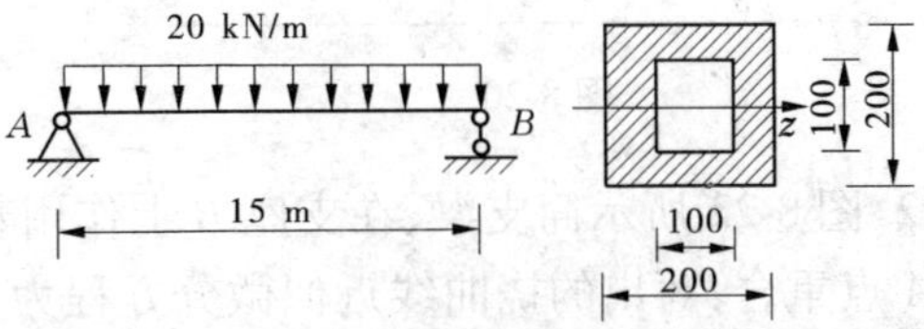

图8-16 (单位:mm)

7. 矩形截面简支梁,受均布荷载作用。在图8-17中画出7个点子,其中最大拉应力发生在________点,最大剪应力发生在________点,最大压应力发生在________点。

8. 图8-18所示矩形截面木梁,由两根梁胶合而成,计算胶合缝处的弯曲切应力时,用公式 $\tau = \frac{F_Q S^*_z}{I_z b}$。本题中的 F_Q = ________,I_z = ________,S^*_z = ________。

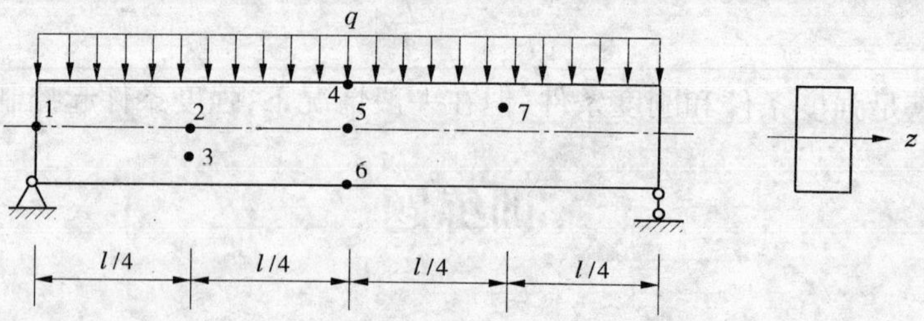

图 8-17

9. 空心矩形截面梁的截面尺寸如图 8-19 所示，则横截面对中性轴的惯性矩 I_z = ________，抗弯截面系数 W_z = ________。

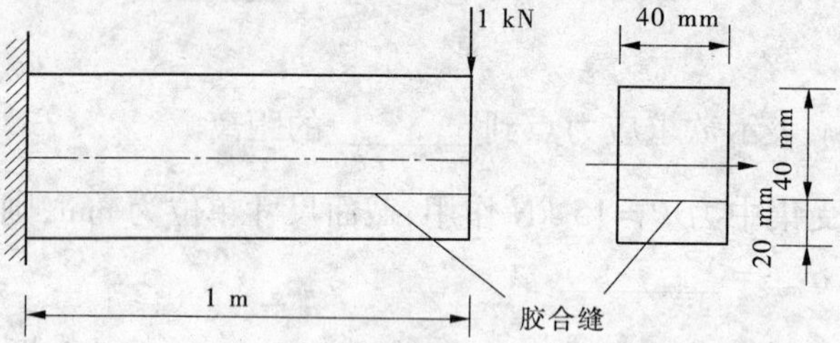

图 8-18

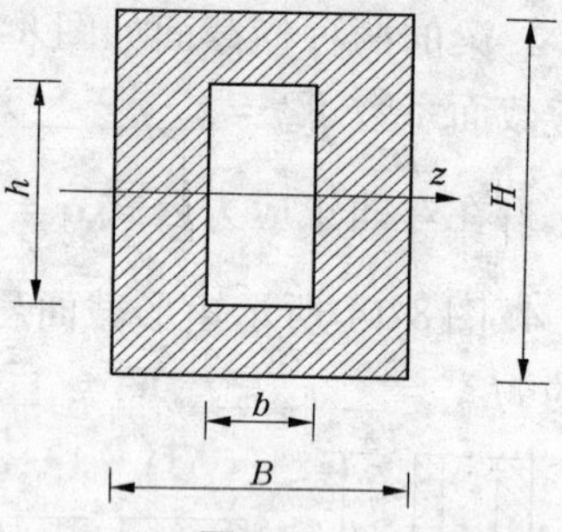

图 8-19

10. 图 8-20 所示等直梁挠曲线方程为 $y=f(x)$，AB 段与 BC 段不同。其中 AB 段的 y 是 x 的________次曲线，BC 段的 y 是 x 的________次曲线。若已知 f_B 和 θ_B，则 f_C = ________（坐标原点取在 A）。

11. 图 8-21 所示等直梁的挠曲线方程 $y=f(x)$ 的具体函数式，AB 与 BC 两段是不同的。AB 段的 y 是 x 的________次曲线，BC 段的挠度 f_C 与 f_B 和 θ_B 之间的关系为________。

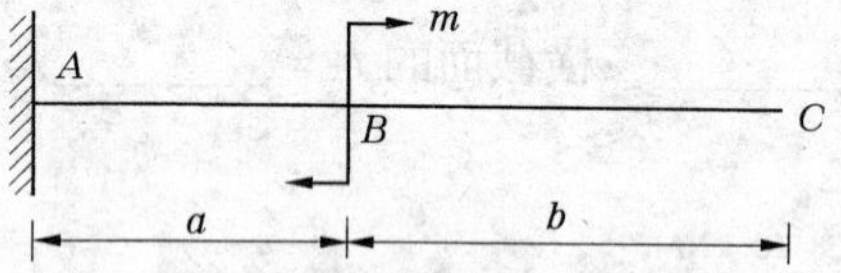

图 8-20

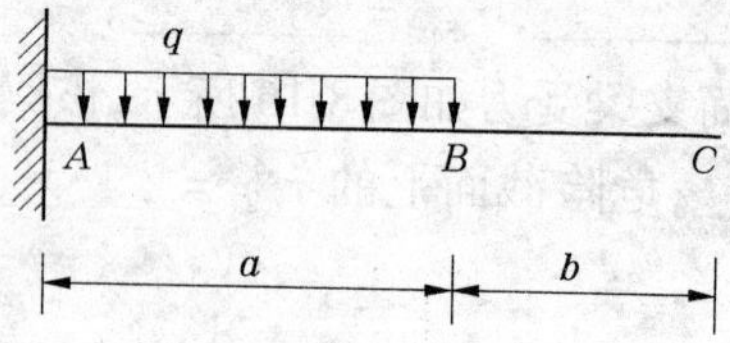

图 8-21

12. 图 8-22 所示简支梁，在支座 B 上作用着集中力偶 m，梁的抗弯刚度为 EI，坐标原点与 A 点重合，写出的挠曲线近似微分方程为________。确定两个积分常数的边界要件为________和________。

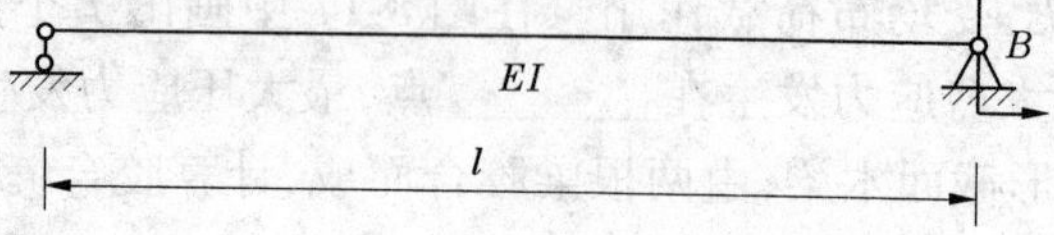

图 8-22

二、选择题

1. 梁的正应力公式 $\sigma=\dfrac{My}{I_z}$ 中的 I_z 是横截面对（　　）的惯性矩。

A. 形心轴　　B. 对称轴　　C. 中性轴　　D. 水平轴

2. 欲求图 8-23 所示 T 形截面梁上 A 点的切应力，那么在切应力公式 $\tau=\dfrac{F_Q S_z^*}{bI_z}$ 中，S_z^* 表示的是（　　）对中性轴的静矩。

A. 面积Ⅰ　　B. 面积Ⅱ　　C. 面积Ⅲ　　D. 整个截面面积

3. 图 8-24 为梁的横截面形状。那么，梁的抗弯截面系数 W_z 为（　　）。

A. $\dfrac{bh^2}{6}$　　B. $\dfrac{bh^2}{6}-\dfrac{\pi d^3}{32}$

C. $\dfrac{\dfrac{bh^3}{12}-\dfrac{\pi d^4}{64}}{\dfrac{h}{2}}$　　D. $\dfrac{\dfrac{bh^3}{12}-\dfrac{\pi d^4}{64}}{\dfrac{h}{2}-\dfrac{d}{2}}$

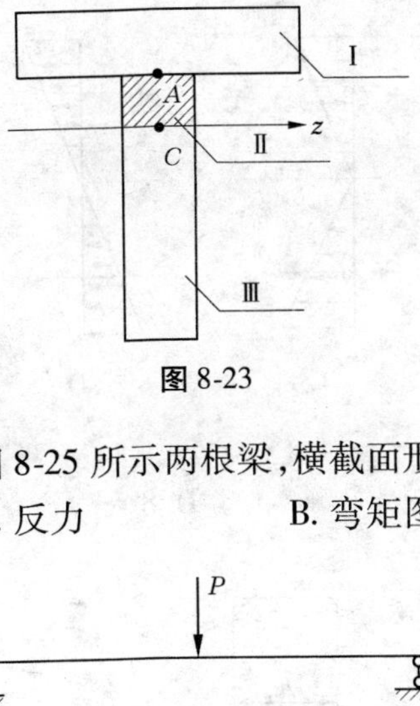

图 8-23

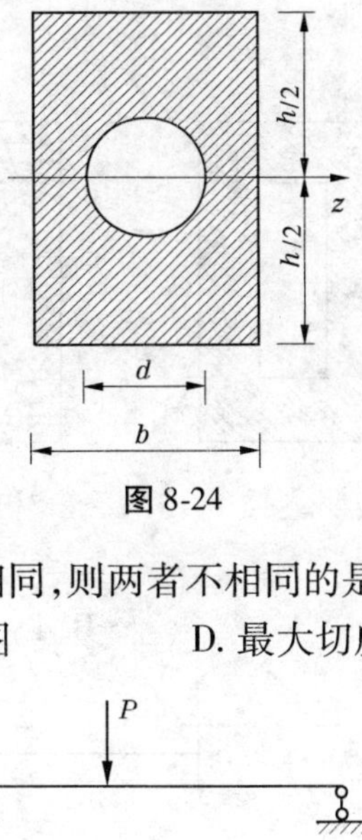

图 8-24

4. 图 8-25 所示两根梁，横截面形状不同，其他条件相同，则两者不相同的是（　　）。

A. 反力　　B. 弯矩图　　C. 剪力图　　D. 最大切应力

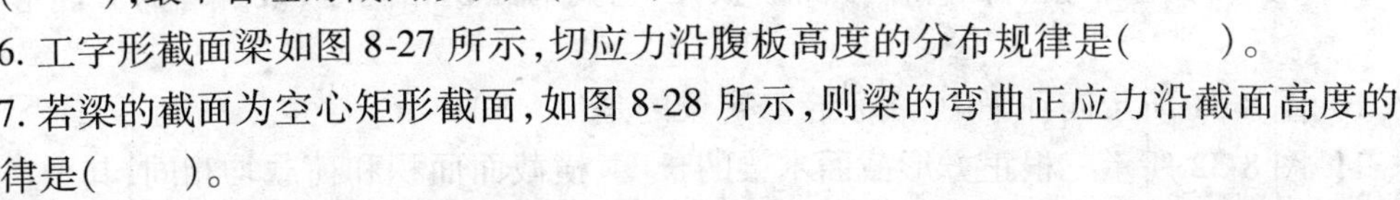

图 8-25

5. 图 8-26 所示的四种梁的截面形状，从梁的正应力强度方面考虑，最合理的截面形状是（　　）；最不合理的截面形状是（　　）。

6. 工字形截面梁如图 8-27 所示，切应力沿腹板高度的分布规律是（　　）。

7. 若梁的截面为空心矩形截面，如图 8-28 所示，则梁的弯曲正应力沿截面高度的分布规律是（　　）。

8. 图 8-29 所示矩形截面悬臂梁，$h/b=2$，现由竖放（见图 8-29(a)）改为横放（见图 8-29(b)），梁的最大正应力为原来的（　　）倍。

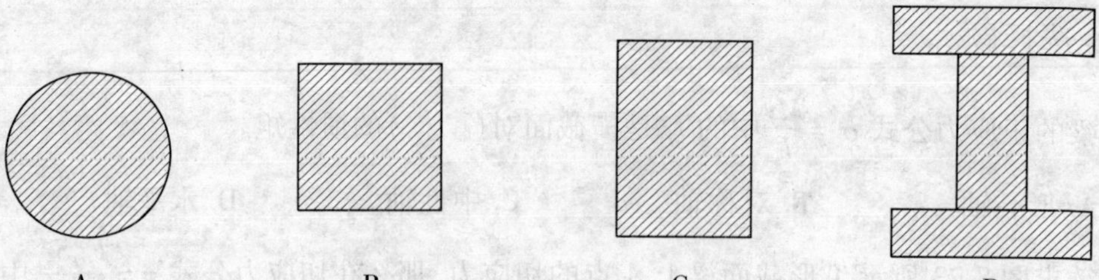

图 8-26

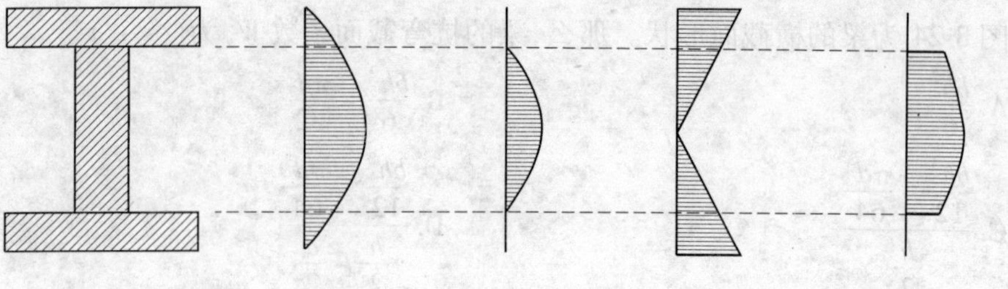

图 8-27

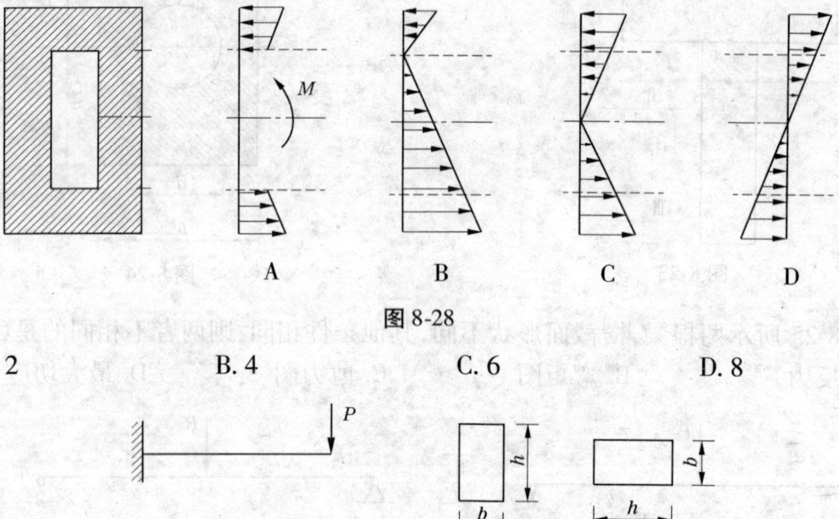

图 8-28

A. 2　　B. 4　　C. 6　　D. 8

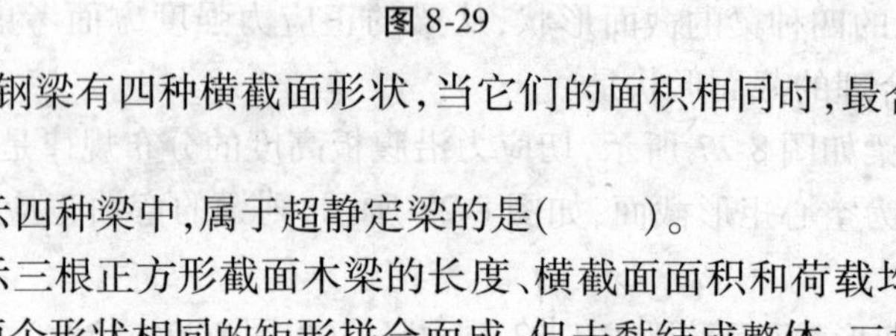

图 8-29

9. 图 8-30 所示钢梁有四种横截面形状，当它们的面积相同时，最合理的截面形状为(　　)。

10. 图 8-31 所示四种梁中，属于超静定梁的是(　　)。

11. 图 8-32 所示三根正方形截面木梁的长度、横截面面积和荷载均相同，其中(b)梁和(c)梁的截面由两个形状相同的矩形拼合而成，但未黏结成整体，三根梁中弯曲正应力相同的两根梁应是(　　)。

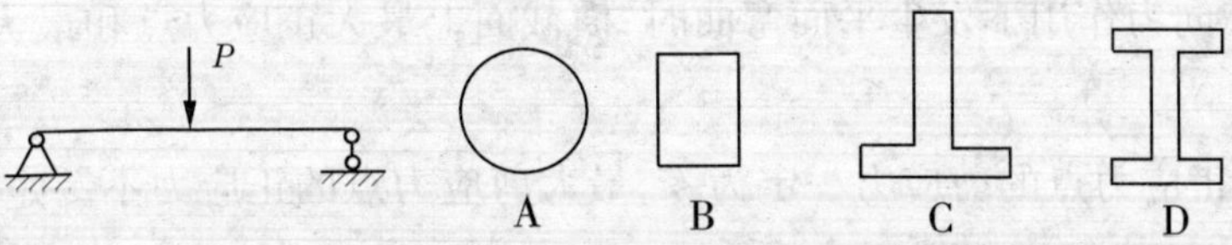

图 8-30

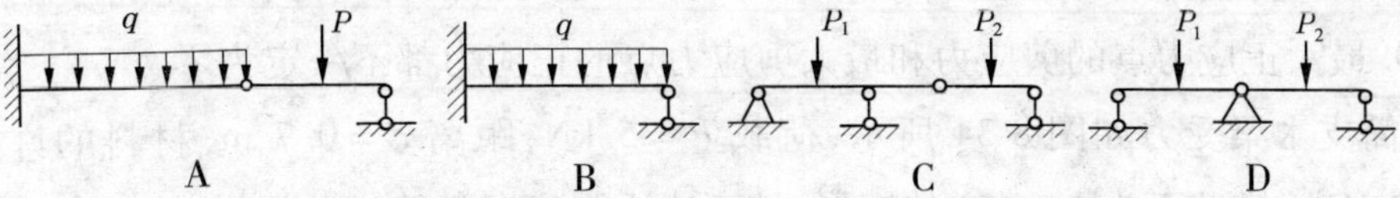

图 8-31

A. (a)与(b)　　B. (b)与(c)　　C. (a)与(c)　　D. 都相同

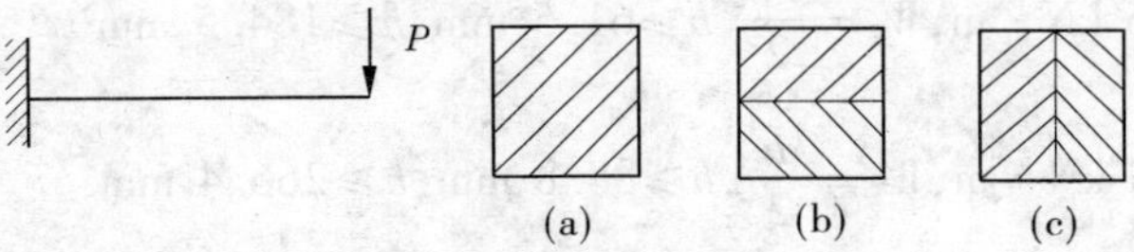

图 8-32

12. 图 8-33 所示截面的抗弯截面系数 W_z 应是(　　)。

A. $\frac{\pi d^3}{32}-\frac{bh^3}{6}$　　B. $\frac{\pi d^3}{16}-\frac{bh^3}{6}$

C. $\frac{1}{h}(\frac{\pi d^4}{32}-\frac{bh^3}{6})$　　D. $\frac{1}{d}(\frac{\pi d^4}{32}-\frac{bh^3}{6})$

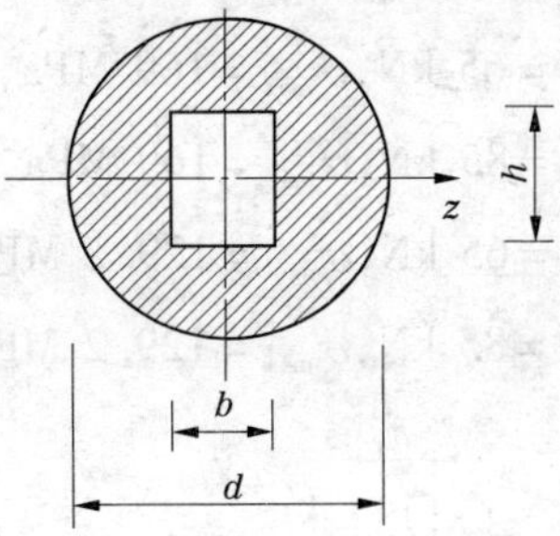

图 8-33

13. 图 8-29 所示 $h/b=2$ 的矩形截面悬臂梁，由竖放(见图 8-29(a))改为横放(见图 8-29(b))，梁的最大挠度为原来的(　　)倍。

A. 2　　B. 4　　C. 6　　D. 8

14. 起重机的主钢梁，设计成两端外伸的外伸梁较简支梁有利，其理由是(　　)。

A. 减小了梁的最大弯矩值　　B. 减小了梁的剪力值

C. 减小了梁的最大挠度值　　D. 增加了梁的抗弯刚度值

15. 设计钢梁时，宜采用中性轴为(　　)的截面，设计铸铁梁时，宜采用中性轴为(　　)的截面。

A. 对称轴　　B. 偏于受拉边的非对称轴

C. 偏于受压边的非对称轴　　D. 对称或非对称轴

16. 梁在横向力作用下发生平面弯曲时，横截面上最大正应力点和最大剪应力点的应力情况是(　　)。

A. 最大正应力点的剪应力一定为零，最大剪应力点的正应力不一定为零

B. 最大正应力点的剪应力一定为零，最大剪应力点的正应力也一定为零

C. 最大剪应力点的正应力一定为零，最大正应力点的剪应力不一定为零

D. 最大正应力点的剪应力和最大剪应力点的正应力都不一定为零

17. 简支木梁受力如图 8-34 所示，荷载 $P=5$ kN，距离 $a=0.7$ m，材料的许用应力 $[\sigma]=10$ MPa，横截面为 $h/b=3$ 的矩形，按正应力强度条件确定此梁横截面尺寸，有以下 4 种结果，正确的是(　　)。

A. $M_{max}=3.5\ \mathrm{kN\cdot m}$，$W_z=\dfrac{3b^3}{2}$，$b\geqslant 61.5$ mm，$h\geqslant 184.5$ mm

B. $M_{max}=3.5\ \mathrm{kN\cdot m}$，$W_z=\dfrac{3b^3}{2}$，$b\geqslant 88.8$ mm，$h\geqslant 266.4$ mm

C. $M_{max}=1.75\ \mathrm{kN\cdot m}$，$W_z=\dfrac{3b^3}{2}$，$b\geqslant 48.9$ mm，$h\geqslant 146.7$ mm

D. $M_{max}=1.75\ \mathrm{kN\cdot m}$，$W_z=\dfrac{3b^3}{2}$，$b\geqslant 70.5$ mm，$h\geqslant 211.5$ mm

18. 一工字钢简支梁，工字钢的型号为 28a，梁上荷载如图 8-35 所示。已知 $l=6$ m，$P_1=90$ kN，$P_2=90$ kN，得出的 σ_{max} 和 τ_{max} 有以下 4 种结果，正确的是(　　)。

A. $M_{max}=85\ \mathrm{kN\cdot m}$，$F_{Q\max}=65$ kN，$\sigma_{max}=169$ MPa，$\tau_{max}=31$ MPa

B. $M_{max}=85\ \mathrm{kN\cdot m}$，$F_{Q\max}=85$ kN，$\sigma_{max}=169$ MPa，$\tau_{max}=40.6$ MPa

C. $M_{max}=65\ \mathrm{kN\cdot m}$，$F_{Q\max}=65$ kN，$\sigma_{max}=129.2$ MPa，$\tau_{max}=31$ MPa

D. $M_{max}=65\ \mathrm{kN\cdot m}$，$F_{Q\max}=85$ kN，$\sigma_{max}=129.2$ MPa，$\tau_{max}=40.6$ MPa

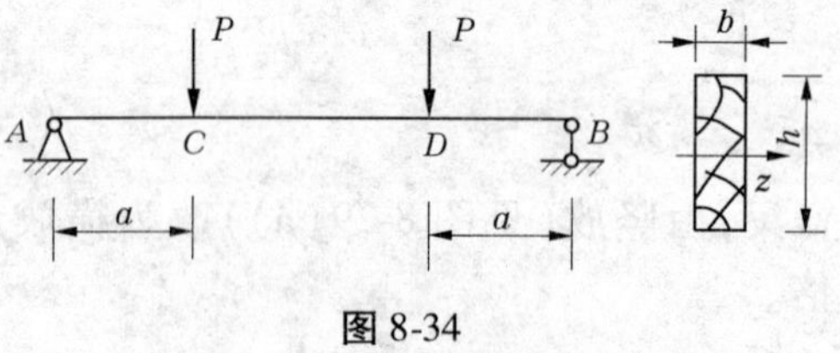

图 8-34

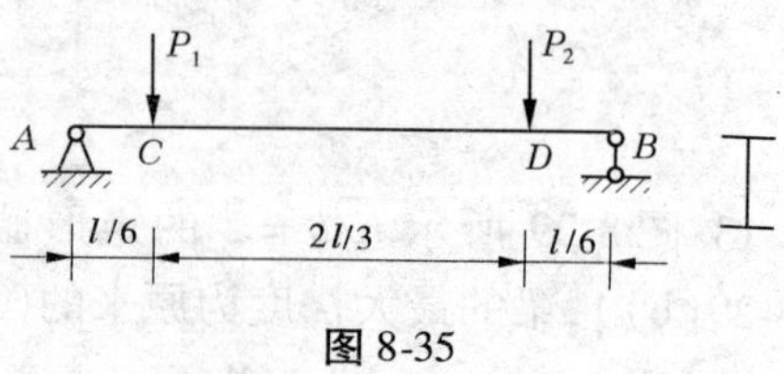

图 8-35

19. 如图 8-36 所示简支梁，抗弯刚度为 EI，$a>b$，其最大挠度应发生在(　　)。

A. C 截面处　　　　B. 跨中截面处

C. 转角为零的截面处　　　　D. 转角最大的截面处

20. 图 8-37 所示悬臂梁，现写出 f_B、θ_B、f_C、θ_C 4 个变形之间的关系式，其中正确的是(　　)。

A. $f_C=\theta_B a$　　B. $f_C=\theta_B 2a$　　C. $f_C=f_B+\theta_B a$　　D. $f_C=f_B$

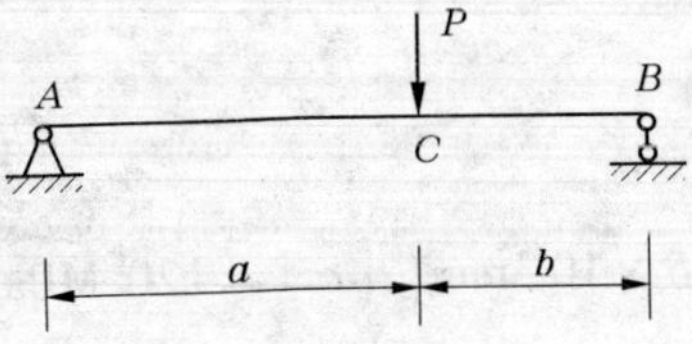

图 8-36

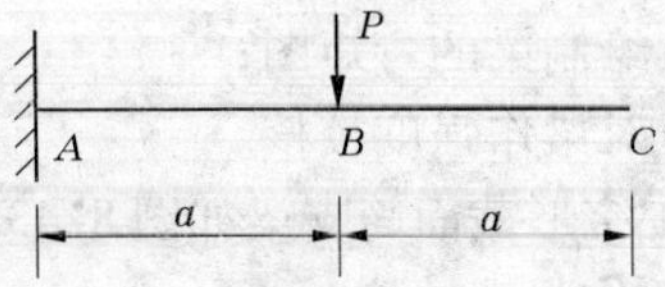

图 8-37

三、计算题

1. 简支梁由 22b 工字钢制成，受力如图 8-38 所示，材料的许用应力$[\sigma]=170$ MPa。试校核梁的正应力强度。

2. 两个 16a 号槽钢组成的外伸梁，梁上荷载如图 8-39 所示。已知 $l=6$ m，钢的许用应力$[\sigma]=170$ MPa。试求此梁承受的最大荷载 P_{max}。

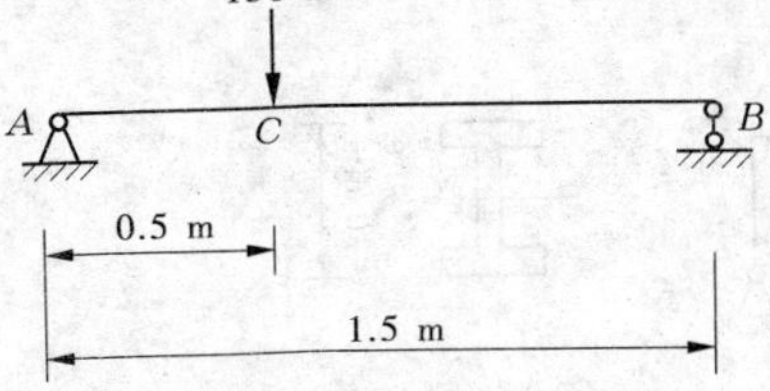

图 8-38

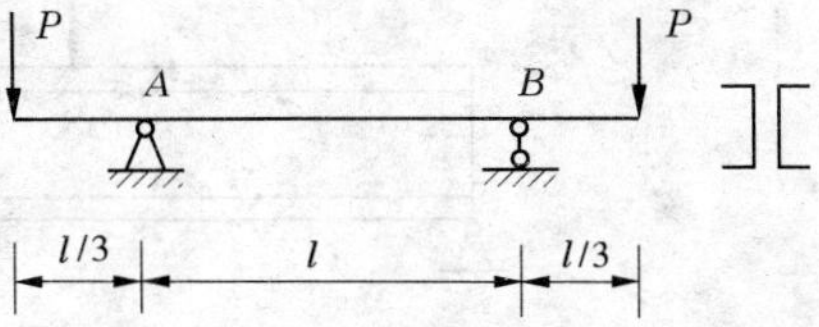

图 8-39

3. 钢梁承受荷载如图 8-40 所示。材料的许用应力$[\sigma]=170$ MPa，$[\tau]=100$ MPa。试选择工字钢的型号。

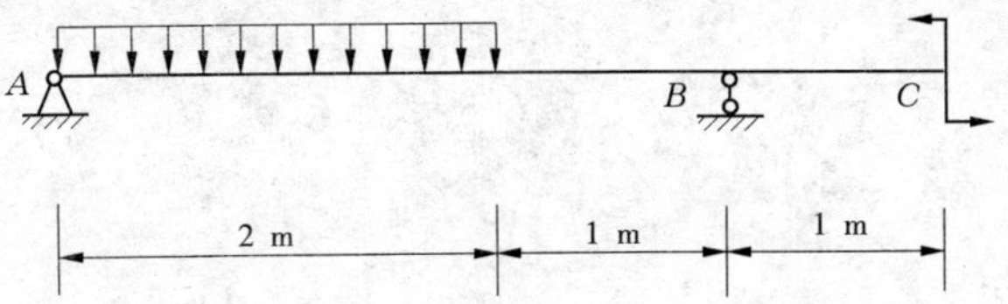

图 8-40

4. 在图 8-41 所示的受力结构中，AB 梁和 CD 梁的材料相同，两梁的宽度相同，高度不同。宽度 $b=100$ mm，高度分别为 $h=150$ mm，$h_1=100$ mm，材料的许用应力$[\sigma]=10$ MPa，$[\tau]=2.2$ MPa。试求该结构所能承受的最大荷载 P_{max}。

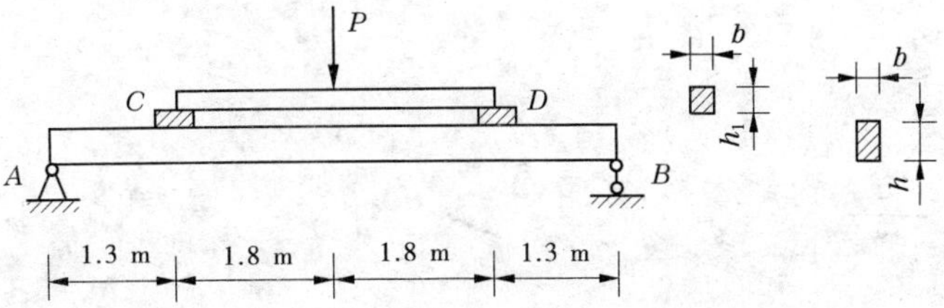

图 8-41

5. T 形截面悬臂梁，受载如图 8-42 所示，材料的许用应力$[\sigma_{拉}]=70$ MPa，$[\sigma_{压}]=$

150 MPa，已知 $I_z = 2 \times 10^7\ \text{mm}^4$。试求：

(1)绘制梁的弯矩图；

(2)对梁作强度校核。

6. 工字形截面简支梁如图 8-43 所示。若 $I_z = 3.5 \times 10^4\ \text{mm}^4$，$[\sigma] = 120$ MPa，试绘制弯矩图并作强度校核。

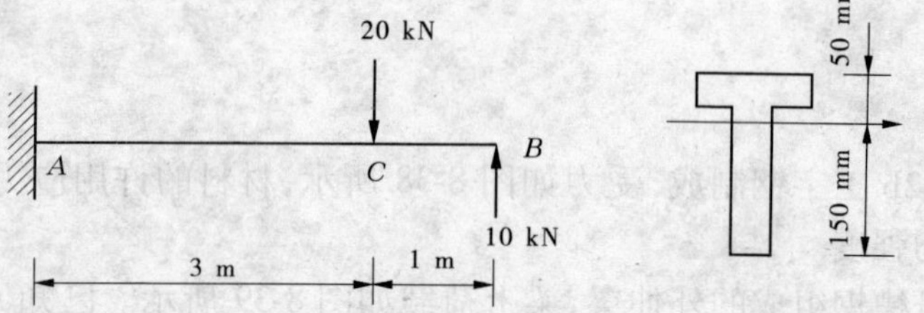

图 8-42

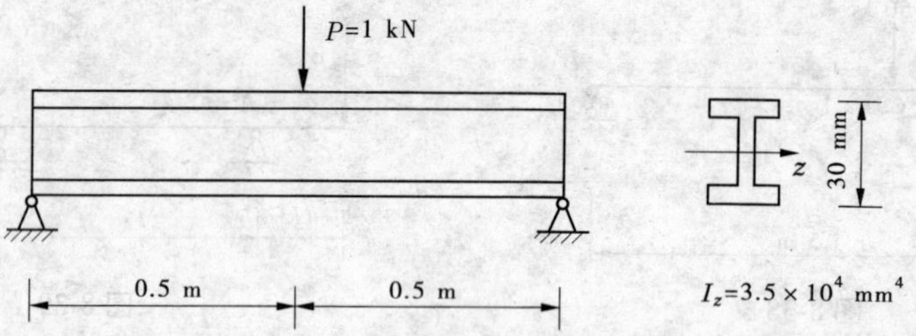

图 8-43

第九章　应力状态和强度理论

复习提要

一、应力状态的概念

受力构件内某点各方向的应力状况的总和称为该点的应力状态。

研究受力构件内某点的应力状态，可围绕该点取一无限小的正六面体来描述一点应力状态，这个正六面体称为单元体，单元体上各个截面代表受力构件内过该点的不同方向的截面。

如果单元体的某一个面上只有正应力分量而无切应力分量，则这个面称为主平面，主平面上的正应力称为主应力。可以证明，在受力构件内的任意一点上总可以找到3个互相垂直的主平面，因此总存在3个互相垂直的主应力，通常用σ_1、σ_2、σ_3表示3个主应力，而且按代数值大小排列，即$\sigma_1>\sigma_2>\sigma_3$。

根据主应力的情况，应力状态可分为以下3种：

(1)3个主应力中只有一个不等于零，这种应力状态称为单向应力状态。

(2)3个主应力中有两个不等于零，这种应力状态称为二向应力状态。

(3)3个主应力均不等于零，这种应力状态称为三向应力状态。

单向应力状态也称为简单应力状态，它与二向应力状态统称为平面应力状态；三向应力状态也称为空间应力状态。有时把二向应力状态和三向应力状态统称为复杂应力状态。

二、平面应力状态分析

如图9-1(a)所示的单元体，任意斜截面的表示方法及规定如下：

(1)用x轴与截面外法线n间的夹角α表示该截面。

(2)α的正负号：由x轴向n旋转，逆时针方向为正，顺时针方向为负，如图9-1(a)所示中的α为正。

(3)σ_α的正负号：拉应力为正，压应力为负(如图9-1中的σ_x、σ_y、σ_α均为正值)。

(4)τ_α的正负号：τ_α对截面内侧任一点的力矩转向，顺时针方向为正，逆时针方向为负(如图9-1所示中的τ_x、τ_α为正值，τ_y为负值)。

(一)任意斜截面上的应力

计算任意斜截面上的应力有两种方法：解析法和图解法。

1. 解析法

平面应力状态下单元体任意斜截面上的应力计算公式为

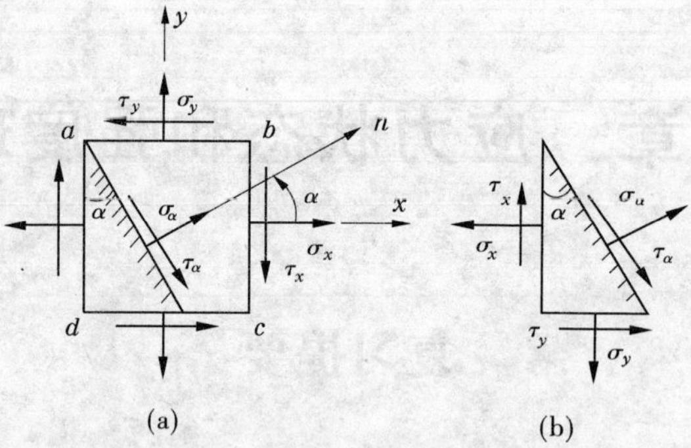

图 9-1

$$\sigma_\alpha = \frac{\sigma_x + \sigma_y}{2} + \frac{\sigma_x - \sigma_y}{2}\cos 2\alpha - \tau_x \sin 2\alpha \tag{9-1}$$

$$\tau_\alpha = \frac{\sigma_x - \sigma_y}{2}\sin 2\alpha + \tau_x \cos 2\alpha \tag{9-2}$$

应用式(9-1)、式(9-2)计算 σ_α、τ_α 时，各已知应力 σ_x、σ_y、τ_x 和 α 均采用其代数值。

2. 图解法

用图解法计算斜截面上的应力，需要先作“应力圆”。

$$\left(\sigma_\alpha - \frac{\sigma_x + \sigma_y}{2}\right)^2 + \tau_\alpha^2 = \left(\frac{\sigma_x - \sigma_y}{2}\right)^2 + \tau_x^2 \tag{9-3}$$

式(9-3)代表一个圆方程；若取 σ 为横坐标，τ 为纵坐标，则该圆的圆心是$\left(\frac{\sigma_x + \sigma_y}{2}, 0\right)$，半径等于$\sqrt{\left(\frac{\sigma_x - \sigma_y}{2}\right)^2 + \tau_x^2}$，这个圆称为应力圆（莫尔圆）。应力圆上任一点的坐标代表所研究单元体上任一截面的应力，因此应力圆上的点与单元体上的截面有着一一对应关系。

应力圆的画法：取坐标轴为 σ、τ 的直角坐标系，如图 9-2(b)所示，按一定的比例尺量取 $OA = \sigma_x$，$AD_1 = \tau_x$，$OB = \sigma_y$，$BD_2 = \tau_y$；连接 D_1、D_2，与 σ 轴交于 C 点，以 C 为圆心、CD_1（或 CD_2）为半径画一圆。

利用应力圆可求出所研究单元体上任意一个 α 截面上的应力。由于应力圆参数式(9-1)、式(9-2)的参变量是 2α，所以单元体上任意两斜截面外法线之间的夹角对应于应力圆上两点之间圆弧所对的圆心角，该圆心角为两斜截面外法线之间夹角的 2 倍。如要确定如图 9-2(a)所示斜截面 de 的应力，由应力圆上的 D_1 点（该点对应于截面 ab）沿逆时针量取圆心角 $\angle D_1CE = 2\alpha$，则 E 点的横、纵坐标分别代表截面 de 上的 σ_α，τ_α。

作应力圆时，需要注意以下几点：

(1) 应力圆上的一点对应于单元体中的一个截面。

(2) 在应力圆上选择哪个半径作起始半径，需视单元体 α 角从哪根坐标轴量起。若 α 角自 x 轴（x 面的外法线）量起，则选$\overline{CD_1}$ 为起始半径；若 α 角自 y 轴（y 面的外法线）量起，则选$\overline{CD_2}$ 为起始半径。

(3) 在单元体上，斜截面的角度为 α 时，在应力圆上则自起始半径量 2α 角，并且它们

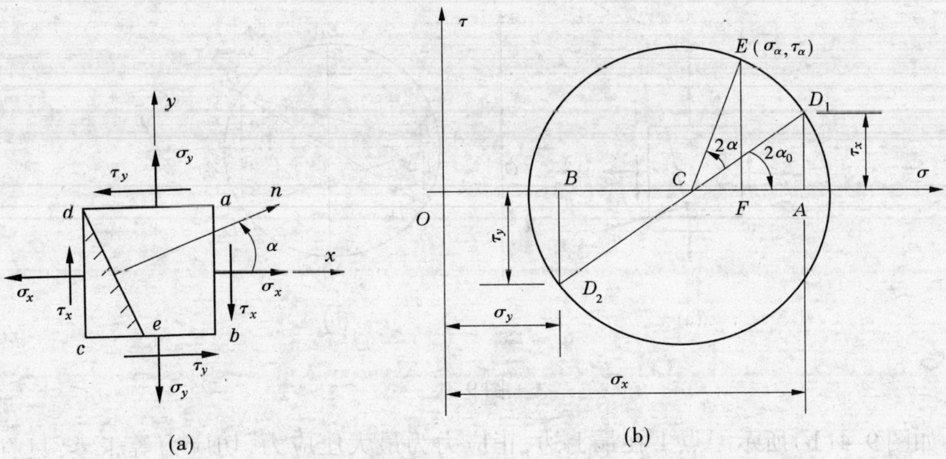

图 9-2

的转向一致。

(二)主应力及主平面的确定

1. 解析法

设主平面外法线与 x 轴的夹角为 α_0,则主平面计算公式为

$$\tan 2\alpha_0 = -\frac{2\tau_x}{\sigma_x - \sigma_y} \tag{9-4}$$

其中,α_0 有两个根:α_0 和$(\alpha_0 + 90°)$,说明由式(9-4)可以确定两个互相垂直的主平面。两个主应力是所有截面上正应力的极值 σ_{max}、σ_{min}(极大值和极小值)。

主应力计算公式为

$$\sigma_{\substack{max \\ min}} = \frac{\sigma_x + \sigma_y}{2} \pm \sqrt{\left(\frac{\sigma_x - \sigma_y}{2}\right)^2 + \tau_x^2} \tag{9-5}$$

应指出用以上法则时,由式(9-4)计算的 $2\alpha_0$ 应取锐角(正或负)。

因为平面应力状态至少有一个主应力等于零,因此可根据 σ_{max}、σ_{min} 的正负号确定 σ_1、σ_2、σ_3。

2. 图解法

利用应力圆很容易确定主应力与主平面方向。应力圆与 σ 轴的交点 A_1、A_2 的纵坐标 τ 等于零,如图 9-3(b)所示,所以 A_1、A_2 点对应于单元体上两个主平面,其横坐标即为主应力的值。又因 $OA_1 > OA_2$,故 A_1、A_2 分别对应 σ_{max}、σ_{min}。由于 D_1 代表单元体上的 x 平面,则圆心角 $\angle D_1CA_1$ 的一半——圆周角 $\angle DA_2A_1$ 为 σ_{max}所在平面的方位角。

三、梁的应力状态分析

(一)梁的应力状态分析

如图 9-4(a)所示一简支梁,在荷载作用下,任一横截面 m—m 上正应力、切应力的变化规律如图 9-4(a)所示。沿截面 m—m 的 1、2、3、4、5 这 5 个点,分别取 5 个单元体进行

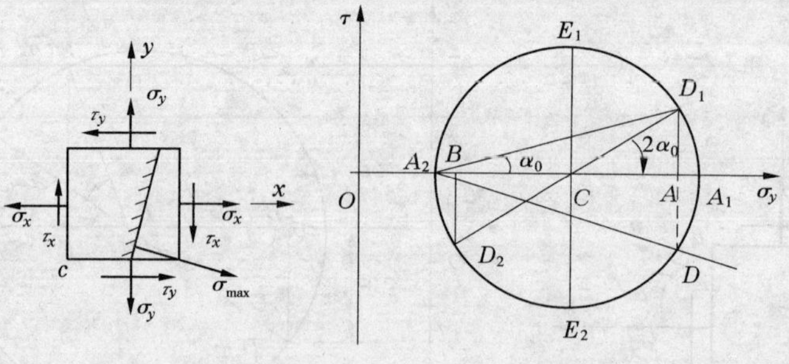

(a) (b)

图 9-3

分析,如图 9-4(b)所示。点 1 在最上边,正应力为最大压应力,切应力等于零,只有一对压应力。点 5 在最下边,正应力为最大拉应力,切应力等于零,只有一对拉应力。点 1、5 均处于单向应力状态。点 3 在中性层,正应力等于零,切应力为最大,只有 4 个切应力,处于纯切应力状态。梁顶、梁底与中性层之间点 2、4 处的单元体,其应力均为一般二向应力状态,主应力及主应力方向可按式(9-5)和式(9-4)求得,或应用应力圆求得,如图 9-4(c)所示。5 个点处的主应力方向在图 9-4(b)中示出。

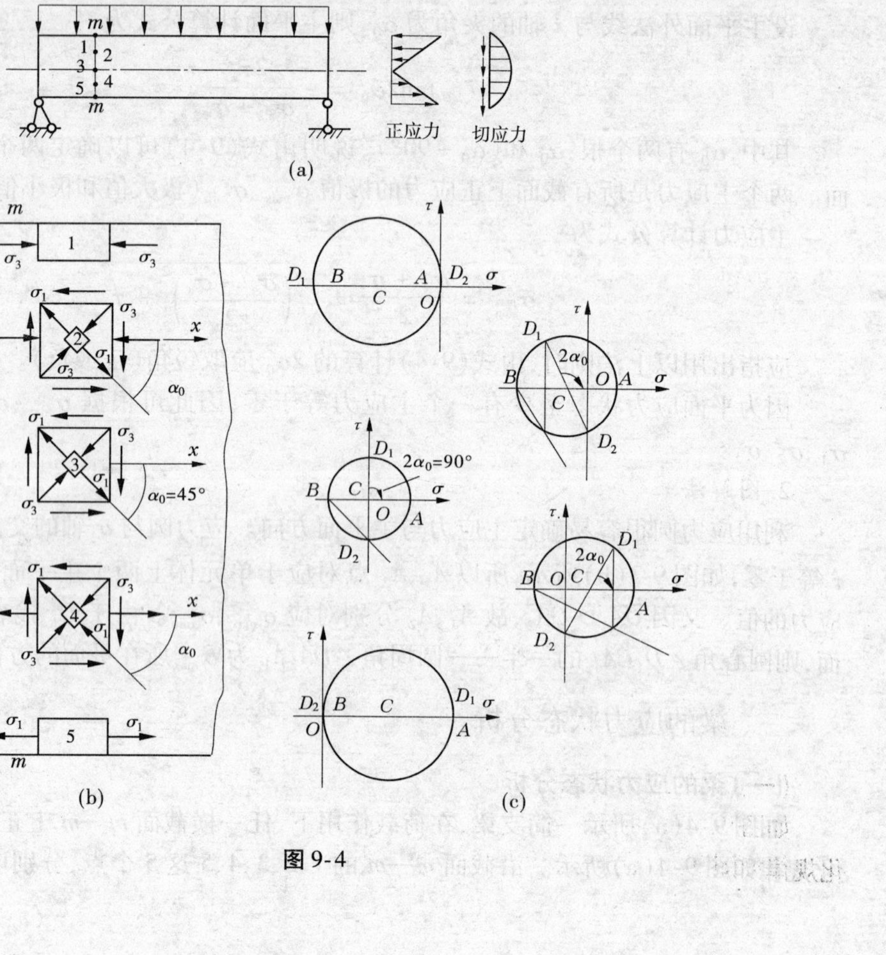

图 9-4

(二)主应力轨迹线的概念

所谓主应力轨迹线,是两组正交的曲线,其中一组曲线是主拉应力轨迹线,在这些曲线上,每点的切线方向表示该点的主拉应力方向;另一组曲线是主压应力轨迹线,在这些曲线上,每点的切线方向表示该点的主压应力方向。

已知梁内各点处的主应力方向后,即可绘制出梁的主应力轨迹线,如图9-5(a)所示。图中实线为主拉应力轨迹线,虚线为主压应力轨迹线。梁的主应力轨迹线有如下特点:主拉应力轨迹线和主压应力轨迹线互相正交;所有的主应力轨迹线在中性层处与梁的轴线成45°角;在弯矩最大而剪力等于零的截面上,主应力轨迹线的切线是水平的;在梁的上、下边缘处,主应力轨迹线的切线与梁的上、下边界线平行或正交。

主应力轨迹线在工程中是非常有用的。例如,如图9-5(a)所示的简支梁,可根据主拉应力轨迹线,在下部配置纵向钢筋和弯起钢筋,如图9-5(b)所示。

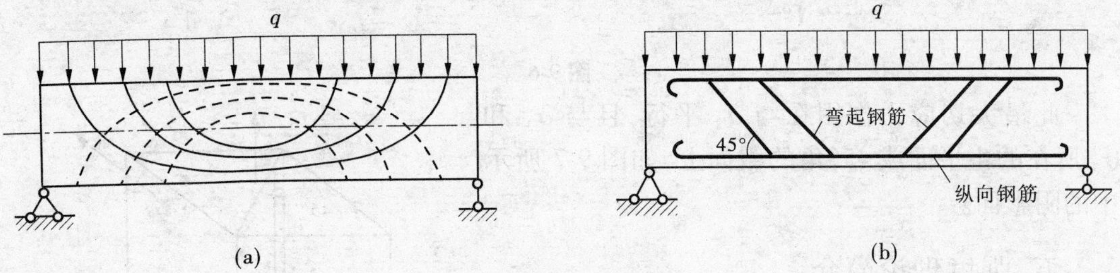

图9-5

四、三向应力状态下的最大应力

受力构件中一点处的3个主应力都不为零时,该点处于三向应力状态。如图9-6(a)所示为一单元体受3个主应力的作用,下面分析三类特殊截面上的应力。

(1)平行于σ_3的截面上的应力。这类截面上的应力由σ_1和σ_2决定。由σ_1和σ_2可在坐标系中画出应力圆,如图9-6(c)所示的圆AE。该圆上的各点对应于平行于σ_3的所有截面,各点的横坐标和纵坐标即表示对应截面上的正应力和切应力。

(2)平行于σ_2的截面上的应力。这类截面上的应力由σ_2和σ_3决定。因此,由σ_1和σ_3可画出应力圆,如图9-6(c)所示的圆AF。根据这一应力圆上点的坐标,可求出这类截面上的应力。

(3)平行于σ_1的截面上的应力。这类截面上的应力由σ_2和σ_3决定。因此,由σ_2和σ_3可画出应力圆,如图9-6(c)所示的圆EF。根据这一应力圆上点的坐标,可求出这类截面上的应力。

与3个主应力均不平行的任意斜截面中的截面abc上的应力,如图9-6(a)所示,可由如图9-6(c)所示阴影面中各点的坐标决定。

由如图9-6(c)所示的应力圆中看到,一点处是三向应力状态时,该点处的最大正应力为σ_1,最小正应力为σ_3,即$\sigma_{max}=\sigma_1$,$\sigma_{min}=\sigma_3$。

该点处的最大切应力是B点的纵坐标,其值为

$$\tau_{max}=\frac{\sigma_1-\sigma_3}{2} \tag{9-6}$$

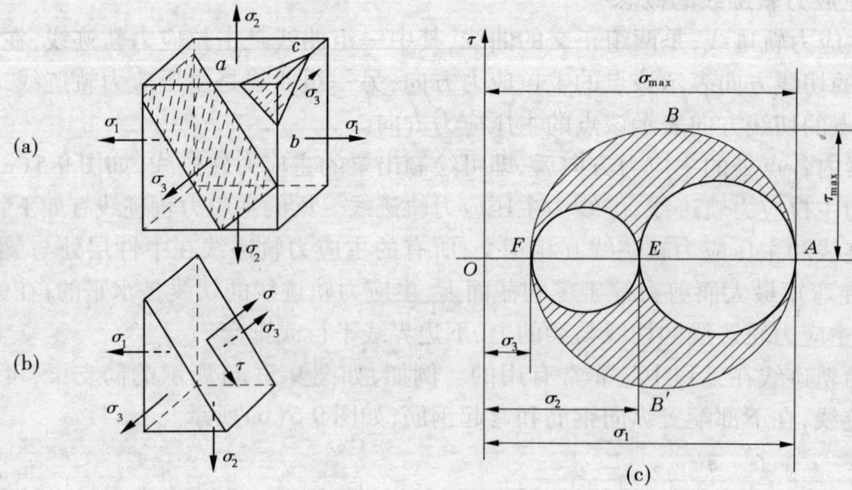

图 9-6

此最大切应力作用在与 σ_2 平行，且与 σ_1 和 σ_3 所在的主平面成45°角的截面上，如图 9-7 所示中的阴影面。

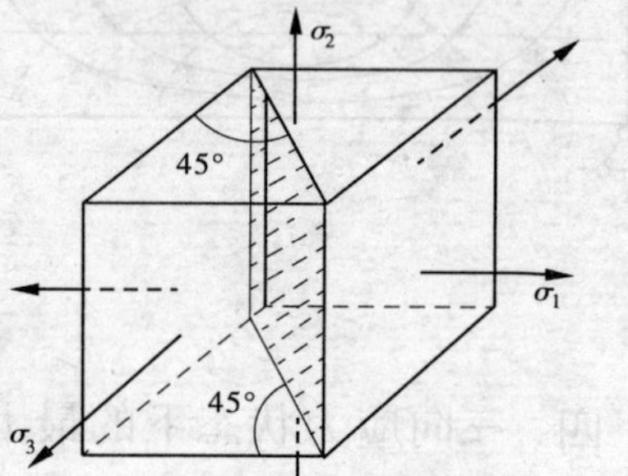

图 9-7

五、强度理论简介

(一)强度理论的概念

人们对材料发生屈服和断裂两种破坏形式进行研究，提出了材料在不同应力状态下产生某种形式破坏的共同原因的各种假设，这些假设称为强度理论。

(二)常用的 4 个强度理论

目前常用的强度理论，按提出的先后顺序，习惯上称为第一、第二、第三、第四强度理论。

1. 第一强度理论(最大拉应力理论)

第一强度理论相应的强度条件为

$$\sigma_1 \leqslant [\sigma] \tag{9-7}$$

式中，$[\sigma]$为材料轴向拉伸时的许用拉应力。

2. 第二强度理论(最大正应变理论)

第二强度理论相应的强度条件为

$$\sigma_1 - \upsilon(\sigma_2 + \sigma_3) \leqslant [\sigma] \tag{9-8}$$

该理论与少数脆性材料试验结果相符，对于具有一拉一压主应力的二向应力状态，试验结果也与此理论计算结果相近。该理论适用范围较小，目前已很少采用。

3. 第三强度理论(最大切应力理论)

第三强度理论相应的强度条件为

$$\sigma_1 - \sigma_3 \leqslant [\sigma] \tag{9-9}$$

该理论对塑性材料较为符合,而且偏于安全。但对三向等拉应力状态下材料发生破坏,该理论无法解释。

4. 第四强度理论(能量强度理论)

第四强度理论相应的强度条件为

$$\sqrt{\frac{1}{2}[(\sigma_1 - \sigma_2)^2 + (\sigma_2 - \sigma_3)^2 + (\sigma_3 - \sigma_1)^2]} \leqslant [\sigma] \tag{9-10}$$

对于许多塑性材料,该理论与试验情况很相符。但按该理论,在三向等拉时,材料不会发生破坏,这与实际不相符。

可将式(9-7)、式(9-8)、式(9-9)、式(9-10)4 个强度条件写成统一形式

$$\sigma_r^* \leqslant [\sigma] \tag{9-11}$$

式中的 σ_r^* 称为相当应力或计算应力,因此有

$$\left.\begin{aligned} \sigma_1^* &= \sigma_1 \\ \sigma_2^* &= \sigma_1 - \upsilon(\sigma_2 + \sigma_3) \\ \sigma_3^* &= \sigma_1 - \sigma_3 \\ \sigma_4^* &= \sqrt{\frac{1}{2}[(\sigma_1 - \sigma_2)^2 + (\sigma_2 - \sigma_3)^2 + (\sigma_3 - \sigma_1)^2]} \end{aligned}\right\} \tag{9-12}$$

除以上 4 个强度理论外,在工程地质与土力学中还经常用到“莫尔强度理论”。该理论的详细论述参见有关书籍。

训练题

一、填空题

1. 切应力 $\tau = 0$ 的平面称为__________,在该平面上的正应力称为________。

2. 试判断图 9-8 所示两个单元体各是几向应力状态(应力单位:MPa)。图(a):________;图(b):________。

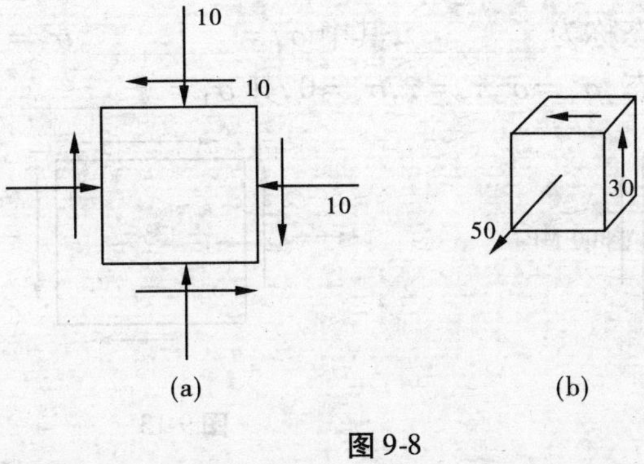

图 9-8

3. 若单元体处于平面应力状态,当 σ_x、σ_y、τ_{xy} 三者满足条件 $\sigma_x = \sigma_y = \tau_{xy} > 0$ 时,该单

元体处于________状态；当 σ_x、σ_y、τ_{xy} 三者满足条件 $\sigma_x = \sigma_y = \tau_{xy} < 0$ 时，则该单元体为________状态。

4. 图 9-9 所示应力状态的主应力 σ_1、σ_2、σ_3 和最大切应力 τ_{max} 的值分别为(单位：MPa)：图(a)：σ_1 = __________，σ_2 = __________，σ_3 = __________，τ_{max} = __________；图(b)：σ_1 = __________，σ_2 = __________，σ_3 = __________，τ_{max} = __________。

5. 在图 9-10 所示单元体的应力状态中，最大切应力 τ_{max} 作用面的方位角 α_1 = __________。

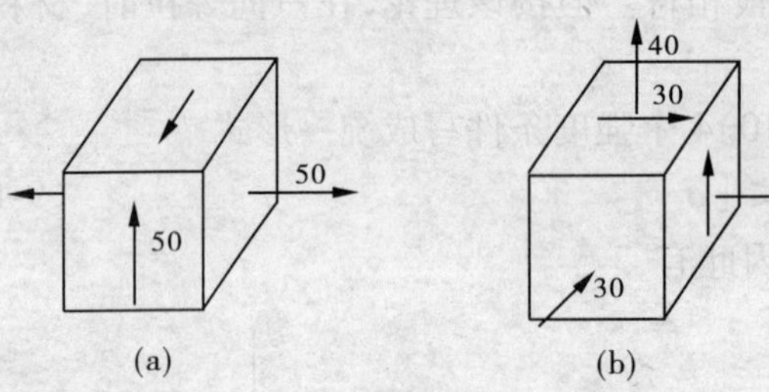

图 9-9

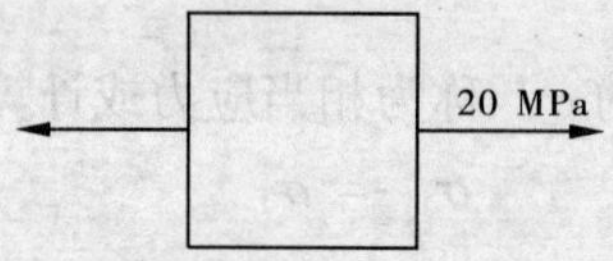

图 9-10

6. 图 9-11 所示应力圆各表示什么应力状态？画出与之相应的单元体及其各面上的应力。

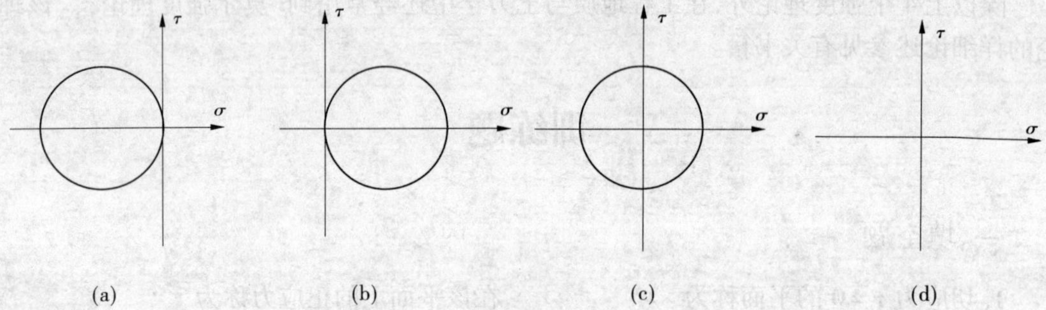

图 9-11

图(a)：________；图(b)：________；图(c)：________；图(d)：________。

7. 图 9-12 所示应力状态称为________，其中 σ_1 = ________，σ_3 = ________。

8. 图 9-13 所示应力状态，$\sigma_x = \sigma$，$\tau_x = \tau$，$\sigma_y = 0$，其 σ_1 = ________，σ_3 = ________。

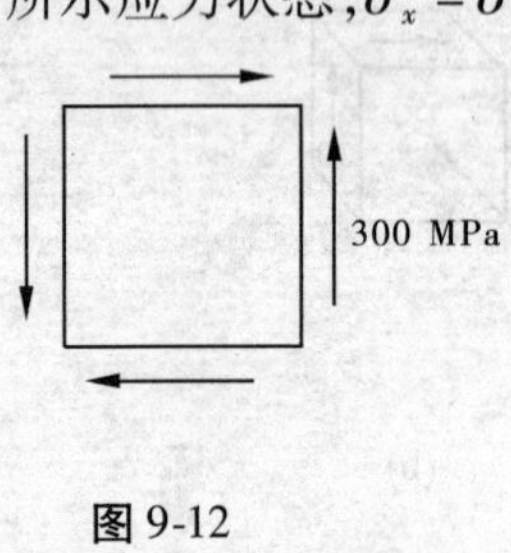

图 9-12

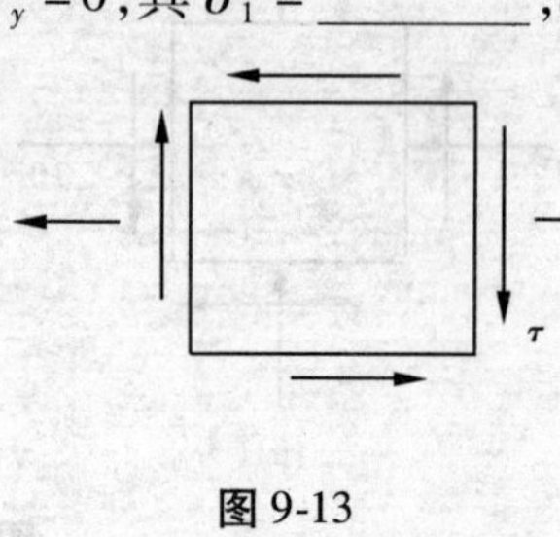

图 9-13

9. 材料破坏主要有两种类型，一类属于________破坏，另一类属于________破坏。

10. 已知单元体上的三个主应力 σ_1、σ_2 和 σ_3，若是脆性材料，用第一强度理论，其强度条件为 $\sigma_1 =$ ________；若是塑性材料，用第三强度理论，其强度条件为 $\sigma_3 =$ ________。

11. 火车轮轮缘与钢轨接触点处的主应力为 −800 MPa、−900 MPa 和 −1 100 MPa，按第三和第四强度理论，相当应力分别为________、________。

12. 四种应力状态如图 9-14 所示，按第三强度理论，其相当应力最大的是________，最小的是________。

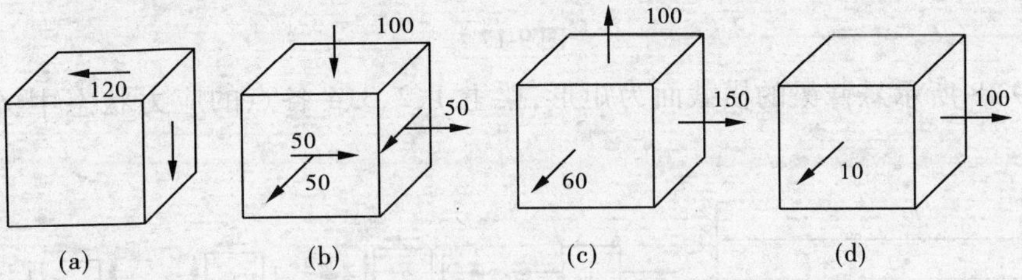

图 9-14 （单位：MPa）

13. 一般说来，对于脆性材料宜采用________强度理论，对于塑性材料宜采用________强度理论。图 9-15 所示应力状态的单元体，其第三强度理论的强度条件为______。

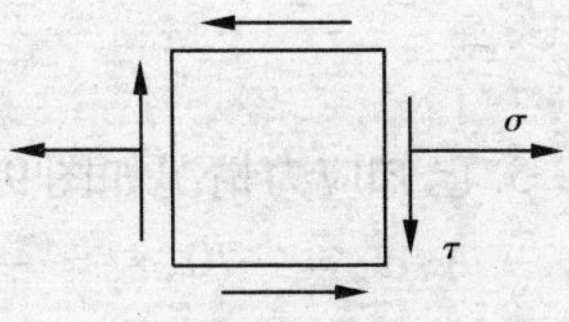

图 9-15

二、选择题

1. 任意应力状态下的单元体，有以下四种说法，其中正确的是（　　）。

A. 在最大正应力的面上剪应力也最大　　B. 在最大正应力的面上剪应力等于零

C. 在最大正应力的面上剪应力最小　　D. 在正应力等于零的面上剪应力最大

2. 三种应力状态分别如图 9-16（a）、（b）、（c）所示，则三者间的关系为（　　）。

A. 完全等价　　B. 完全不等价

C. 图（b）、图（c）等价　　D. 图（a）、图（c）等价

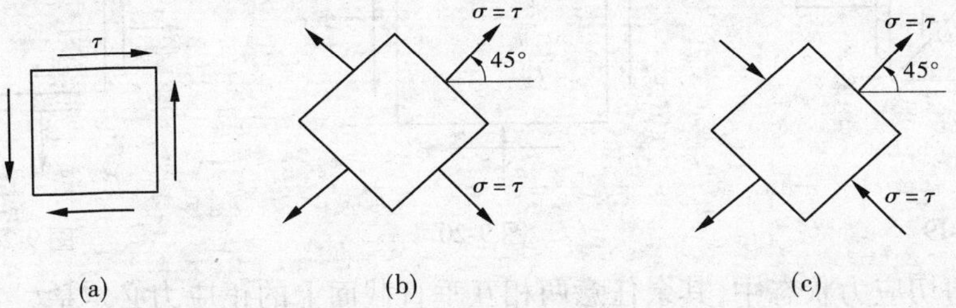

图 9-16

3. 矩形截面简支梁受力如图 9-17（a）所示，横截面上各点的应力状态如图 9-17（b）所示。关于它们的正确性，现有四种答案，正确的是（　　）。

A. 点 1、2 的应力状态　　B. 点 2、3 的应力状态

C. 点 3、4 的应力状态　　D. 点 1、5 的应力状态

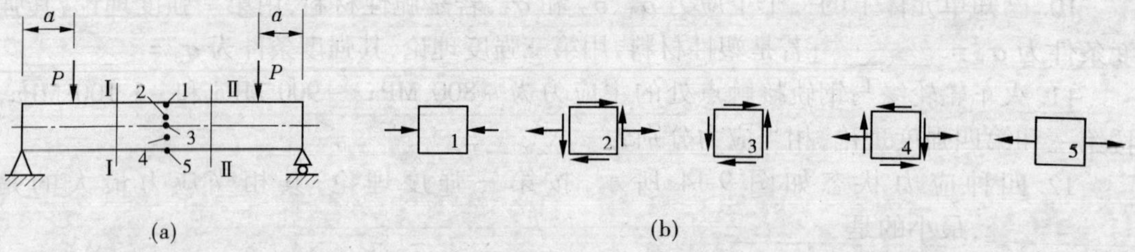

图 9-17

4. 图 9-18 所示悬臂梁的横截面为矩形，梁上 1、2、3、4 各点的应力状态中，错误的是（　　）。

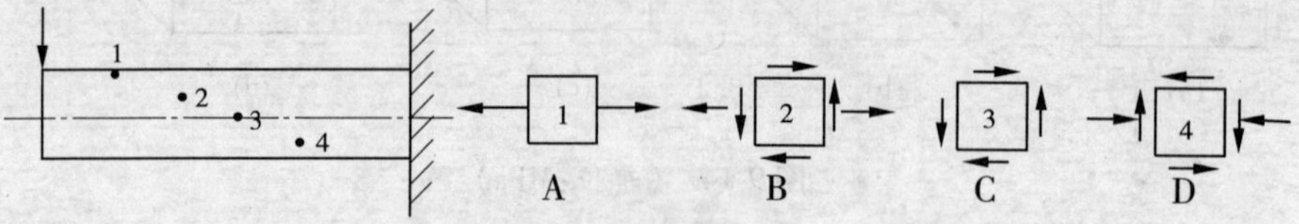

图 9-18

5. 已知应力情况如图 9-19 所示，则图示斜截面上的应力为（　　）（应力单位为 MPa）。

A. $\sigma_\alpha = -70, \tau_\alpha = -30$　　B. $\sigma_\alpha = 0, \tau_\alpha = 30$

C. $\sigma_\alpha = -70, \tau_\alpha = 30$　　D. $\sigma_\alpha = 0, \tau_\alpha = -30$

6. 单元体的应力状态如图 9-20 所示，由 x 轴至 σ_1 方向的夹角为（　　）。

A. 13.5°　　B. −76.5°　　C. 76.5°　　D. −13.5°

7. 二向应力状态如图 9-21 所示，其最大主应力 σ_1 为（　　）。

A. σ　　B. 2σ　　C. 3σ　　D. 4σ

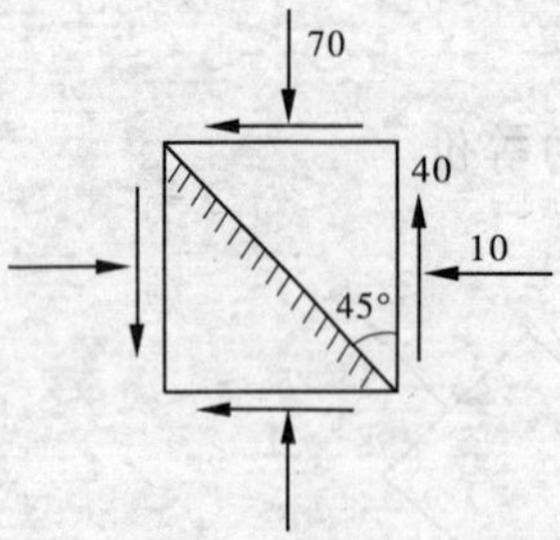

图 9-19

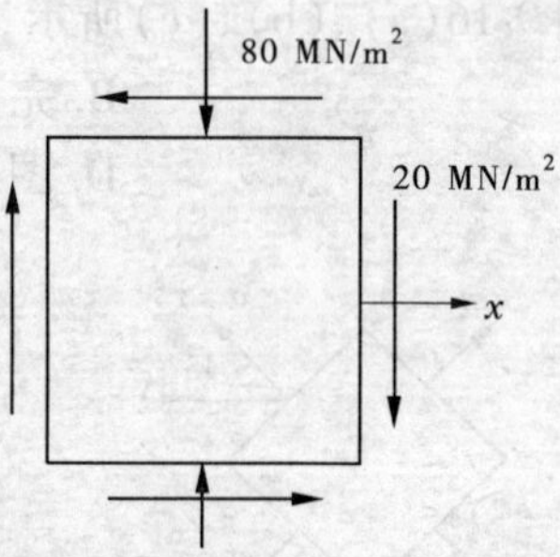

图 9-20

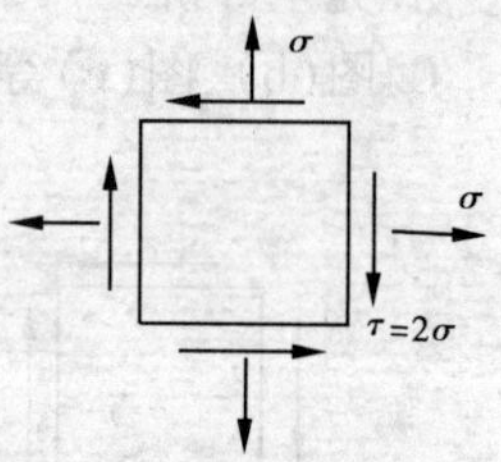

图 9-21

8. 在纯剪切应力状态中，其余任意两相互垂直截面上的正应力必定是（　　）。

A. 均为正值　　B. 一为正值一为负值　　C. 均为负值　　D. 均为零值

9. 单元体的应力状态如图 9-22 所示，则主应力 σ_1、σ_2 分别为（　　）。

A. $\sigma_1 = 90, \sigma_2 = -10$　　B. $\sigma_1 = 100, \sigma_2 = -10$

C. $\sigma_1 = 90, \sigma_2 = 0$　　D. $\sigma_1 = 100, \sigma_2 = 0$

10. 如图 9-23 所示单元体最大切应力 τ_{max} 为（　　）。

A. 100 MPa　　B. 50 MPa　　C. 25 MPa　　D. 0

11. 单元体的应力状态如图 9-24 所示，关于其主应力有下列四种答案，正确的是(　　)。

A. $\sigma_1>\sigma_2>0,\sigma_3=0$　　B. $\sigma_3<\sigma_2<0,\sigma_1=0$

C. $\sigma_1>0,\sigma_2=0,\sigma_3<0,|\sigma_1|<|\sigma_3|$　　D. $\sigma_1>0,\sigma_2=0,\sigma_3<0,|\sigma_1|>|\sigma_3|$

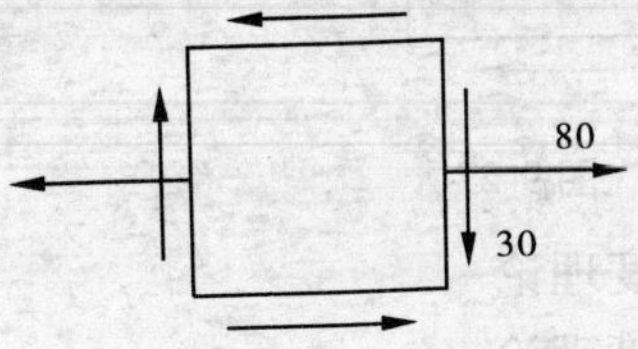

图 9-22　(单位:MPa)

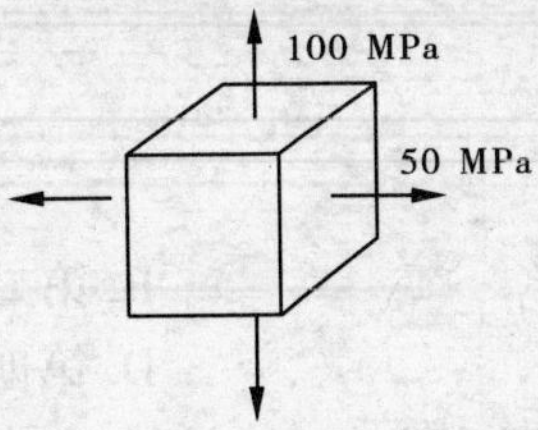

图 9-23

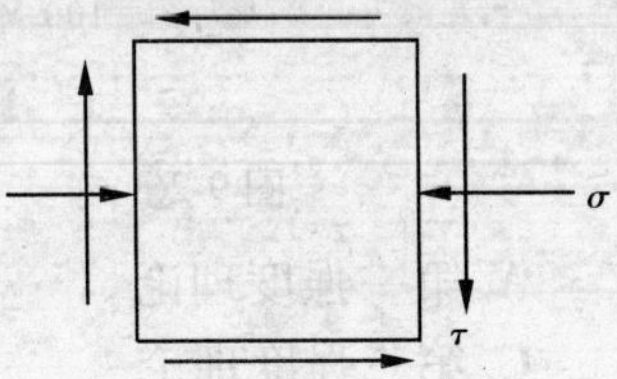

图 9-24

12. 已知应力圆如图 9-25 所示，图(a)、(b)、(c)、(d)分别表示单元体的应力状态和截面 A 的应力，则与应力圆所对应的单元体为(　　)。

A. 图(a)　　B. 图(b)　　C. 图(c)　　D. 图(d)

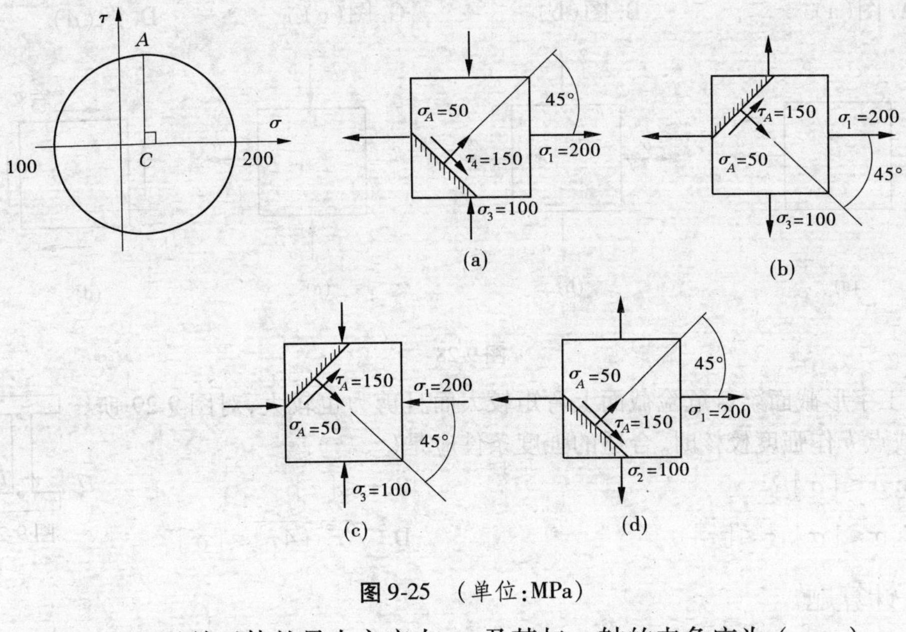

图 9-25　(单位:MPa)

13. 图 9-26 所示单元体的最大主应力 σ_1 及其与 x 轴的夹角应为(　　)。

A. $\sigma_1=100\ \text{MPa},\alpha_0=0°$　　B. $\sigma_1=100\ \text{MPa},\alpha_0=-45°$

C. $\sigma_1=100\ \text{MPa},\alpha_0=45°$　　D. $\sigma_1=141\ \text{MPa},\alpha_0=-45°$

14. 图 9-27 所示应力状态，若用第三和第四强度理论，它们的相当应力公式应为(　　)。

A. $\sigma_3^*=\sqrt{\sigma^2+3\tau^2},\sigma_4^*=\sqrt{\sigma^2+4\tau^2}$　　B. $\sigma_3^*=\sqrt{3\sigma^2+\tau^2},\sigma_4^*=\sqrt{4\sigma^2+\tau^2}$

C. $\sigma_3^*=\sqrt{4\sigma^2+\tau^2},\sigma_4^*=\sqrt{3\sigma^2+\tau^2}$　　D. $\sigma_3^*=\sqrt{\sigma^2+4\tau^2},\sigma_4^*=\sqrt{\sigma^2+3\tau^2}$

15. 一根由塑性材料制成的构件，在危险截面的危险点上，已知处于三向等拉应力状态，在此特殊情况下，应该采用的强度理论为(　)。

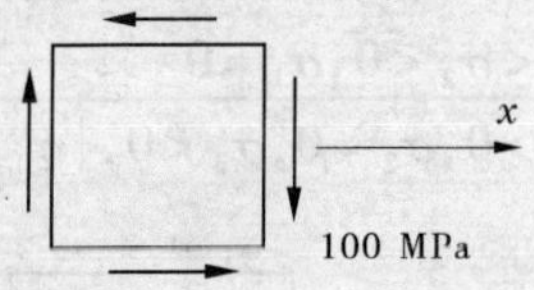

图 9-26

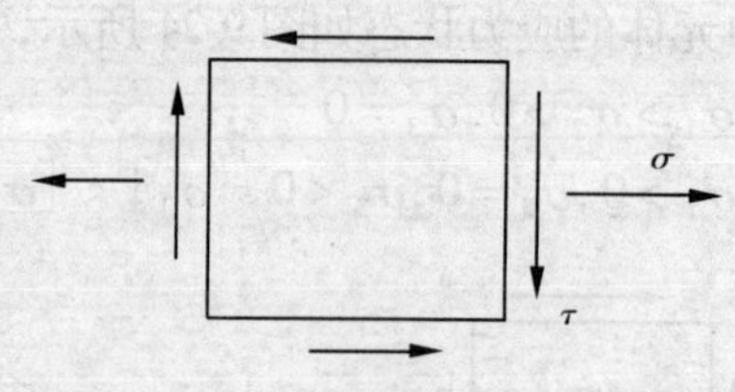

图 9-27

A. 第一强度理论　　B. 第二强度理论

C. 第三强度理论　　D. 第四强度理论

16. 铸铁试件拉伸时,沿横截面断裂;扭转时沿与轴线成 45°倾角的螺旋面断裂,这与(　　)有关。

A. 最大剪应力　　B. 最大拉应力

C. 最大剪应力和最大拉应力　　D. 最大拉应变

17. 塑性材料构件内有四个点处的应力状态分别如图 9-28 (a)、(b)、(c)、(d)所示,其中最容易屈服的点是(　　)。

A. 图(a)　　B. 图(b)　　C. 图(c)　　D. 图(d)

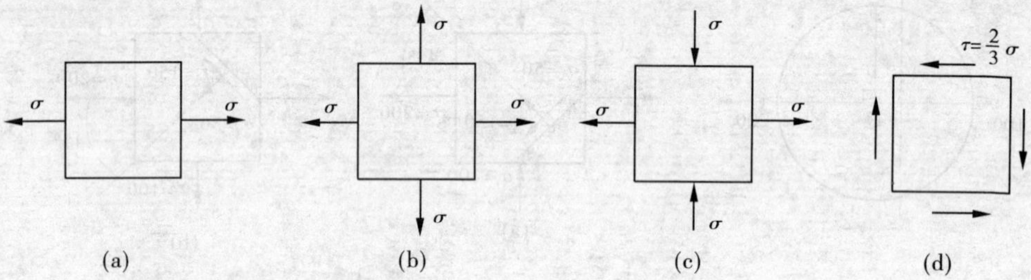

图 9-28

18. 工字形截面梁若危险截面上弯矩较大而且剪力也较大,对图 9-29 所示点 a 或点 b 作强度校核时,合适的强度条件应是(　　)。

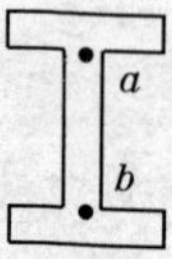

图 9-29

A. $\sigma \leqslant [\sigma]$　　B. $\tau \leqslant [\tau]$

C. $\sigma \leqslant [\sigma]$,$\tau \leqslant [\tau]$　　D. $\sqrt{\sigma^2 + 4\tau^2} \leqslant [\sigma]$

三、计算题

1. 试求图 9-30 所示单元体上的主应力和最大切应力。

2. 二向应力状态如图 9-31 所示,已知 $\sigma = 100$ MPa,$\tau = 50$ MPa,试求第三和第四强度理论的相当应力。

3. 平面应力状态如图 9-32 所示,已知 $\sigma_x = 40$ MPa,$\sigma_y = 40$ MPa,$\tau_{xy} = 60$ MPa,试按第三和第四强度理论计算相当应力。

4. 图 9-33 所示为一简支梁,受 $q = 5\ 000$ N/m 均布线荷载作用,试计算截面 $m—m$ 上点 A 处在图示斜截面上应力的大小、方向。

5. 等截面薄壁受扭圆筒如图 9-34 所示,已知外径 $D = 50$ mm,内径 $d = 46$ mm,转矩

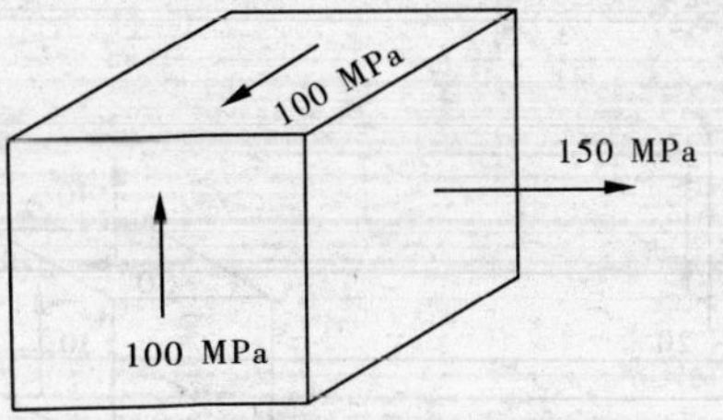

图 9-30

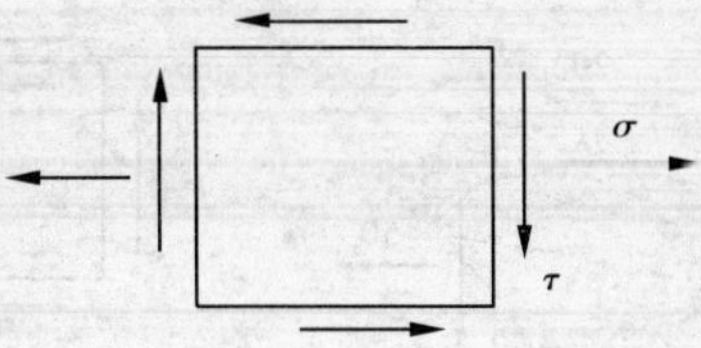

图 9-31

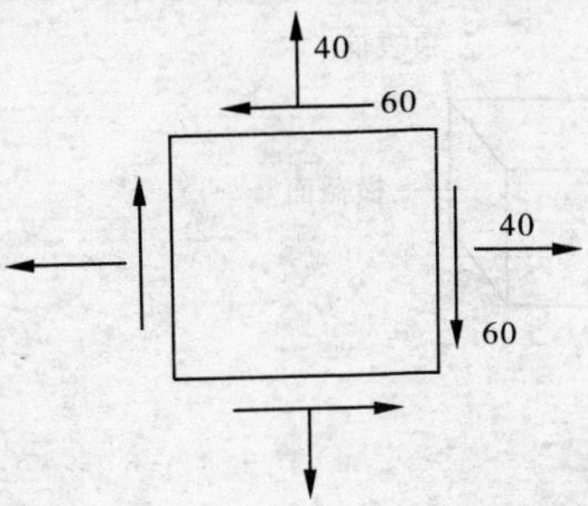

图 9-32 （单位:MPa）

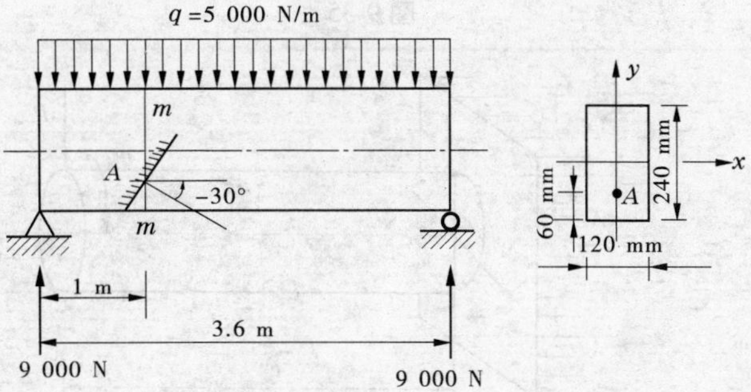

图 9-33

$m=60\ \mathrm{N\cdot m}$,$\beta=30°$。试求:

(1)横截面边缘处点 A 沿与轴线成 β 角斜截面上的正应力、切应力。

(2)点 A 的主应力。

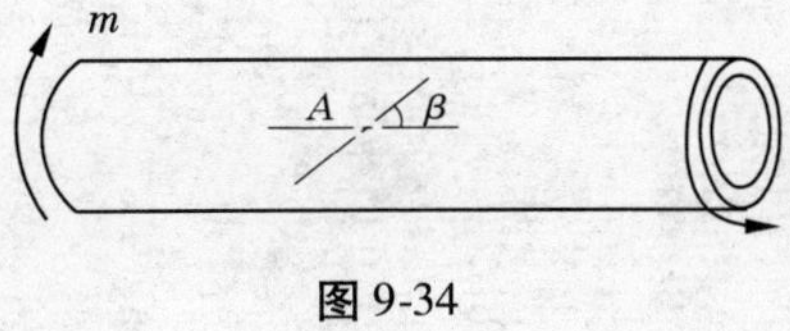

图 9-34

6. 已知应力状态如图 9-35 所示,图中应力单位为 MPa。试求:

(1)主应力大小及主平面位置;

(2)在单元体上画出主平面位置及主应力和方向;

(3)最大切应力。

7. 试求图 9-36 所示应力状态的主应力及最大切应力。提示:垂直纸面的应力 -30 MPa 就是主应力,在纸平面上的应力 $\sigma_x=120$ MPa, $\sigma_y=40$ MPa,$\tau_{xy}=-30$ MPa,由二向应力状态求主应力的公式,即可算出另外两个主应力。

8. 钢质圆形截面杆受力情况如图 9-37 所示,已知 $l=1$ m,直径 $d=0.1$ m, $P=7$ kN, $m=10\ \mathrm{kN\cdot m}$,材料的许用应力$[\sigma]=160$ MPa。试求:

(1)在单元体上画出点 A 的应力状态,并算出正应力 σ 和切应力 τ;

(2)用第三强度理论校核是否安全。

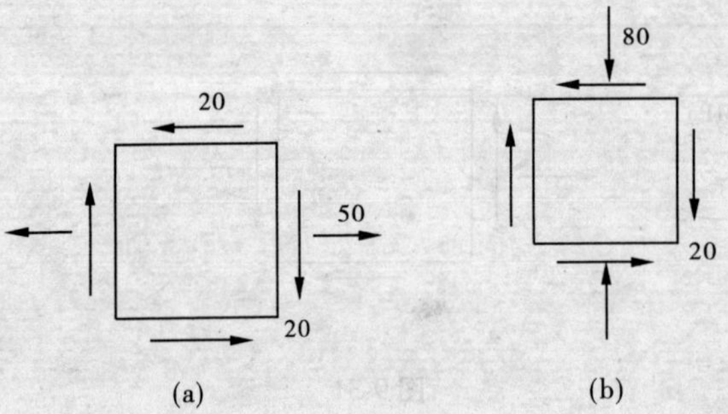

图 9-35

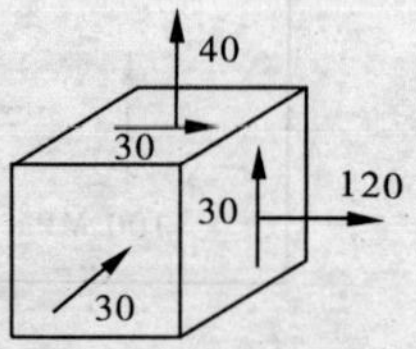

图 9-36 （单位:MPa）

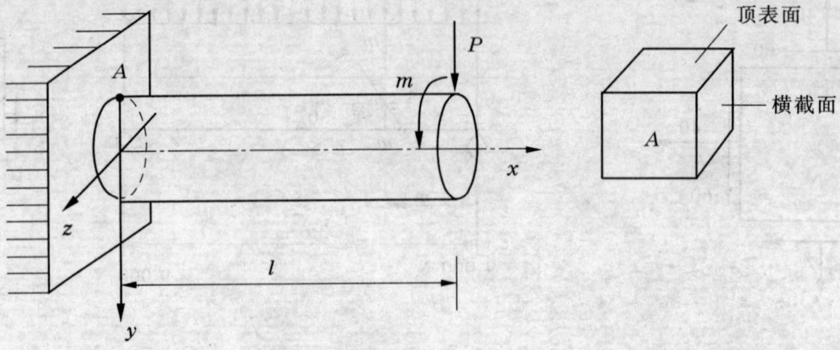

图 9-37

第十章　组合变形

复习提要

同时产生两种或两种以上基本变形的变形形式称为组合变形。解决组合变形的基本方法是叠加法。本章所讨论的组合变形是在材料服从虎克定律和小变形条件下，此时内力、应力、变形等参量均与荷载成线性关系，故可用叠加原理计算。其作法是首先将组合变形分解为基本变形，然后分别计算各基本变形的应力或变形，最后将其叠加起来，即得构件在组合变形时的应力或变形。即：

$$\text{组合变形}\Rightarrow\left\{\begin{array}{l}\text{基本变形 }1\Rightarrow\text{内力计算}\Rightarrow\text{应力计算}\\ \text{基本变形 }2\Rightarrow\text{内力计算}\Rightarrow\text{应力计算}\\ \qquad\cdots\cdots\end{array}\right\}\Rightarrow\text{同一点应力叠加}\Rightarrow\text{强度计算}$$

$$\text{组合变形}\Rightarrow\left\{\begin{array}{l}\text{基本变形 }1\Rightarrow\text{内力计算}\Rightarrow\text{变形计算}\\ \text{基本变形 }2\Rightarrow\text{内力计算}\Rightarrow\text{变形计算}\\ \qquad\cdots\cdots\end{array}\right\}\Rightarrow\text{同一点应力叠加}\Rightarrow\text{变形计算}$$

工程中最常见的组合变形主要有以下几种：

(1)斜弯曲。

(2)拉伸(压缩)与弯曲的组合。

(3)偏心压缩(拉伸)。

(4)弯曲与扭转的组合。

一、斜弯曲

(一)强度计算

若材料的抗拉和抗压强度相等，则其强度条件为

$$\sigma_{\max} = \frac{M_{z\max}}{W_z} + \frac{M_{y\max}}{W_y} \leqslant [\sigma] \tag{10-1}$$

运用上述强度条件，同样可对斜弯曲梁进行强度校核、选择截面和确定许可荷载三类问题的计算。

(二)挠度计算

杆段的挠度计算也用叠加法，由于分别计算的挠度 f_y 和 f_z 方向不同，故应几何相加求截面总挠度，即

$$\left.\begin{aligned} f &= \sqrt{f_y^2 + f_z^2} \\ \tan\alpha &= \frac{f_z}{f_y} \end{aligned}\right\} \tag{10-2}$$

二、拉伸(压缩)与弯曲组合

危险截面上的最大和最小正应力为

$$\sigma_{\min}^{\max}=-\frac{F_{N\max}}{A}\pm\frac{M_{\max}}{W_z} \tag{10-3}$$

则强度条件为

$$\sigma_{\min}^{\max}=-\frac{F_{N\max}}{A}\pm\frac{M_{\max}}{W_z}\leqslant[\sigma] \tag{10-4}$$

三、偏心压缩(拉伸)

(一)单向偏心压缩的强度计算

最大正应力和最小正应力分别发生在横截面上距中性轴最远的左、右两边缘上,其计算公式为

$$\sigma_{\min}^{\max}=-\frac{F}{A}\pm\frac{Fe}{W_z} \tag{10-5}$$

则强度条件为

$$\sigma_{\min}^{\max}=-\frac{F}{A}\pm\frac{Fe}{W_z}\leqslant[\sigma] \tag{10-6}$$

(二)截面核心

可以找到包含截面形心在内的一个特定区域,当偏心压力作用在该区域内时,截面上就不会出现拉应力,这个区域称为截面核心。

常见截面的截面核心如图 10-1 所示。

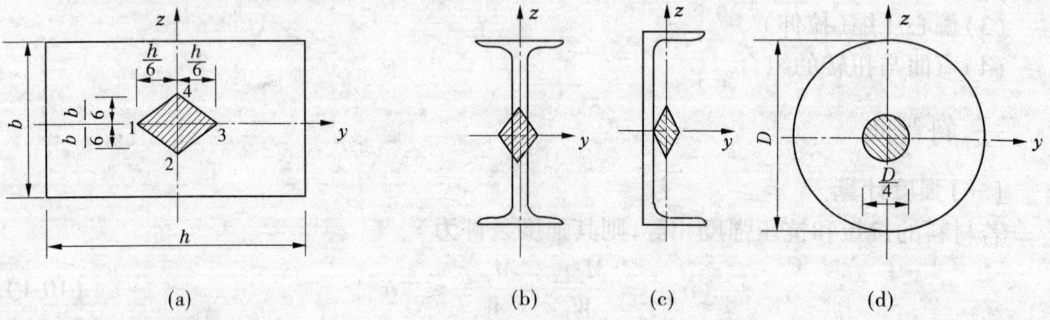

图 10-1

训练题

一、填空题

1. 图 10-2 所示梁中最大拉应力的位置在_________点。

2. 图 10-3 所示受压柱横截面上最大压应力的位置在________点处。

3. 图 10-4 所示立柱 AB,其危险截面上的内力分量(不计剪力)是__________,__________,__________。

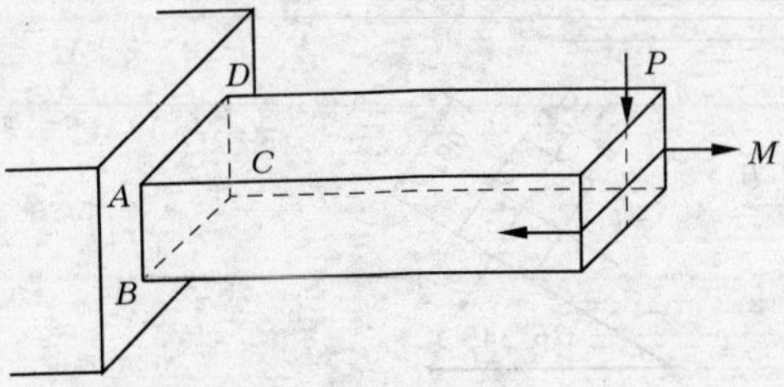

图 10-2

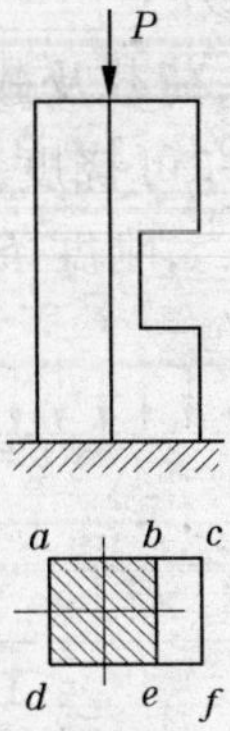

图 10-3

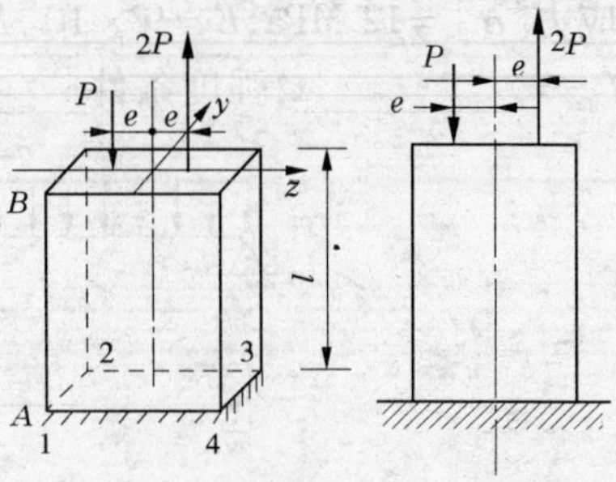

图 10-4

4. 图 10-5 所示杆 ABC 两部分厚度均为 b,但宽度不同,AB 段的宽度为 h,BC 段的宽度为 h',外力 P 为已知。则截面 1—1 上应力的表达式为__________;截面 2—2 上应力的表达式为 $\sigma_{2右}=$__________,$\sigma_{2左}=$__________。

5. 两材料、尺寸和荷载(m,P)都相同的等直圆杆,荷载的作用方式如图 10-6 所示。则两杆危险点的应力状态形式上__________。

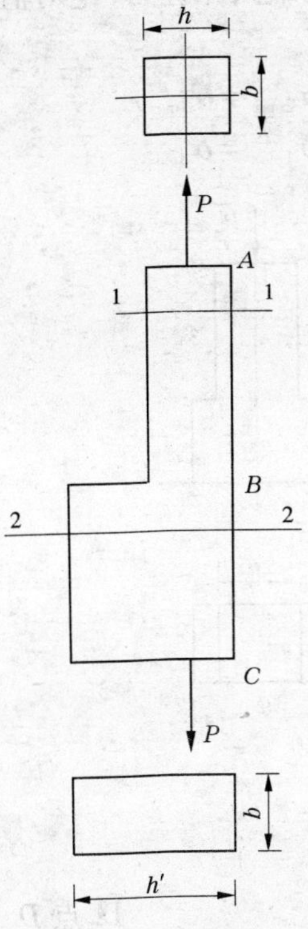

图 10-5

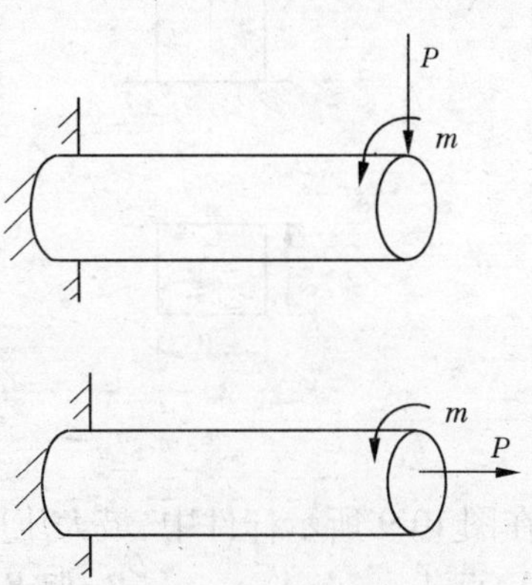

图 10-6

6. 杆件受偏心压力作用时，当外力作用点位于包围截面形心的某一区域上时，可保证截面不产生________，这一区域称为截面核心。

7. 直径为 d 的圆形截面，其截面核心________。

8. 矩形截面木檩条，跨度 $l=4$ m，荷载及截面尺寸如图 10-7 所示，木材为杉木，许用应力$[\sigma]=12$ MPa，$E=9\times10^3$ MPa，许可挠度$[f]=l/200$。则此梁的 $\sigma_{max}=$________，$f_{max}=$________，强度条件________，刚度条件________。

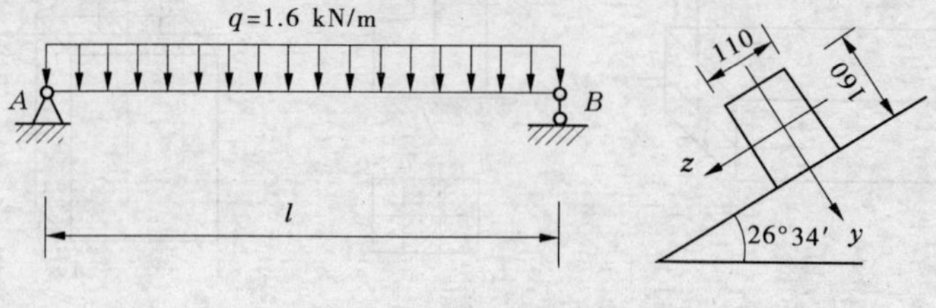

图 10-7 （单位：mm）

二、选择题

1. 偏心压缩时，截面的中性轴与外力作用点位于截面形心的两侧，则外力作用点到形心的距离 e 和中性轴到形心的距离 d 之间的关系为（　　）。

A. $e=d$　　B. $e>d$　　C. e 越小，d 越大　　D. e 越大，d 越小

2. 三种受压杆件如图 10-8 所示，设杆 1、杆 2 和杆 3 中的最大压应力（绝对值）分别用 σ_{1max}、σ_{2max}、σ_{3max}表示，其关系为（　　）。

A. $\sigma_{1max}=\sigma_{2max}=\sigma_{3max}$　　B. $\sigma_{1max}>\sigma_{2max}=\sigma_{3max}$

C. $\sigma_{2max}>\sigma_{1max}=\sigma_{3max}$　　D. $\sigma_{2max}<\sigma_{1max}=\sigma_{3max}$

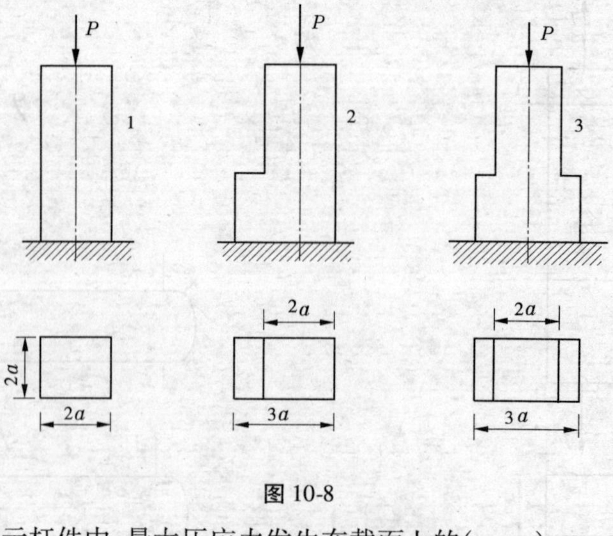

图 10-8

3. 在图 10-9 所示杆件中，最大压应力发生在截面上的（　　）。

A. 点 A　　B. 点 B　　C. 点 C　　D. 点 D

4. 铸铁杆件受力如图 10-10 所示，危险点的位置是（　　）。

A. 点①　　B. 点②　　C. 点③　　D. 点④

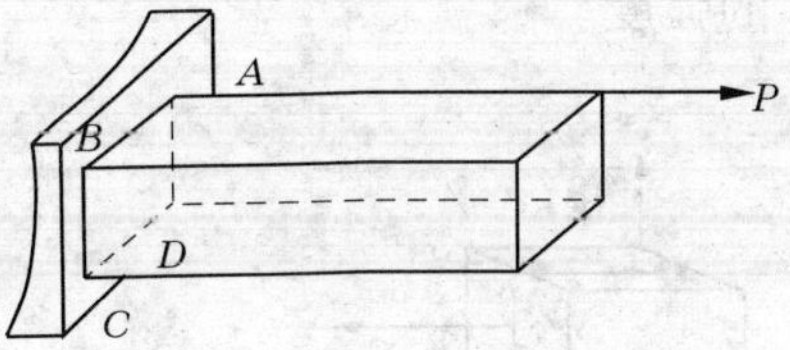

图 10-9

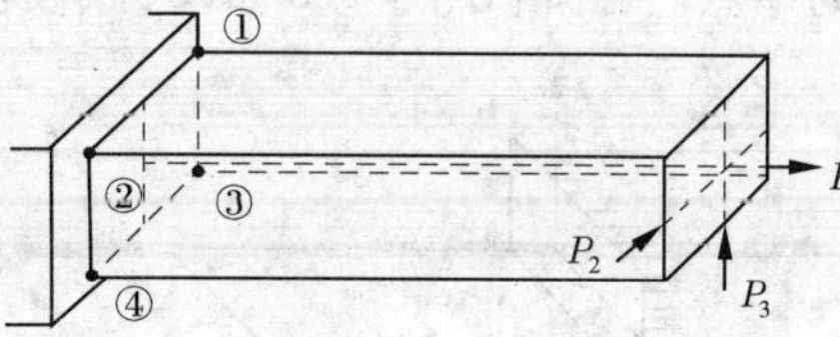

图 10-10

5. 图 10-11 所示矩形截面偏心受压杆件发生的变形是(　　)。

A. 轴向压缩和平面弯曲组合　　B. 轴向压缩,平面弯曲和扭转组合

C. 轴向压缩,斜弯曲和扭转组合　　D. 轴向压缩和斜弯曲组合

6. 图 10-12 所示正方形截面杆受弯扭组合变形,在进行强度计算时,其任一截面的危险点位置为(　　)。

A. 截面形心　　B. 竖边中点 A 点

C. 横边中点 B 点　　D. 横截面的角点 D 点

7. 矩形截面柱受力如图 10-13 所示。已知:$P_1 = 100$ kN,$P_2 = 45$ kN; P_2 与柱轴线有一偏心距 $e = 200$ mm;$b = 180$ mm,$h = 300$ mm。下面列出四种结果,错误的是(　　)。

A. 柱的轴力 $F_N = 145$ kN,弯矩 $M = 9$ kN · m

B. $\sigma_{\max} = 0.65$ MPa, $\sigma_{\min} = -6.02$ MPa

C. $\sigma_{\max} = 2.87$ MPa, $\sigma_{\min} = -8.24$ MPa

D. 保持 $b = 180$ mm,若使截面不出现拉应力,由 $\sigma_{\max} = \frac{F_N}{A} + \frac{M}{W}$ 的条件,得出 $h = 372$ mm

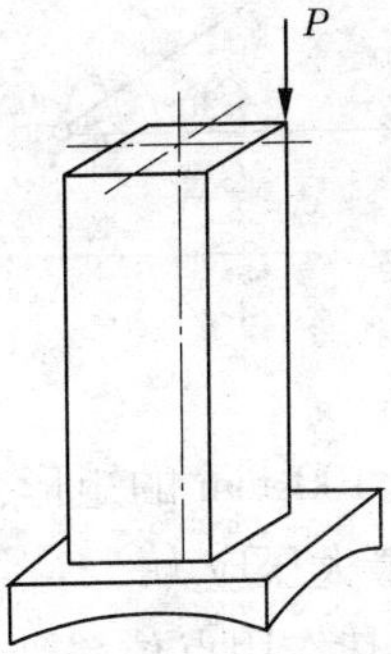

图 10-11

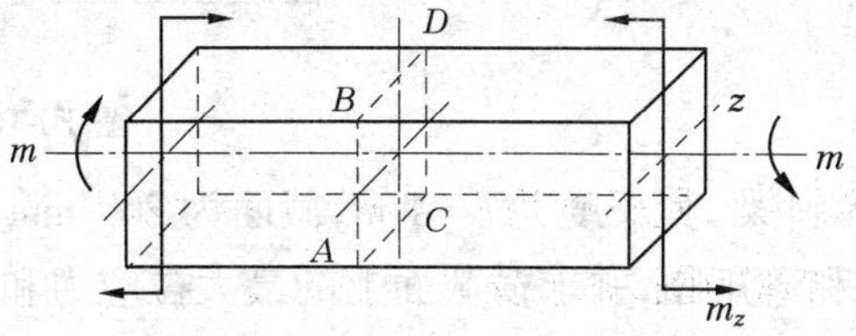

图 10-12

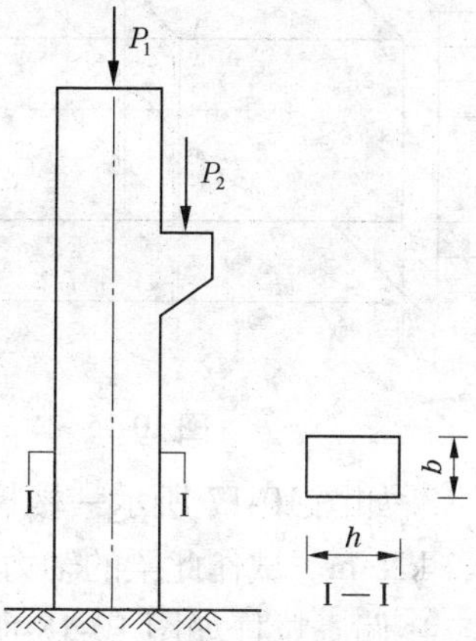

图 10-13

8. 图 10-14 所示折杆危险截面上危险点的应力状态为(　　)。

三、计算题

1. 正方形截面悬臂梁如图 10-15 所示。已知 $P_1 = P_2 = P$。试求最大正应力值,及其作用点位置。

2. 如图 10-16 所示结构,杆 AB 为一根 18 号工字钢,其长 $l = 2.6$ m,力 $P = 25$ kN 作用

在杆 AB 的中点。已知$[\sigma]=170$ MPa,试校核杆 AB 的强度。

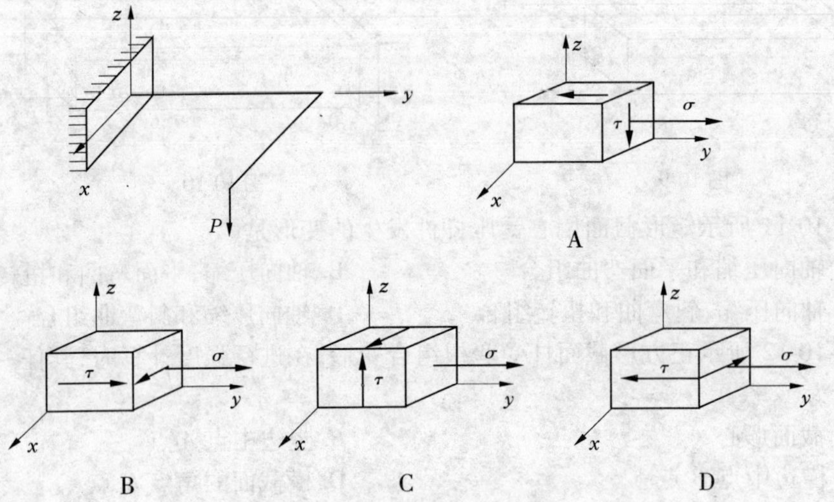

图 10-14

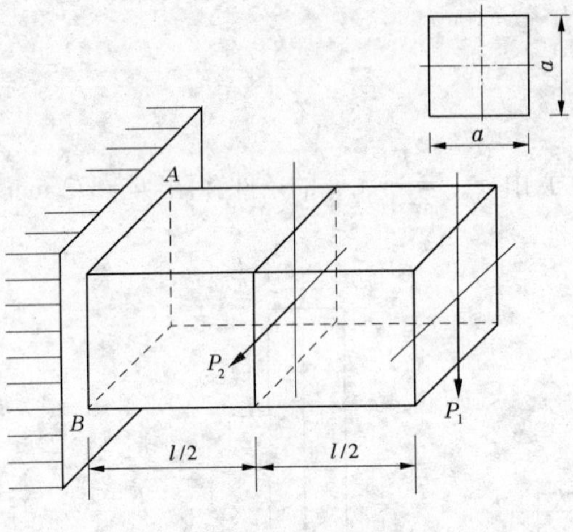

图 10-15

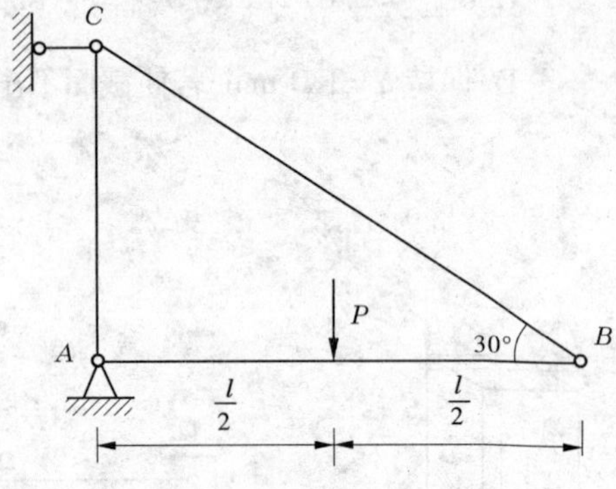

图 10-16

3. 如图 10-17 所示一楼梯木斜梁,其长度为 $l=4$ m,截面为 200 mm×100 mm 的矩形,$q=2$ kN/m。试作此梁的轴力图和弯矩图,并求横截面上的最大拉应力和最大压应力。

4. 偏心拉杆如图 10-18 所示。试求杆内最大拉应力和最大压应力及其作用点位置。

5. 两端铰支的矩形截面梁受力如图 10-19 所示,其尺寸为 $h=80$ mm, $b=40$ mm, $[\sigma]=120$ MPa,校核梁的强度。

6. 如图 10-20 所示砖砌烟囱高 $H=30$ m,底截面 1—1 外径 $d_1=3$ m,内径 $d_2=2$ m,自重 $G_1=2\ 000$ kN,受风力 $q=1$ kN/m 作用,试求:

(1)烟囱底截面上的最大压应力;

(2)若烟囱的基础埋深 $h=4$ m,基础及填土自重 $G_2=1\ 000$ kN,土的许用压应力$[\sigma]=0.3$ MPa,圆形基础的直径 $d=4.2$ m,试校核土壤的承受能力。注:计算风力时,可

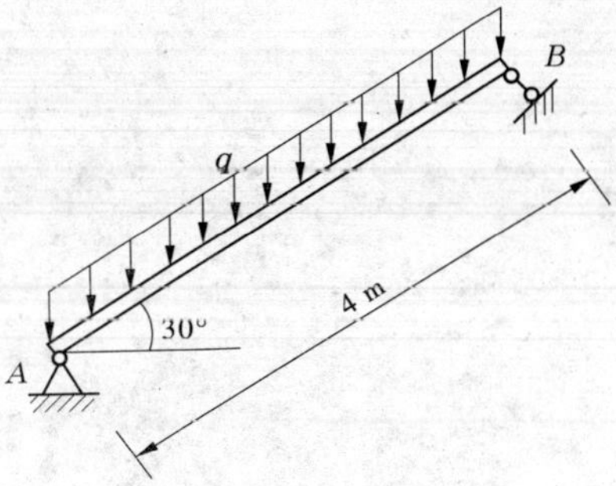

图 10-17

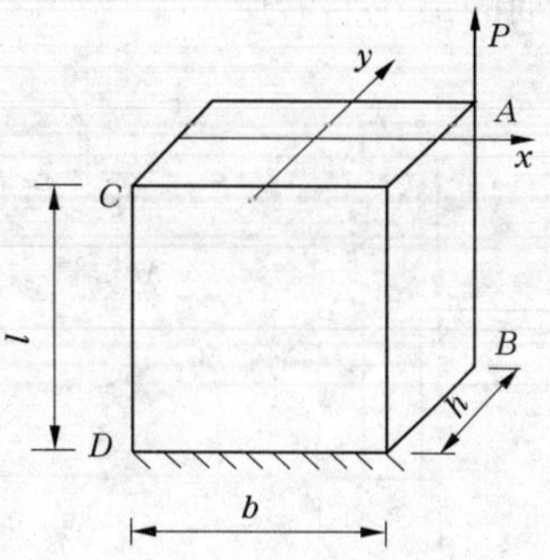

图 10-18

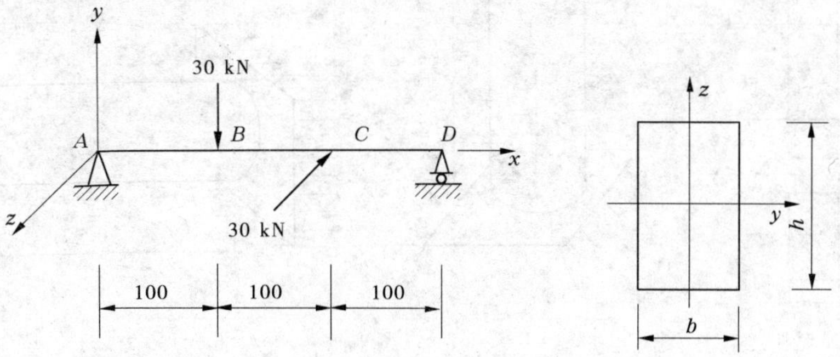

图 10-19 （单位:cm）

略去烟囱直径的变化,把它看做是等截面的。

7. 试求图 10-21 所示 AB 梁中的最大拉应力,梁的截面为 100 mm×200 mm 矩形。

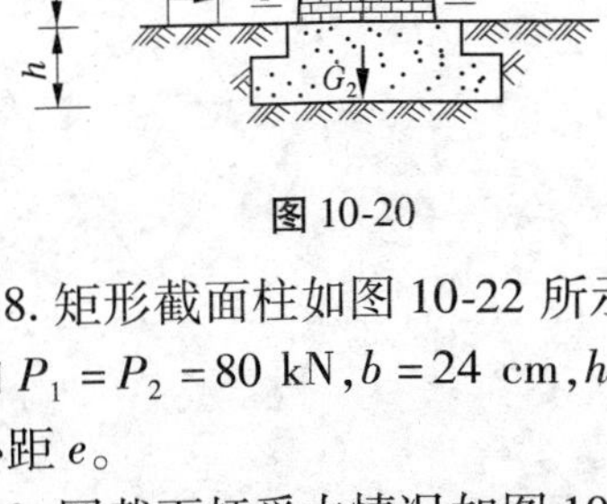

图 10-20

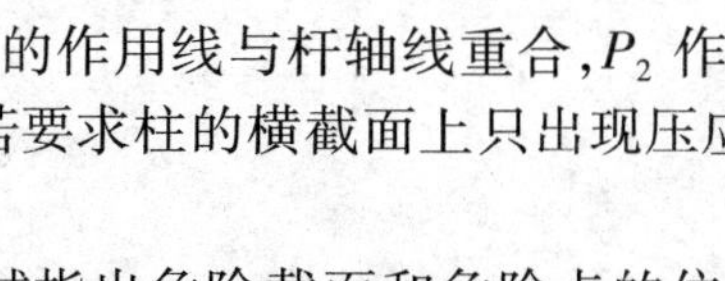

图 10-21

8. 矩形截面柱如图 10-22 所示。其中 P_1 的作用线与杆轴线重合,P_2 作用在 y 轴上。已知 $P_1 = P_2 = 80$ kN,$b = 24$ cm,$h = 30$ cm。若要求柱的横截面上只出现压应力,求 P_2 的偏心距 e。

9. 圆截面杆受力情况如图 10-23 所示。试指出危险截面和危险点的位置,按第三和第四强度理论写出危险点的相当应力。

10. 图 10-24 所示圆轴,已知 $P = 8$ kN,$m = 3$ kN · m,$[\sigma] = 100$ MPa。试用第三强度

理论求轴的最小直径 d。

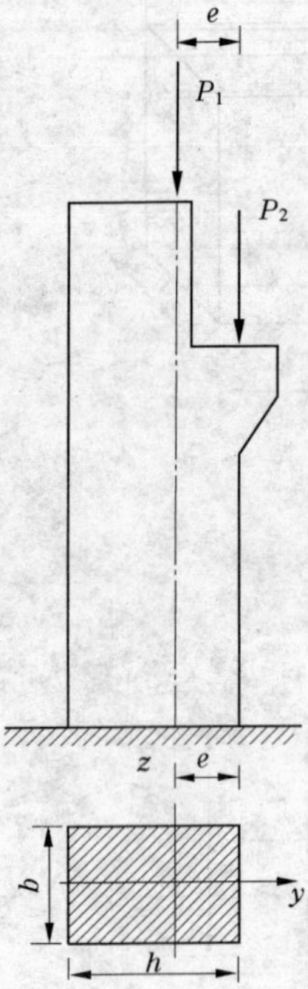

图 10-22

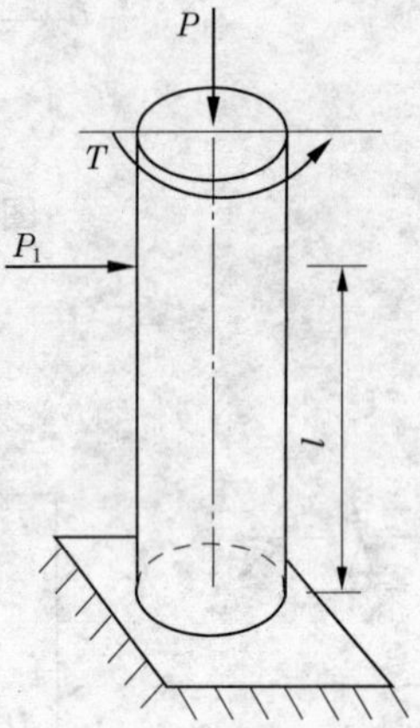

图 10-23

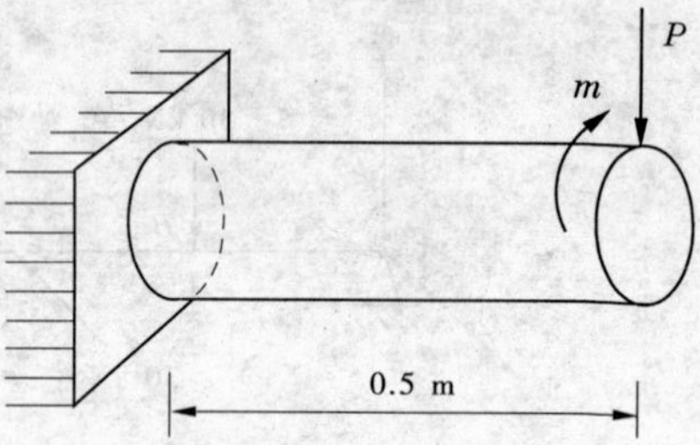

图 10-24

第十一章　压杆稳定

复习提要

一、压杆稳定的概念

工程中把承受轴向压力的直杆称为压杆。压杆的稳定性是指受压杆件保持其原有平衡状态的能力。

压杆不能保持原有平衡状态的现象,称为丧失稳定,简称失稳。压杆处于稳定平衡和不稳定平衡之间的临界状态时,其轴向压力称为临界力或临界荷载,用 F_{cr} 表示。临界力 F_{cr} 是判别压杆是否会失稳的重要指标。

二、细长压杆的临界力

各种支承情况下压杆临界力计算的欧拉公式为

$$F_{cr} = \frac{\pi^2 EI}{(\mu l)^2} \tag{11-1}$$

式中,μ 反映了杆端支承对临界力的影响,称为长度系数,μl 称为相当长度。

应当注意,式(11-1)中的惯性矩 I 应为压杆横截面的最小惯性矩。

表 11-1 为各种支承情况下等截面细长压杆的临界力公式。

表 11-1　各种支承情况下等截面细长压杆的临界力公式

支承情况	两端固定	一端固定一端铰支	两端铰支	一端固定一端自由
简图	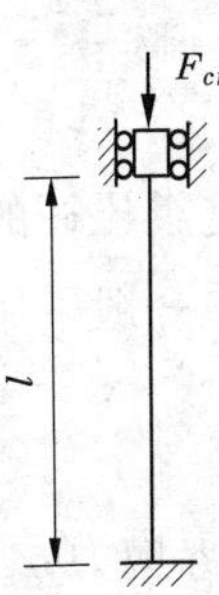	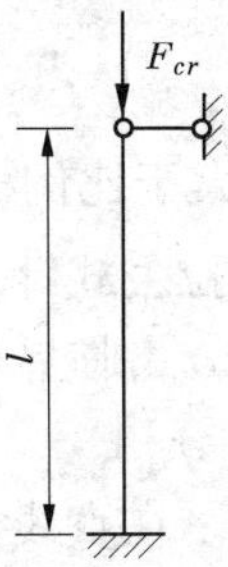	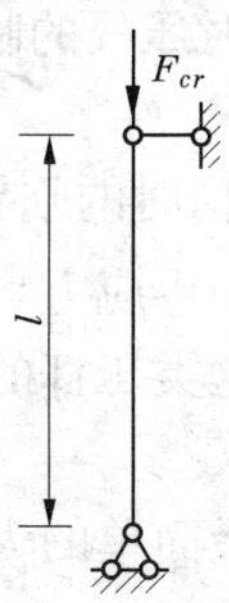	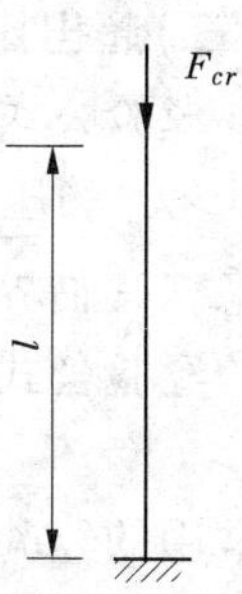
临界力 F_{cr}	$F_{cr}=\frac{\pi^2 EI}{(0.5l)^2}$	$F_{cr}=\frac{\pi^2 EI}{(0.7l)^2}$	$F_{cr}=\frac{\pi^2 EI}{l^2}$	$F_{cr}=\frac{\pi^2 EI}{(2l)^2}$
相当长度 μl	$0.5l$	$0.7l$	l	$2l$
长度系数 μ	0.5	0.7	1	2

三、压杆的临界应力

（一）临界应力与柔度

将临界荷载 F_{cr} 除以压杆的横截面面积 A，即可求得压杆的临界应力，即

$$\sigma_{cr} = \frac{F_{cr}}{A} = \frac{\pi^2 E}{\lambda^2} \tag{11-2}$$

式（11-2）称为临界应力欧拉公式，式中

$$\lambda = \frac{\mu l}{i} \tag{11-3}$$

λ 称为柔度或长细比，它是一个无量纲量。式中，$i = \sqrt{I/A}$ 为截面对中性轴的惯性半径。柔度综合考虑了压杆的长度、截面的形状与尺寸以及杆件的支承情况对临界应力的影响。式（11-2）表明，λ 值愈大，压杆就愈容易失稳。

（二）欧拉公式的适用范围

欧拉公式的适用范围应该是临界应力不超过材料的比例极限 σ_p，即

$$\sigma_{cr} = \frac{\pi^2 E}{\lambda^2} \leqslant \sigma_p \text{ 或 } \lambda_p \geqslant \pi\sqrt{\frac{E}{\sigma_p}}$$

$$\lambda_p = \pi\sqrt{\frac{E}{\sigma_p}} \tag{11-4}$$

于是欧拉公式的适用范围可用柔度表示为

$$\lambda \geqslant \lambda_p \tag{11-5}$$

式（11-5）表明，只有当压杆的柔度 λ 不小于某一特定值 λ_p 时，才能用欧拉公式（11-1）或式（11-2）计算其临界荷载和临界应力，而满足这一条件的压杆称为细长杆或大柔度杆。由于 λ_p 与材料的比例极限 σ_p 和弹性模量 E 有关，因而不同材料压杆的 λ_p 是不相同的。例如，Q 235钢 $\sigma_p = 200$ MPa，$E = 206$ GPa，代入式（11-5）后得 $\lambda_p = 100$，同样可得 TC_{13}松木压杆 $\lambda_p = 110$，铸铁压杆的 $\lambda_p = 80$。

（三）超出比例极限时压杆的临界应力

1. 经验公式

$\lambda > \lambda_p$ 的压杆，其失稳时的临界应力 σ_{cr}大于比例极限 σ_p。这类压杆的失稳称为非弹性失稳。其临界荷载和临界应力均不能用欧拉公式计算。工程中一般采用以试验结果为依据的经验公式来计算这类压杆的临界应力 σ_{cr}，临界荷载为

$$F_{cr} = \sigma_{cr} A \tag{11-6}$$

常用的经验公式中最简单的为直线公式。在直线公式中，临界应力 σ_{cr}与柔度 λ 成直线关系，其表达式为

$$\sigma_{cr} = a - b\lambda \tag{11-7}$$

式中，a，b 为与材料有关的常数，由试验确定。例如，Q 235钢，$a = 304$ MPa，$b = 1.12$ MPa；TC_{13}松木，$a = 29.3$ MPa，$b = 0.19$ MPa。

实际上，式（11-7）只能在下述范围内适用：

$$\sigma_p < \sigma_{cr} < \sigma_u \tag{11-8}$$

式(11-8)的范围也可用柔度表示为

$$\lambda_p > \lambda > \lambda_u \tag{11-9}$$

柔度在此范围内的压杆称为中柔度杆或中长杆，而 $\sigma_{cr} \geqslant \sigma_u$，即 $\lambda \leqslant \lambda_u$ 的压杆称为小柔度杆或短杆。短杆的破坏是强度破坏。λ_u 是中长杆和短杆柔度的分界值。如在式(11-8)中令 $\sigma_{cr} = \sigma_u$，则所得到的 λ 就是 λ_u，即

$$\lambda_u = \frac{a - \sigma_u}{b}$$

例如，Q 235钢的 $\lambda_u = 60$，TC_{13}松木 $\lambda_u = 85$。

2. 临界应力总图

综上所述，如用直线经验公式，临界荷载或临界应力的计算可按柔度分为如下三类：

(1) $\lambda \geqslant \lambda_p$ 的大柔度杆，即细长杆。用式(11-2)计算临界应力。

(2) $\lambda_p > \lambda > \lambda_u$ 的中柔度杆，即中长杆，用直线公式(11-7)计算临界应力。

(3) $\lambda \leqslant \lambda_u$ 的小柔度杆，即短杆，实际上是强度破坏。

由于不同柔度的压杆，其临界应力的公式不同。因此，在压杆的稳定性计算中，应首先按式(11-3)计算其柔度值 λ，再按上述分类选用合适的公式计算其临界应力和临界荷载。

各类压杆的临界应力 σ_{cr} 和柔度 λ 之间的关系可绘制成临界应力总图。如图 11-1 所示是 Q235 钢的临界应力总图。

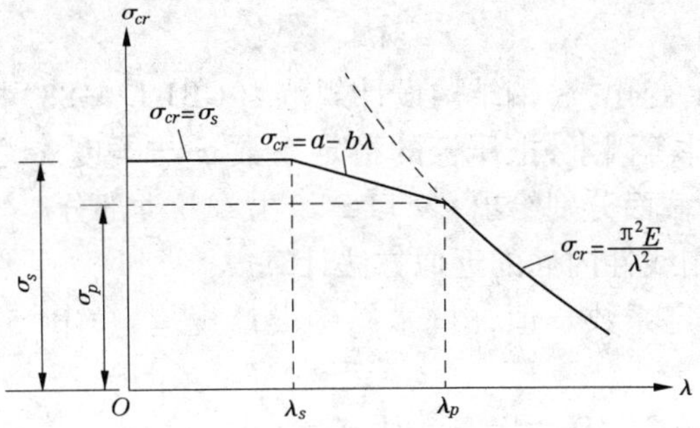

图 11-1

四、压杆的稳定计算

(一) 稳定条件

压杆的稳定条件为

$$F \leqslant \frac{F_{cr}}{n_{st}} = [F_{st}] \tag{11-10}$$

或

$$\sigma \leqslant \frac{\sigma_{cr}}{n_{st}} = [\sigma_{st}] \tag{11-11}$$

式(11-10)和式(11-11)中的 $[F_{st}]$ 和 $[\sigma_{st}]$ 分别称为稳定容许荷载和稳定容许应力。

它们分别等于临界荷载和临界应力除以稳定安全系数。

n_{st}称为稳定安全系数，通常稳定安全系数的数值要比强度安全系数大得多。例如，钢材压杆的 n_{st}一般取 1.8～3.0，铸铁取 5.0～5.5，木材取 2.8～3.2。

工程上的压杆，如杆中有小孔或槽等，当这种削弱不严重时，对压杆整体稳定性的影响很小，在稳定计算中可不予考虑。但对这些削弱了的局部截面，则应作强度校核。

根据稳定条件式(11-10)和式(11-11)对压杆进行稳定计算。压杆稳定计算的内容与强度计算相类似，包括校核稳定性、设计截面和求容许荷载 3 个方面。压杆稳定计算通常有如下两种方法：

(1)安全系数法。

压杆的临界荷载为 F_{cr}。当压杆受力为 F 时，它实际具有的安全系数为 $n = F_{cr}/F$，按式(11-10)，则应满足下述条件

$$n = \frac{F_{cr}}{F} \geqslant n_{st} \tag{11-12}$$

式(11-12)是用安全系数表示的稳定条件，表明只有当压杆实有的安全系数不小于给出的稳定安全系数时，压杆才能正常工作。

用这种方法进行压杆稳定计算时，必须计算压杆的临界荷载，而且应给定稳定安全系数。而为了计算 F_{cr}，应首先计算压杆的柔度，再按不同的范围选用合适的公式计算。

(2)折减系数法。

将式(11-11)中的稳定容许应力表示为$[\sigma_{st}] = \varphi[\sigma]$。其中$[\sigma]$为强度容许应力，$\varphi$称为稳定系数或折减系数。因此，式(11-11)所示的稳定条件成为

$$\sigma = \frac{F}{A} \leqslant \varphi[\sigma] \tag{11-13}$$

式中，$0 < \varphi < 1$ 随柔度 λ 变化。《钢结构设计规范》(GBJ 17—88)根据我国常用构件的截面形式、尺寸和加工条件等因素，把压杆的稳定系数 φ 与柔度 λ 之间的关系归并为不同材料的 a、b、c 三类不同截面分别给出，表 11-2 给出 a、b 类部分。当计算出的 λ 不是表中的整数时，可查规范或用线性内插的近似方法计算。

对于木制压杆的稳定系数 φ 值，由《木结构设计规范》(GBJ 5—88)按不同树种的强度等级分两组计算。

①树种强度等级为 TC_{17}、TC_{25}及 TC_{20}时，有

$$\lambda \leqslant 75 \qquad \varphi = \frac{1}{1 + \left(\frac{\lambda}{80}\right)^2} \tag{11-14a}$$

$$\lambda > 75 \qquad \varphi = \frac{3\,000}{\lambda^2} \tag{11-14b}$$

②树种等级为 TC_{13}、TC_{11}、TB_{17}及 TB_{15}时，有

$$\lambda \leqslant 91 \qquad \varphi = \frac{1}{1 + \left(\frac{\lambda}{65}\right)^2} \tag{11-15a}$$

$$\lambda > 91 \qquad \varphi = \frac{2\,800}{\lambda^2} \tag{11-15b}$$

表 11-2　压杆的 $\lambda \sim \varphi$ 表

$\lambda=\frac{\mu l}{i}$	φ				
	Q 235钢		16Mn 钢		铸铁
	a 类截面	b 类截面	a 类截面	b 类截面	
0	1.000	1.000	1.000	1.000	1.000
10	0.995	0.992	0.993	0.989	0.97
20	0.981	0.970	0.973	0.956	0.91
30	0.963	0.936	0.950	0.913	0.81
40	0.941	0.899	0.920	0.863	0.69
50	0.916	0.856	0.881	0.804	0.57
60	0.883	0.807	0.825	0.734	0.44
70	0.839	0.751	0.751	0.656	0.34
80	0.783	0.688	0.661	0.575	0.26
90	0.714	0.621	0.570	0.499	0.20
100	0.638	0.555	0.487	0.431	0.16
110	0.563	0.493	0.416	0.373	
120	0.494	0.437	0.358	0.324	
130	0.434	0.387	0.310	0.283	
140	0.383	0.345	0.271	0.249	
150	0.339	0.303	0.239	0.221	
160	0.302	0.276	0.212	0.197	
170	0.270	0.249	0.189	0.176	
180	0.243	0.225	0.169	0.159	
190	0.220	0.204	0.153	0.144	
200	0.199	0.186	0.138	0.131	

式(11-14)和式(11-15)中,λ 为压杆的柔度。树种的强度等级为 TC_{17} 的有柏木、东北落叶松等,为 TC_{25} 的有红杉、云杉等,为 TC_{13} 的有红松、马尾松等,为 TC_{11} 的有西北云杉、冷杉等,为 TB_{20} 的有栎木、桐木等,为 TB_{17} 的有水曲柳等,为 TB_{15} 的有桦木、栲木等。代号后的数字为树种抗弯强度(MPa)。

表 11-2 还给出铸铁材料不同 λ 时的稳定系数 φ 值。

用这种方法进行稳定计算时,不需要计算临界荷载或临界应力,也不必给出稳定安全系数,因为 $\lambda \sim \varphi$ 表的编制中,已考虑了稳定安全系数的影响。

(二)压杆的稳定计算

与强度计算类似,可以用稳定条件式(11-13)对压杆进行三类问题的计算。

1. 稳定校核

若已知压杆的长度、支承情况、材料截面及荷载,则可校核压杆的稳定性,即

$$\sigma = \frac{F_N}{A} \leqslant \varphi[\sigma]$$

2. 设计截面

将稳定条件式(11-13)改写为

$$A \geqslant \frac{F_N}{\varphi[\sigma]}$$

在设计截面时,由于 φ 和 A 都是未知量,并且它们又是两个相依的未知量,所以常采用试算法进行计算。步骤如下:

(1)假设一个 φ_1 值(一般取 $\varphi_1 = 0.5 \sim 0.6$),由此可初步定出截面尺寸 A_1。

(2)按所选的截面 A_1,计算柔度 λ_1,查出相应的 φ'_1,比较 φ_1 与 φ'_1,若两者接近,则可对所选截面进行稳定校核。

(3)若 φ_1 与 φ'_1 相差较大,可再设 $\varphi_2 = \dfrac{\varphi_1 + \varphi'_1}{2}$,重复步骤(1)、(2)试算,直至求得的 φ_1 与所设的 φ 接近为止。

3. 确定许用荷载

若已知压杆的长度、支承情况、材料及截面,则可按稳定条件来确定压杆能承受的最大荷载值,即

$$F \leqslant A\varphi[\sigma]$$

五、提高压杆稳定性的措施

提高压杆稳定性的关键在于提高其临界力(或临界应力)。由欧拉公式可以看出,影响压杆稳定性的因素有压杆的柔度和材料的机械性质,而柔度又是压杆的截面形状、杆件长度和杆端约束等因素的综合反映。

(一)选择合理的截面形式

在其他条件相同的情况下,截面的惯性矩 I 越大,则临界力 F_{cr} 也越大。为此,应尽量使材料远离截面的中性轴。例如,空心的截面就比实心截面合理(见图 11-2)。同理,4 根角钢分散放置在截面的 4 个角处比集中放置在形心附近合理(见图 11-3)。

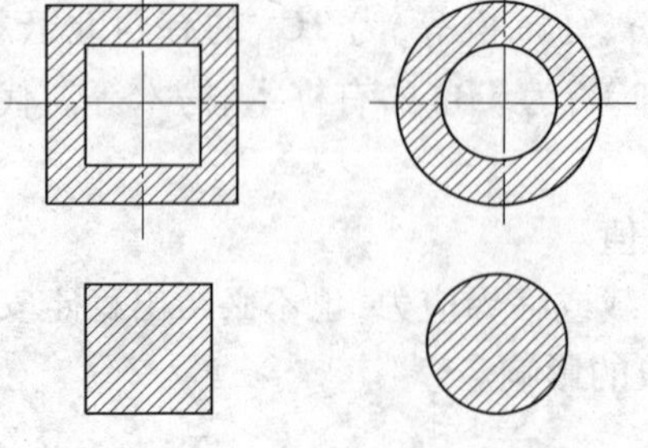

(a) (b)

图 11-2

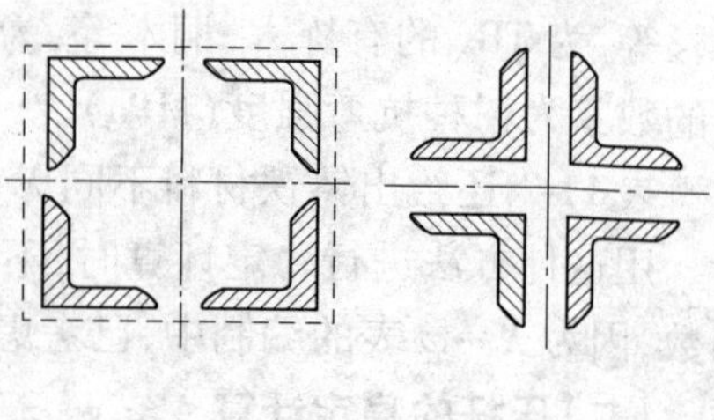

(a) (b)

图 11-3

如果压杆在各个弯曲平面内的支承条件相同,应尽量使截面对任一形心主轴的惯性矩相同,这样可使压杆在各个弯曲平面内具有相同的稳定性。

如果压杆在两个互相垂直平面内的支承条件不同,可采取 $I_z \neq I_y$ 的截面来与相应的

支承条件配合，使压杆在两个互相垂直平面内的柔度值相等，即 $\lambda_z = \lambda_y$，这样就保证压杆在这两个方向上具有相同的稳定性。

（二）减小压杆长度和增加杆端约束

减小压杆长度可以降低压杆柔度，这是提高压杆稳定性的有效措施。在条件允许的情况下，应尽量使压杆的长度减小，或者在压杆中间增加支撑。

从表 11-1 中可以看到，压杆端部固结越牢固，长度系数 μ 值越小，则压杆的柔度 λ 越小，这说明压杆的稳定性越好。在条件允许的情况下，应尽可能加强杆端约束。

（三）合理选择材料

对于中小柔度杆，其临界应力与材料强度有关，强度越高的材料，临界应力也越高。所以，选用优质钢材将有助于提高压杆的稳定性。

训练题

一、填空题

1. 当压杆有局部削弱时，因局部削弱对杆件整体变形的影响__________；所以在计算临界应力时，都采用__________的横截面面积 A 和惯性矩 I。

2. 圆截面的细长压杆，材料、杆长和杆端约束保持不变，若将压杆的直径缩小一半，则其临界应力为原压杆的________；若将压杆的横截面改为面积相同的正方形截面，则其临界应力为原压杆的________。

3. 图 11-4 所示材料相同、直径相同的细长圆杆中，________能承受的压力最大；________能承受的压力最小。

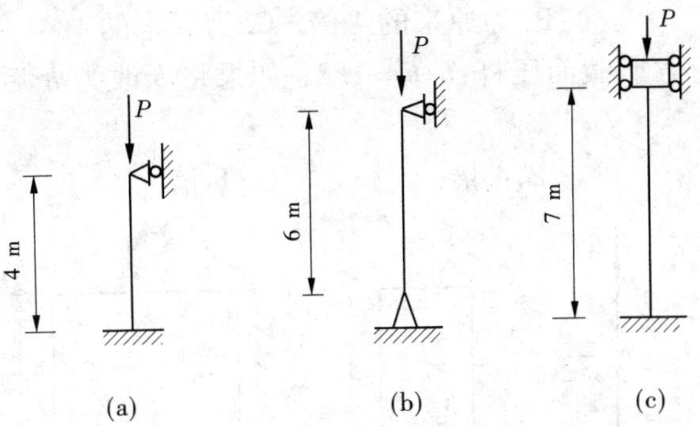

图 11-4

4. 两根细长压杆，截面大小相等，形状分别为正方形、圆形，其他条件相同，则截面为________形的柔度大，为________形的临界力大。

5. 细长压杆的支承情况、截面和材料保持不变而杆长增加一倍，则临界应力为原来的________。

6. 两端支承情况和截面形状沿两个方向不同的压杆，在失稳时，总是沿________值大的方向失稳。

7. 三根圆截面压杆，两端均为球形铰支座，材料为 A3 钢，$E=2\times10^5$ MPa，$\sigma_p=200$ MPa，$\sigma_s=240$ MPa，杆的直径均为 $d=160$ mm，杆长分别为 $l_1=5$ m，$l_2=2.5$ m，$l_3=1.25$ m。临界应力的经验公式为 $\sigma_{cr}=304-1.12\lambda$。杆 1 属于________压杆，$F_{cr}=$________；杆 2 属于________压杆，$F_{cr}=$________；杆 3 属于________压杆，$F_{cr}=$________。

8. 细长压杆的临界力表达式为 $F_{cr}=$________，它综合反映了压杆长度、横截面形状和尺寸以及________对临界力的影响。

9. 在稳定条件 $\sigma=\dfrac{P}{A}\leqslant\varphi[\sigma]$ 中，$[\sigma]$为________，φ 为________，φ 的值根据柔度 λ 来查表。

10. 圆截面两端铰支压杆，直径为 d，长度为 l，材料的 $\lambda_1=100$，当 $\lambda\geqslant\lambda_1$ 时，属于细长压杆，欧拉公式适用，此时 $l/d\geqslant$________。若 $\lambda<\lambda_1$，临界应力的经验公式为________。

二、选择题

1. 图 11-5 所示压杆钻了一个小圆孔，钻孔后与原压杆相比，对稳定性和强度的影响应是（　　）。

A. 稳定性降低，强度不变　　B. 稳定性不变，强度降低
C. 稳定性和强度均降低　　D. 稳定性和强度均不变

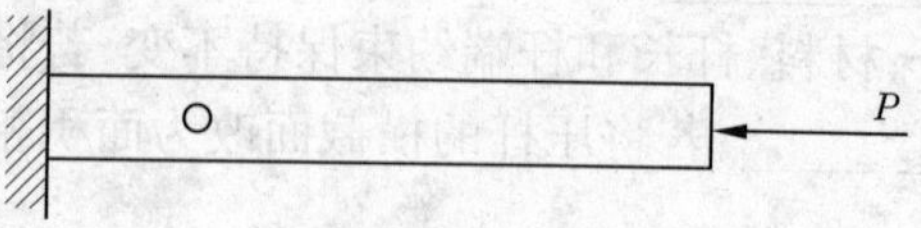

图 11-5

2. 细长压杆，若长度系数 μ 增加 1 倍，则临界压力 F_{cr} 的变化为（　　）。

A. 增加 1 倍　　B. 为原来的 4 倍　　C. 为原来的 1/4　　D. 为原来的 1/2

3. 图 11-6 所示长方形截面压杆，$b/h=1/2$；如果将 b 改为 h 后仍为细长杆，临界力 F_{cr} 是原来的（　　）。

A. 2 倍　　B. 4 倍　　C. 8 倍　　D. 16 倍

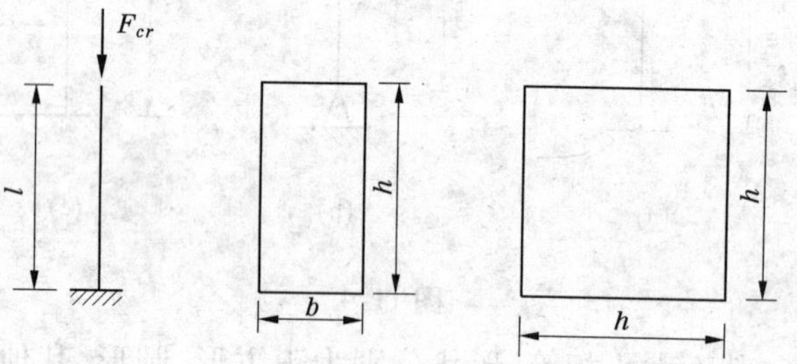

图 11-6

4. 一根压杆，采用图 11-7 所示四种截面，在横截面面积和其他条件均相同的情况下，稳定性最好的截面应是（　　）。

5. 图 11-8 所示四根压杆的材料、截面均相同，它们在纸面内失稳的先后次序为（　　）。

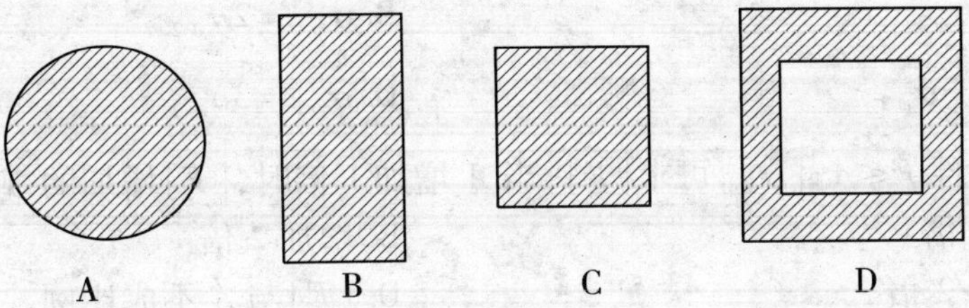

图 11-7

A. (a) , (b) , (c) , (d)　　B. (d) , (a) , (b) , (c)

C. (c) , (d) , (a) , (b)　　D. (b) , (c) , (d) , (a)

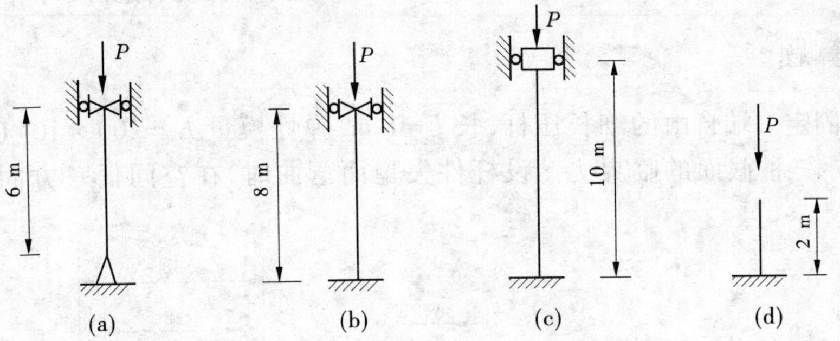

图 11-8

6. 如图 11-9 所示直杆，其材料相同，截面和长度相同，支承方式不同，在轴向压力作用下，下列说法正确的是(　　)。

A. λ_a 最大，λ_c 最小　　B. λ_b 最大，λ_d 最小

C. λ_b 最大，λ_c 最小　　D. λ_a 最大，λ_b 最小

7. 图 11-10 所示两根细长压杆，杆长和横截面形状与尺寸均相同，所用材料也相同，但支承情况不同，其临界力的比值 $F_{cr(b)}/F_{cr(a)}$ 应为 (　　)。

A. 2　　B. 0.5　　C. 3　　D. 4

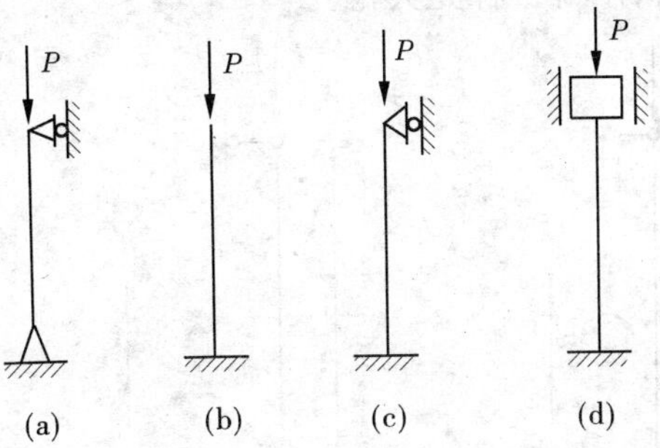

图 11-9

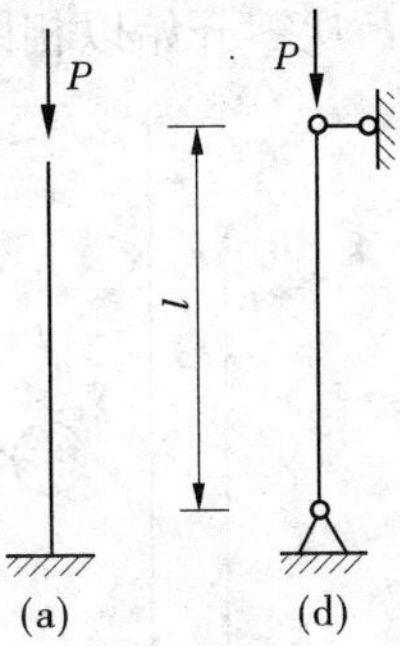

图 11-10

8. 两根细长杆，直径、约束均相同，但材料不同，且 $E_1 = 2E_2$，则两杆临界应力的关系有(　　)。

A. $\sigma_{cr1}=\sigma_{cr2}$　　B. $\sigma_{cr1}=2\sigma_{cr2}$

C. $\sigma_{cr1}=\frac{1}{2}\sigma_{cr2}$　　D. $\sigma_{cr1}=3\sigma_{cr2}$

9. 由稳定条件 $F\leqslant A\varphi[\sigma]$，可求 $[F]$，当 A 增加 1 倍时，$[F]$ 增加的规律是(　　)。

A. 增加 1 倍　　B. 增加 2 倍

C. 增加 1/2 倍　　D. $[F]$ 与 A 不成比例

10. 细长压杆的临界应力 $\sigma_{cr}=\frac{\pi^2 E}{\lambda^2}$，其中柔度 λ 反映对临界力影响的因素应是(　　)。

A. 长度、约束条件、截面尺寸和形状　　B. 材料、长度、约束条件

C. 材料、约束条件、截面尺寸和形状　　D. 材料、长度、截面尺寸和形状

三、计算题

1. 一端固定一端自由的细长压杆，长 $l=1$ m，弹性模量 $E=200\times10^6$ GPa。试计算图 11-11 所示三种截面的临界力。设杆件失稳而弯曲时，在空间任一方向的支承情况相同。

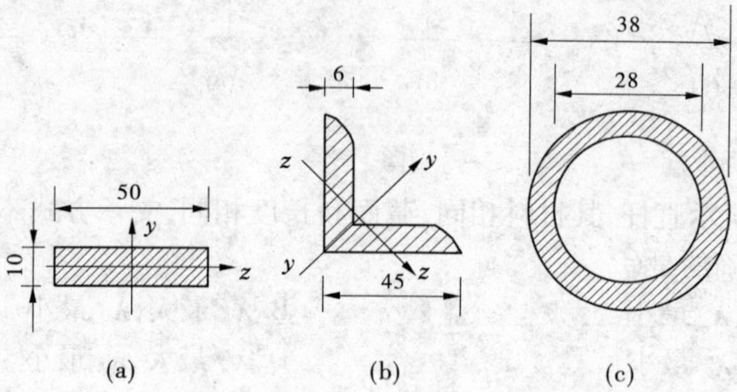

图 11-11　(单位:mm)

2. 图 11-12 所示各杆均为圆形截面细长压杆。已知各杆的材料以及直径均相同。各杆当压力 F 从零开始以相同的速率增长时，问哪个杆先失稳？

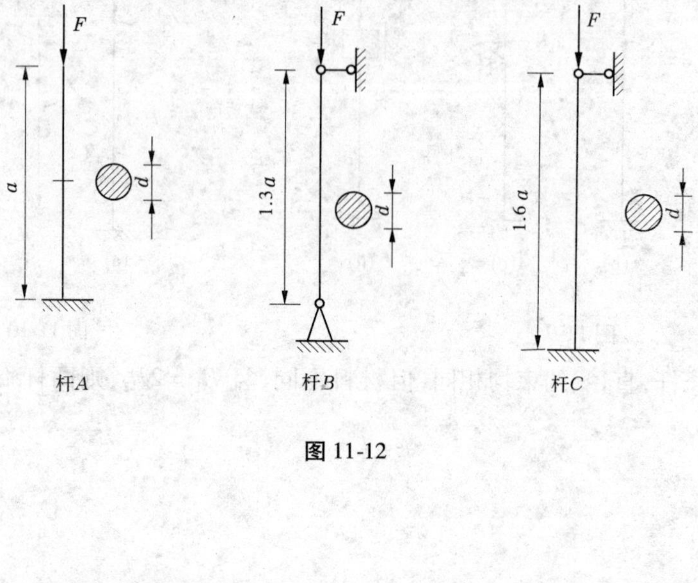

图 11-12

3. 两端为球铰支的圆截面受压杆，材料的弹性模量 $E=2.03\times10^5$ MPa，比例极限 $\sigma_p=300$ MPa，已知杆的直径 $d=100$ mm，问杆长为多大时方可用欧拉公式计算该杆的临界力？

4. 两端铰支细长圆木柱，直径 $d=150$ mm，$l=5$ m，$E=1\times10^4$ MPa，试求：

(1)临界力 F_{cr}；

(2)若规定稳定安全系数 $n_{st}=4$，此柱许可荷载[F]。

5. 如图 11-13 所示，BD 为正方形截面木杆，已知 $l=2$ m，$a=0.1$ m，木材的许用应力[σ]$=10$ MPa，试从稳定性考虑，计算结构所能承受的最大荷载。

6. 图 11-14 所示托架中的杆 AB，直径 $d=40$ mm，长度 $l=800$ mm，两端可视为铰支，材料为 A3 钢，$\lambda_p=100$。试求：

(1)托架的临界荷载 Q_{max}；

(2)若工作荷载 $Q=70$ kN，规定的稳定安全系数 $n_{st}=2$，CD 梁确保安全，此托架是否安全？

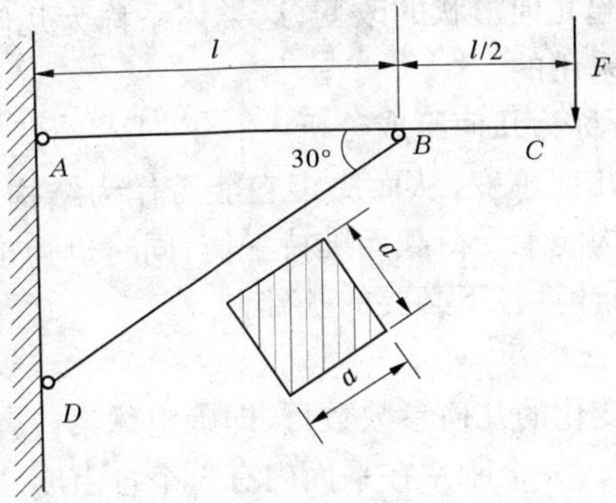

图 11-13

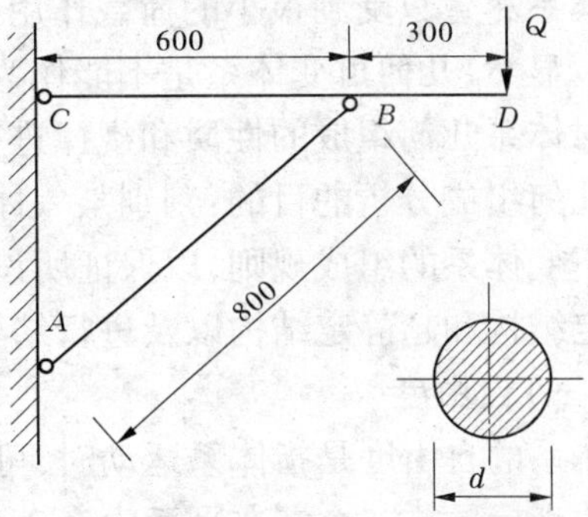

图 11-14 （单位：mm）

第十二章　平面体系的几何组成分析

复习提要

一、概念

体系受到任意荷载作用后，在不考虑材料应变的条件下，若能保持其几何形状和位置不变者，称为几何不变体系。

体系尽管只受到很小的荷载作用，也将引起几何形状的改变，这类体系称为几何可变体系。显然，几何可变体系是不能作为结构来采用的。

对体系几何组成的性质和规律进行的分析称为几何组成分析。

几何组成分析的目的：判别某一体系是否几何不变，从而决定它能否作为结构；研究几何不变体系的组成规则，以保证所设计的结构能承受荷载而维持平衡；同时也为正确区分静定结构和超静定结构以及进行结构的内力计算打下必要的基础。

(一)自由度

体系的自由度是指体系运动时，可以独立变化的几何参数数目，即确定体系位置所需独立的坐标数。一个点在平面内有 2 个自由度。一个刚片在平面内有 3 个自由度。

(二)刚片

在平面体系中，不考虑杆件材料弹性变形的一根梁、一根链杆或体系中几何不变的某个部分，都可以看成是刚片，支撑结构的地基或基础也可以看成是刚片。

(三)约束

能够减少体系自由度的联系称为约束。约束的种类有：

(1)链杆约束：n 根链杆相当于 n 个约束，可使体系减少 n 个自由度。

(2)铰链约束：单铰使体系减少 2 个自由度(说明单铰等价于两根链杆)。仅联结两刚片之间的铰为单铰。

(3)支座约束：1 个辊轴支座相当于 1 个约束，使体系减少 1 个自由度；1 个铰支座相当于 2 个约束，使体系减少 2 个自由度；1 个固定支座相当于 3 个约束，使体系减少 3 个自由度。体系与地基或基础之间的联系为支座。

(4)多余约束：如果在一个体系中增加一个约束，而体系的自由度并不减少，则此约束为多余约束。

二、几何不变体系的组成规则

(一)二元体规则

由两根不共线的链杆联结一个结点的装置称为二元体。如图 12-1 所示。

规则Ⅰ:一个点与一刚片用两根不共线的链杆相联结(3 个铰不在同一直线上),则组成几何不变体系,且无多余联系。

推论Ⅰ:在一个几何不变体系上增加或撤去一个二元体,则该体系仍然是几何不变体系。

(二)两刚片规则

规则Ⅱ:两刚片之间用不全交于一点也不全平行的 3 根链杆相联结,则组成几何不变体系,且无多余联系。如图 12-2 所示。

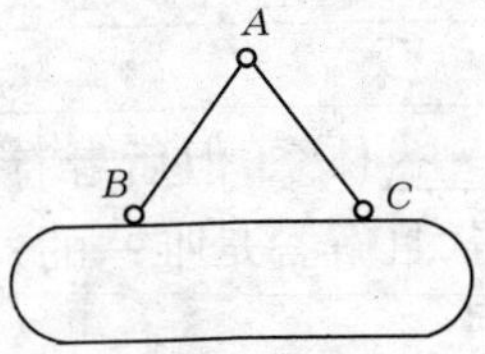

图 12-1

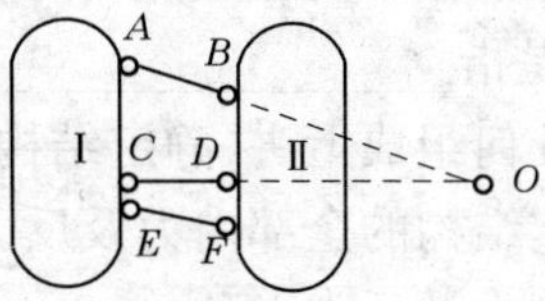

图 12-2

推论Ⅱ:两刚片之间用一个铰和一根不通过铰的链杆相联结,则组成几何不变体系,且无多余联系。

(三)三刚片规则

规则Ⅲ:3 个刚片之间用不在同一直线上的 3 个铰两两相联,则组成几何不变体系,且无多余联系,如图 12-3(a)所示。

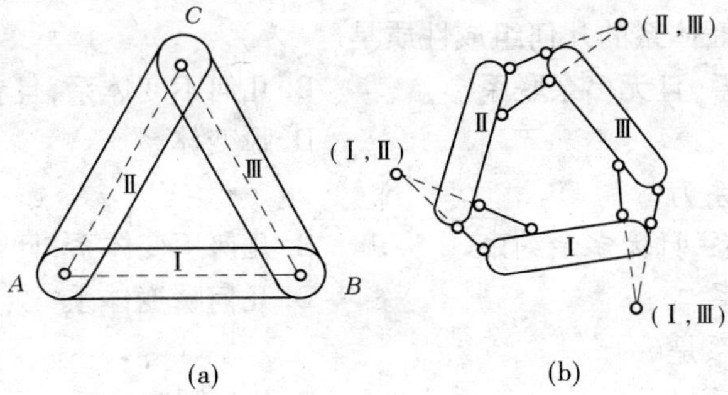

图 12-3

推论Ⅲ:3 个刚片之间用 6 根链杆两两相联,只要 6 根链杆所形成的 3 个铰不在同一直线上,则组成几何不变体系,且无多余联系,如图 12-3(b)所示。

实际上,上述规则及推论中若将刚片皆看成链杆,则 3 个规则及推论所述的皆是铰结三角形,都是同一个问题,只是在叙述的方式上有所不同。这也就得出一个结论:铰结三角形是组成几何不变体系的基本单元。

(四)瞬变体系

在某一瞬时可以产生微小运动的体系,称为瞬变体系。瞬变体系属于几何可变体系的一类,绝对不能在工程结构中采用。

训练题

一、填空题

1. 体系的几何组成分析除研究结构组成方法外,对研究结构的__________也是必需的。

2. 对体系作几何组成分析时,不考虑杆件变形而只研究体系的__________。

3. 对体系作几何组成分析时,所谓自由度是指__________;所谓约束(联系)是指__________;所谓刚片是指__________。

4. 从几何组成上讲,静定结构和超静定结构都是________体系,但后者有________。

5. 静定结构的全部内力及反力均可由________求得,且解答是唯一的;而超静定结构的全部内力及反力,仅由________不能确定,还需应用________。

二、选择题

1. 联结三个刚片的铰结点,相当的约束个数为(　　)。

A. 2 个　　B. 3 个　　C. 4 个　　D. 5 个

2. 图 12-4 所示体系是(　　)。

A. 无多余联系的几何不变体系　　B. 有多余联系的几何不变体系

C. 常变体系　　D. 瞬变体系

3. 图 12-5 所示平面体系的几何组成性质是(　　)。

A. 几何不变体系,且无多余联系　　B. 几何不变体系,且有多余联系

C. 常变体系　　D. 瞬变体系

4. 图 12-6 所示体系为(　　)。

A. 几何不变体系,且无多余约束　　B. 几何不变体系,且有多余约束

C. 几何常变体系　　D. 几何瞬变体系

5. 图 12-7 所示体系是(　　)。

A. 几何常变体系　　B. 几何瞬变体系

C. 无多余联系的几何不变体系　　D. 有多余联系的几何不变体系

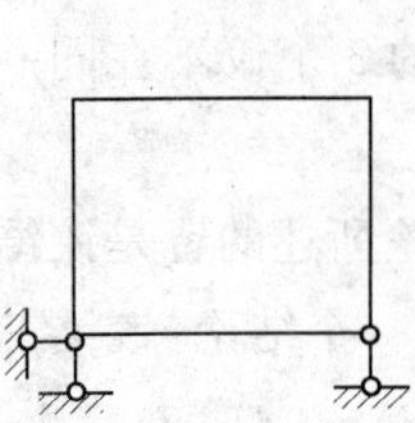

图 12-4

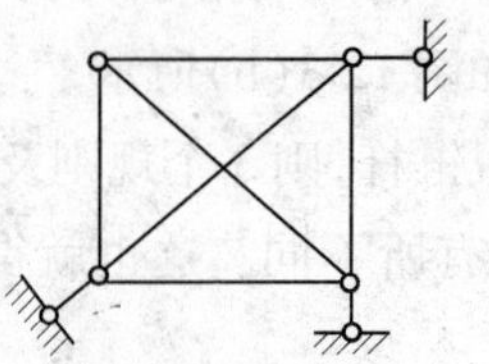

图 12-5

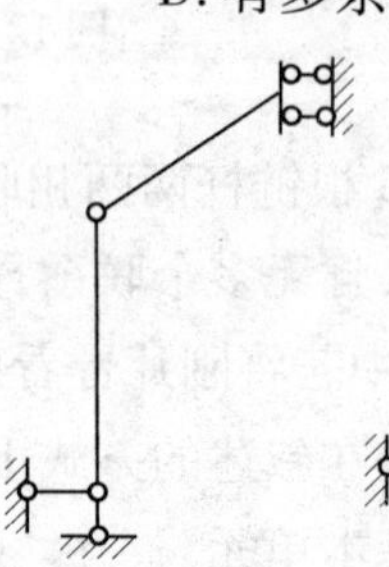

图 12-6

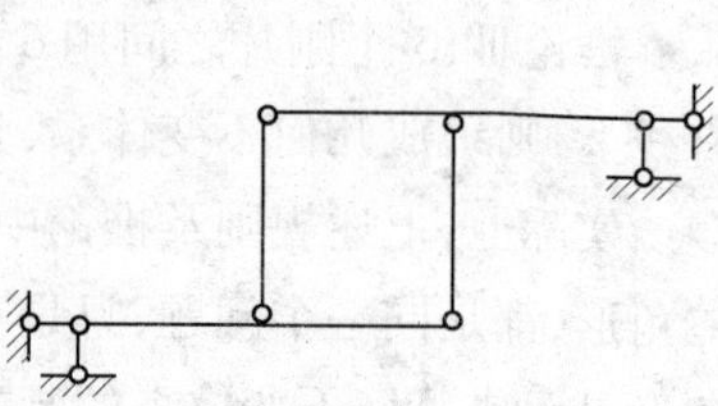

图 12-7

6. 图 12-8 所示体系的几何组成为(　　)。

A. 几何不变体系,无多余约束　　B. 几何不变体系,有多余约束

C. 瞬变体系　　　　　　　　　　　　　　D. 常变体系

7. 图 12-9 所示体系的几何组成为(　　)。

A. 几何不变体系,无多余约束　　　　　　B. 几何不变体系,有多余约束

C. 瞬变体系　　　　　　　　　　　　　　D. 常变体系

8. 图 12-10 所示体系的几何组成为(　　)。

A. 几何不变体系,无多余约束　　　　　　B. 几何不变体系,有多余约束

C. 瞬变体系　　　　　　　　　　　　　　D. 常变体系

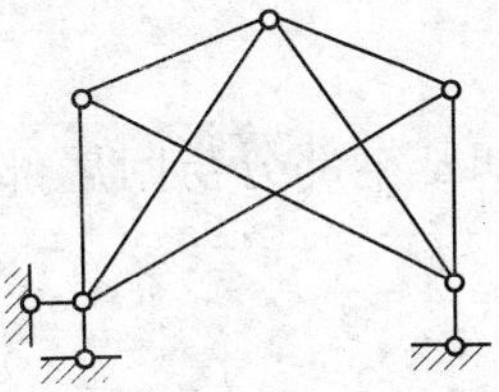

图 12-8

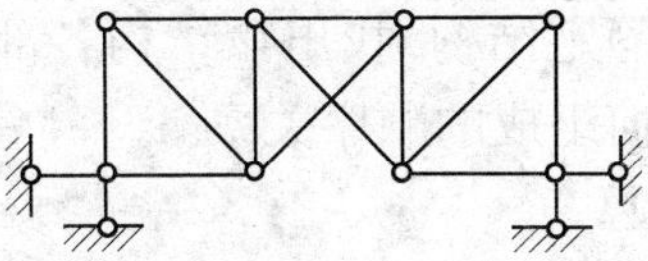

图 12-9

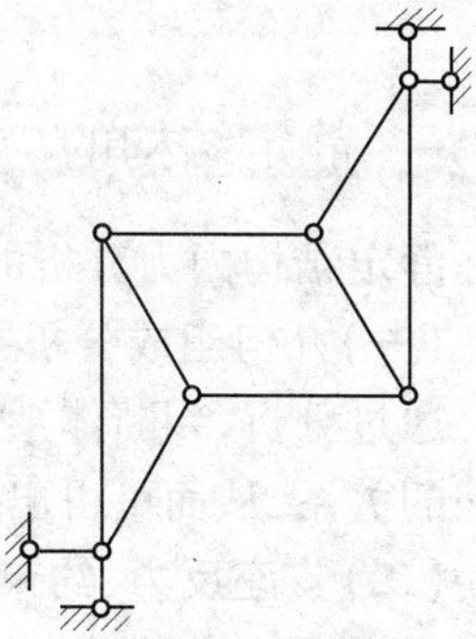

图 12-10

三、分析题

分析图 12-11 所示各体系的几何组成。

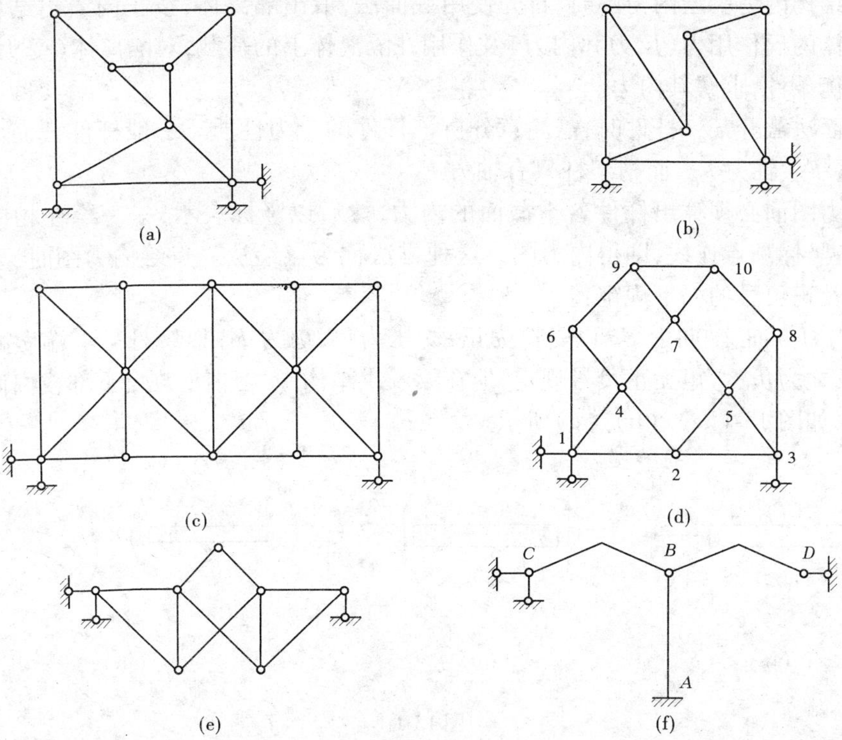

图 12-11

第十三章　静定结构的内力计算

复习提要

一、静定结构的一般分析方法

静定结构内力分析的一般步骤如下所述。

（一）几何组成分析

通过分析，判断体系是否为静定结构，找出该结构各部分（如基本部分与附属部分）之间的关系，从而可得出结构几何组成的顺序关系。

（二）支座反力、约束力的计算

应先求结构附属部分的反力和约束力，然后再考察结构基本部分。

要注意，考察结构附属部分时不要遗漏结构基本部分的约束作用力；同样，考察基本部分时也不要遗漏了附属部分的反作用力。

（三）内力计算、绘内力图

计算结构内力和绘内力图时，首先使用截面法，取出隔离体，按正向绘出结构其他部分对隔离体的反作用力（反力和内力）及作用在隔离体上的荷载，对隔离体（受力图）正确地运用平衡条件，求解其内力。

用截面法截开某一杆件时，需注意分析该杆件的受力性质。一般杆件截面内力有弯矩 M、剪力 F_Q、轴力 F_N，而桁架杆只有轴力 F_N。

绘内力图前必须算出杆件若干截面的内力，然后以竖标表示，一一绘在相应的位置上，再将各竖标顶点连线，即得内力图。这种方法称为点绘法。点绘内力图时，要注意内力的方向及正负号的如下规定：

（1）内力方向：轴向力 F_N 以受拉为正，受压为负；剪力 F_Q 以绕杆另一端做顺时针转动为正，反之为负；弯矩无正负号规定，但在梁及拱结构中，习惯上规定下部或内侧纤维受拉者为正，如图 13-1（a）、（b）、（c）所示。

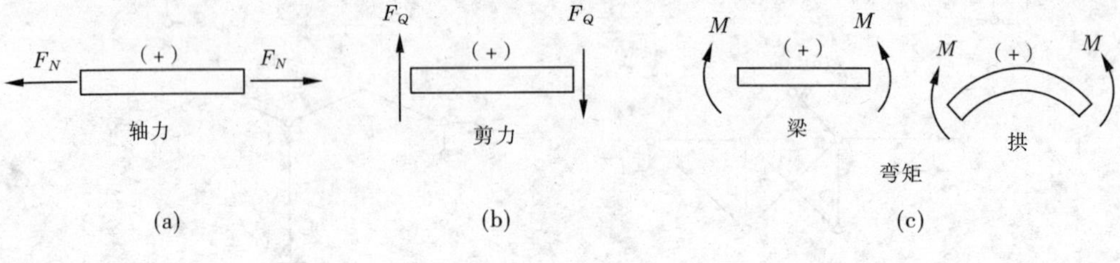

图 13-1

(2)内力图的正负号：弯矩图 M 必须绘在受拉纤维一侧，不注明正负号；轴力图 F_N 与剪力图 F_Q 可绘在杆件的任一侧，注明正、负号。

二、多跨静定梁

(一)多跨静定梁的特点

多跨静定梁是由若干单跨静定梁用铰联结而成的静定结构。如图 13-2(a)所示的多跨静定梁，是多跨静定梁的基本形式之一，其层次图如图 13-2(b)所示。其构造特点是第 1 跨为基本部分，其余各跨分别为相邻部分的附属部分。另一种基本形式如图13-2(c)所示木檩条的计算简图，其层次图如图 13-2(d)所示。其构造特点是附属部分两端均搭接在基本部分上。由基本形式还可组合成其他形式的多跨静定梁。

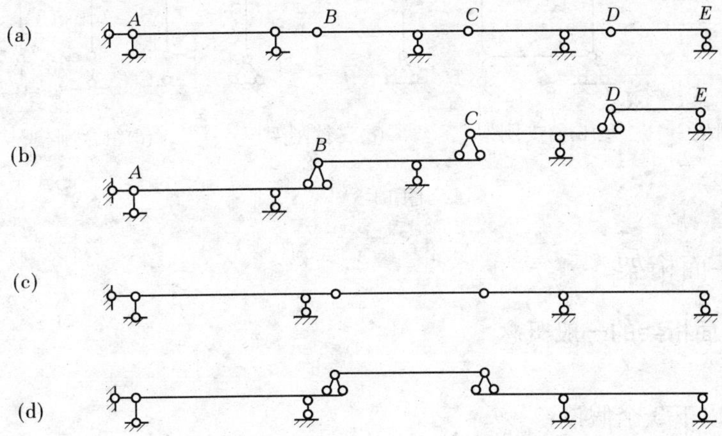

图 13-2

(二)多跨静定梁的内力分析及内力图绘制

根据多跨静定梁的几何组成和表示其各部分之间支承关系的层次图，就可将多跨静定梁拆分成单跨静定梁分别进行计算。计算基本部分时，要考虑附属部分对它的作用，计算附属部分时，不考虑其下层基本部分的荷载。遵循先附属部分后基本部分的计算原则。把每一单跨梁的内力图单独画出以后拼在一起，就是多跨静定梁的内力图。

多跨静定梁中间铰处的弯矩为零。一般来说，多跨静定梁的最大弯矩比一串简支梁的最大弯矩要小，在强度相同时可节省材料。

三、静定平面刚架

刚架是由若干杆件单元组成的，杆件单元间联结的结点大部分为刚性结点的结构。所谓刚性结点即相交于该结点的各根杆不能相对地转动和移动，可以相互传递弯矩、剪力和轴力。刚性结点一般称为刚结点。

刚架结构的内力比较均匀，杆件少，且可以组合成较大的内部空间，制作也较方便，所以工程上使用较多。

实际工程中使用的刚架既有超静定的，也有静定的。静定刚架分析是超静定刚架分析的基础,因此静定刚架的分析和计算是十分重要的。

静定刚架按杆件之间的联结及不同的支座形式,一般分为悬臂刚架、简支刚架、三铰刚架和组合刚架几种。

如图13-3(a)所示为悬臂刚架,悬臂式结构的内力求解一般都不必先求反力。如图13-3(b)所示为简支刚架,简支刚架需先求出支座反力后再求内力。如图13-3(c)所示为三铰刚架,这种形式的刚架亦需先求支座反力然后求内力,计算比简支刚架复杂些。如图13-3(d)所示为组合刚架。这类刚架的形式不外乎是悬臂式、简支式和三铰式的组合,分析求解时需先进行几何组成分析。

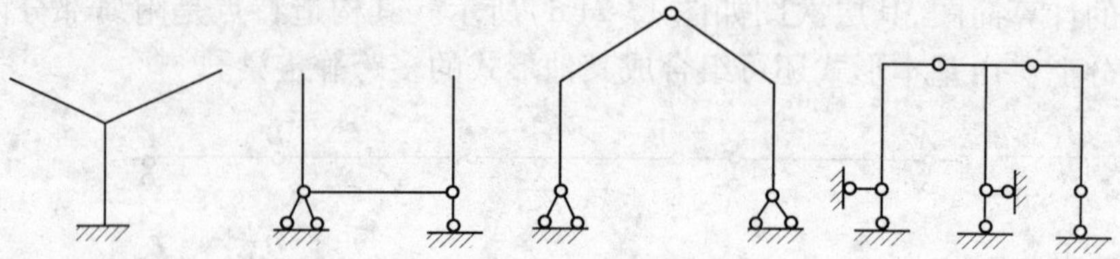

(a)悬臂刚架 (b)简支刚架 (c)三铰刚架 (d)组合刚架

图13-3

四、静定平面桁架

(一)静定平面桁架的一般概念

1. 理想桁架

理想桁架有以下3个假设:

(1)桁架中各杆都为匀质等截面直杆。

(2)结点为光滑的铰结点,铰的中心为各杆轴线的交点。

(3)所有荷载都作用在结点上。

理想桁架中各杆件只承受轴向力,该力一般称为主内力,相应的应力称为主应力。由结点的刚性影响或杆上的非结点荷载作用下产生的杆件内力称为次内力,相应的应力称为次应力。一般桁架都只计算主内力,只有在特别大型的、重要的建筑物中才需考虑次内力的影响。

桁架中各杆由于主要承受轴向力,应力比较均匀,材料能得到充分利用,因而它与同跨度的梁相比,有自重轻、经济合理等优点,但构造与施工较复杂。

2. 平面桁架分类

平面桁架按几何组成方式可分为以下3类:

(1)简单桁架。由基础或由一个基本铰结三角形上,依次增加二元体而组成的桁架,如图13-4(a)所示。

(2)联合桁架。由几个简单桁架按几何不变体系的组成规则组成的桁架,如图13-4(b)所示。

(3)复杂桁架。不是按以上两种方式组成的桁架见图13-4(c)所示。

平面桁架按竖向荷载作用下能否产生水平推力,又可分为梁式桁架(见图13-4(a)、

(b)、(c)),以及拱式桁架(见图13-4(d))。

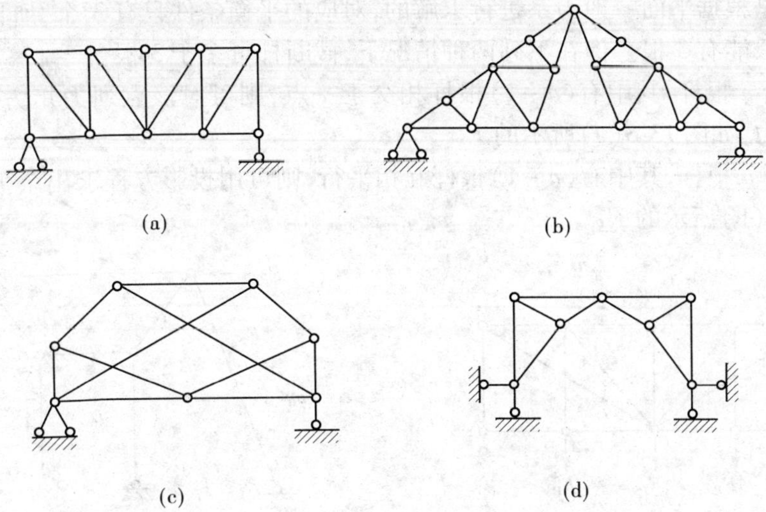

图13-4

(二)静定平面桁架的内力计算

桁架内力的求解方法主要有结点法、截面法及其联合运用的方法。结点法的平衡条件有$\sum F_x=0$,$\sum F_y=0$,因而每一结点只能求解两个未知的杆力。对于简单桁架,若要求出所有杆的内力,那么用结点法比较合适。截面法平衡条件有$\sum F_x=0$,$\sum F_y=0$,$\sum M_O=0$,因而截面法所截取部分中一般能求解3个未知杆力。在只需求解某几根杆件内力或联合桁架的内力时,应用此法较合适。

(三)零杆判别

桁架计算中若能预先找出桁架结构中一些内力为零的杆件(称为零杆),将对内力计算有很大帮助。平面桁架零杆判别的原则为:

(1)不受荷载且不在一直线上的两杆结点,则两杆均为零杆,如图13-5(a)所示。

(2)不承受荷载的3杆结点,有两杆在同一直线上,则另一杆为零杆(称为独杆),如图13-5(b)所示。

这里顺便指出,由结点法可知不受荷载的4杆结点,其中每两杆互在一直线上,则它们两两相等,如图13-5(c)所示。

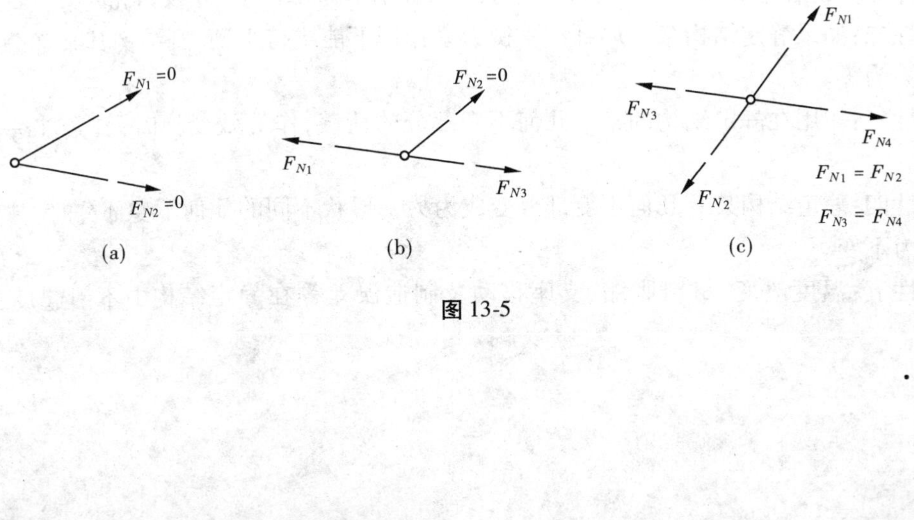

图13-5

(四)截面法求特殊桁架内力

截面法是根据平面一般力系进行求解的,对应的平衡条件只有 3 个,所以截面法截断的未知力杆只能有 3 根。但在下列两种情况下,截断杆可多于 3 根。

(1)截断 n 根杆,其中有($n-1$)根杆相交于一点,则可对该点列力矩方程,求出余下一根杆的内力,如图 13-6(a)所示的 F_{N1}。

(2)截断 n 根杆,其中有($n-1$)根杆互相平行,则可用投影方程求出余下一根杆的内力,如图 13-6(b)所示的 F_{N1}。

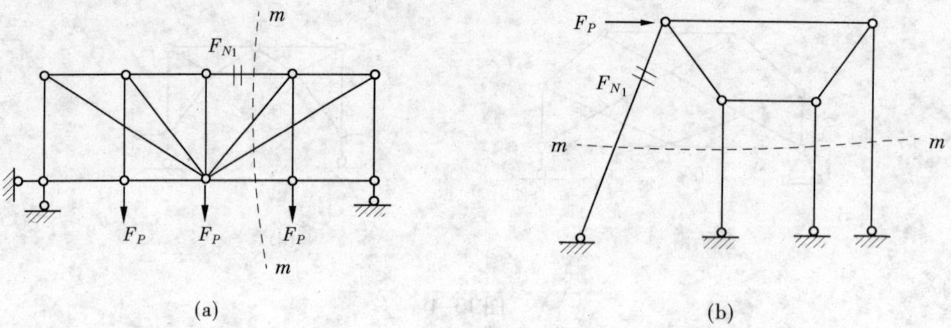

图 13-6

五、静定组合结构

组合结构是由受弯杆件(梁式杆)与受拉压杆件组合而成的,也称构架;其杆件与杆件之间的结点,既有刚结点,也有铰结点。这种结构可采用力学性能不同的材料,质量轻,施工方便,适用于各种跨度的建筑物。

静定组合结构用截面法计算时,如果被截的是拉、压杆,则杆截面上只有轴力;若被截的是梁式杆,则杆截面上一般作用有弯矩、剪力和轴力。组合结构的计算一般从几何组成分析入手,再求出所有约束反力和内力。求内力时,一般先求各拉、压杆轴力,再求梁式杆的弯矩、剪力和轴力。

六、静定结构的特性

特性一:作用于静定结构基本部分上的荷载,只在该部分产生反力和内力;作用于附属部分上的荷载,不但在附属部分产生反力和内力,而且在基本部分上也产生反力和内力。

特性二:如果静定结构某一局部在平衡力系作用下能维持平衡,则结构其余部分的反力和内力为零。

特性三:作用在静定结构的某一几何不变部分的荷载,作等效变换时,其余部分的内力不变。

特性四:静定结构某一几何不变部分变成为另一形状不同的几何不变部分时,其余部分的内力不变。

特性五:温度改变、材料胀缩、支座移动及制造误差等在静定结构中不引起反力和内力。

训练题

一、填空题

1. 叠加法绘制杆件弯矩图的含义是：一组外力共同作用下产生弯矩图的纵坐标等于________________。

2. 均布荷载作用的杆件段弯矩图形为________，其曲线凸向与荷载作用方向________。

3. 多跨静定梁、多跨静定刚架的内力计算，可把结构区分为______、______两部分，为方便计算，应先算______。

4. 联合桁架是由若干个________桁架组成，计算次序上应先算________杆内力。

5. 组合结构是由________、________两类杆件组成的，分析内力时，先求________内力。

6. 图 13-7 所示结构中的反力 F_y = ________。

7. 图 13-8 所示结构 K 截面的 M 值为________，________侧受拉。

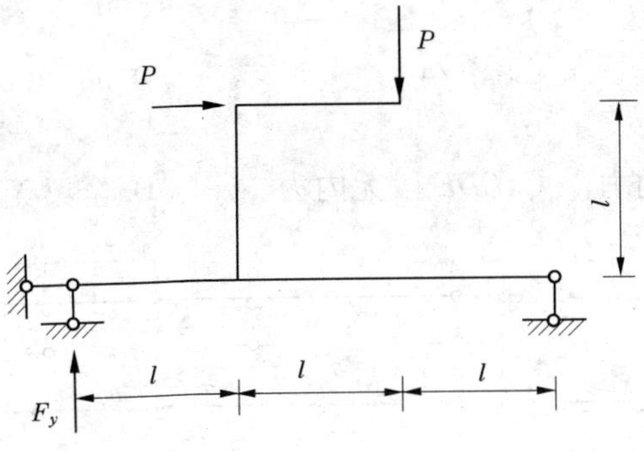

图 13-7

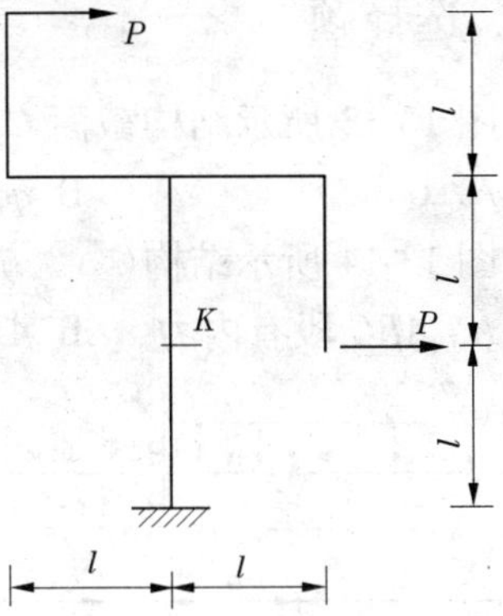

图 13-8

8. 图 13-9 所示静定梁的定向支座 A 的反力矩 M_A = ____，反力 F_A = ____。

9. 图 13-10 所示结构，杆 DA D 端的弯矩 M_{DA} = ________。

10. 图 13-11 所示结构截面 K 的 M 值为________，________侧受拉。

11. 图 13-12 所示带拉杆拱中拉杆的轴力 F_{Na} = ________。

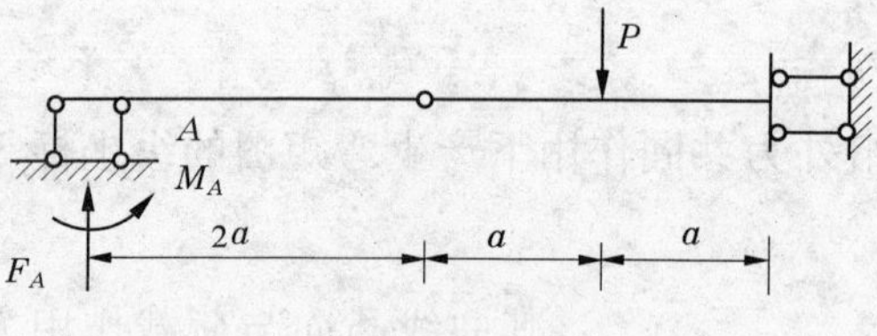

图 13-9

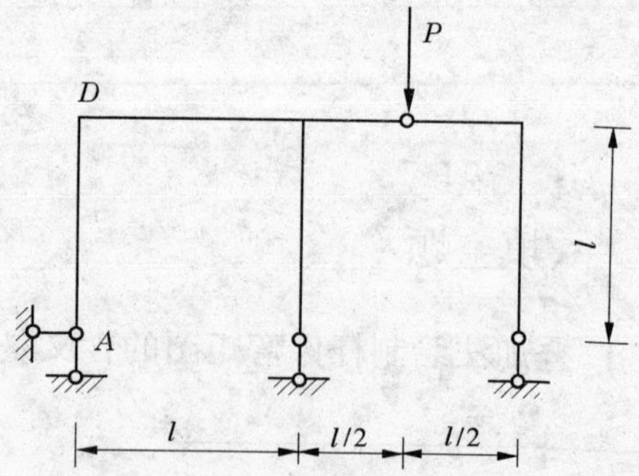

图 13-10

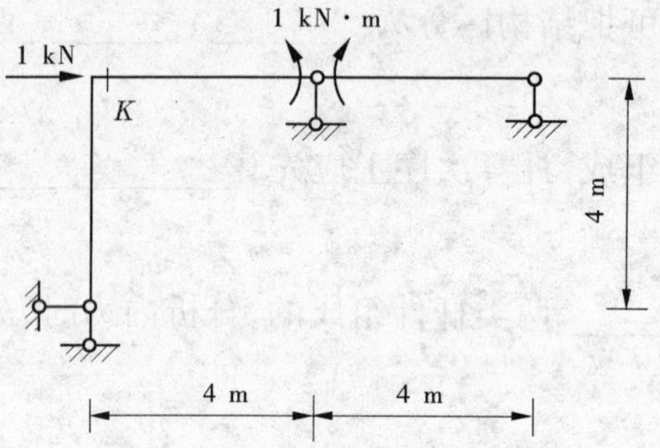

图 13-11

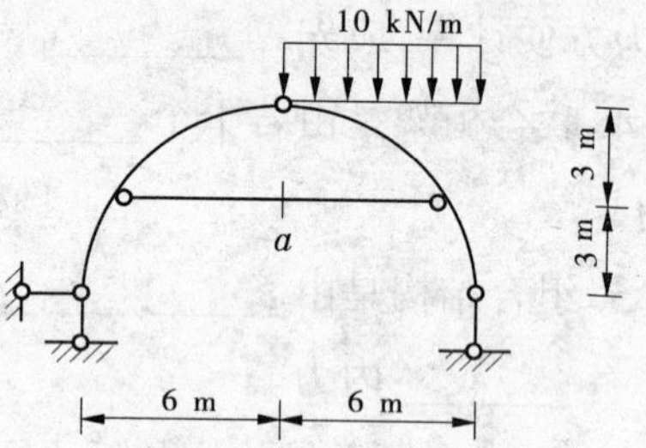

图 13-12

二、选择题

1. 图 13-13 所示结构截面 C 的弯矩为(　　)。

A. 0　　B. $qa^2/2$　　C. $qa^2/4$　　D. $qa^2/6$

2. 图 13-14 所示结构(　　)。

A. ABC 段有内力　　B. ABC 段无内力　　C. CDE 段无内力　　D. 全梁无内力

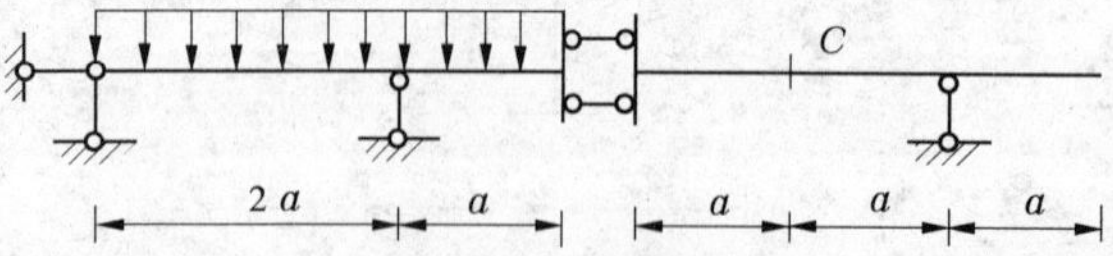

图 13-13

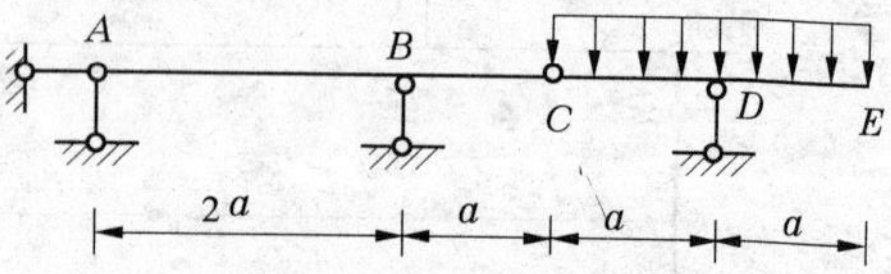

图 13-14

3. 图 13-15 所示结构截面 K 的剪力为(　　)。

A. 0　　B. P　　C. $-P$　　D . $P/2$

4. 图 13-16 所示结构杆端弯矩 M_{BA}(设左侧受拉为正)为(　　)。

A. $2Pa$　　B. Pa　　C. $3Pa$　　D. $-3Pa$

5. 图 13-17 所示结构杆 BC 的轴力 F_{NBC} 为(　　)。

A. $P/2$　　B. $-P$　　C. $2P$　　D. P

6. 在确定的竖向荷载作用下,三铰拱的水平反力仅与下列因素有关(　　)。

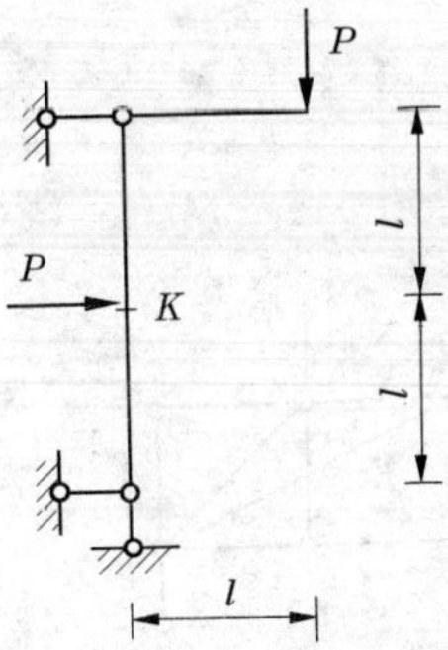

图 13-15

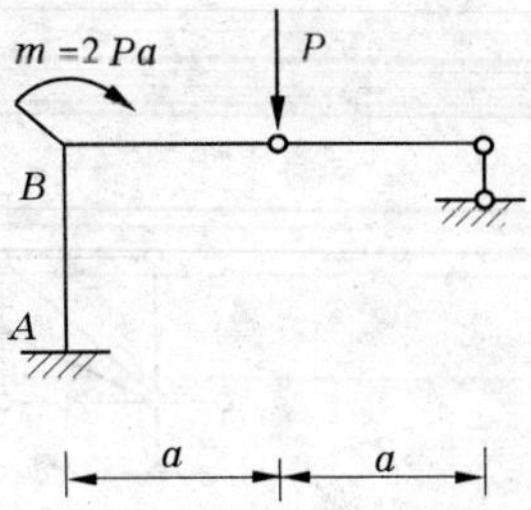

图 13-16

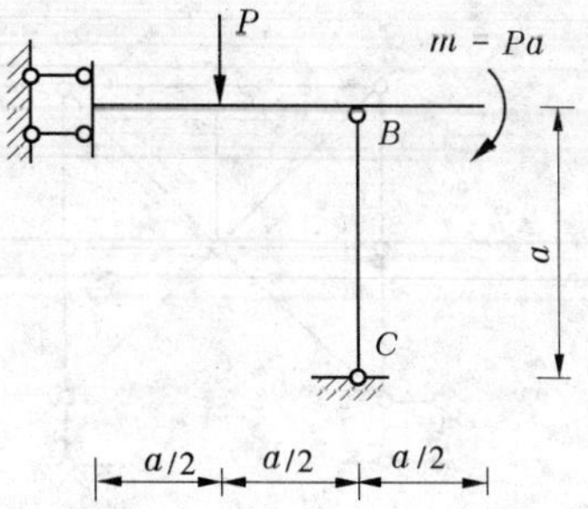

图 13-17

A. 拱跨　　B. 拱的矢高

C. 三个铰的相对位置　　D. 拱的轴线形式

7. 图 13-18 所示桁架杆 C 的内力为(　　)。

A. P　　B. $-P/2$　　C. $P/2$　　D. 0

8. 图 13-19 所示桁架杆 b 的内力是(　　)。

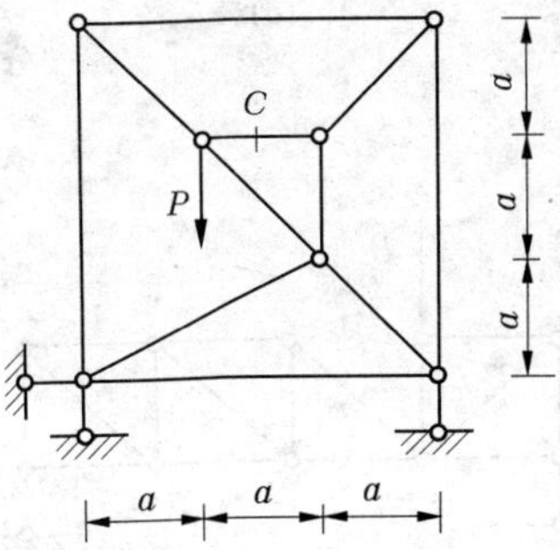

图 13-18

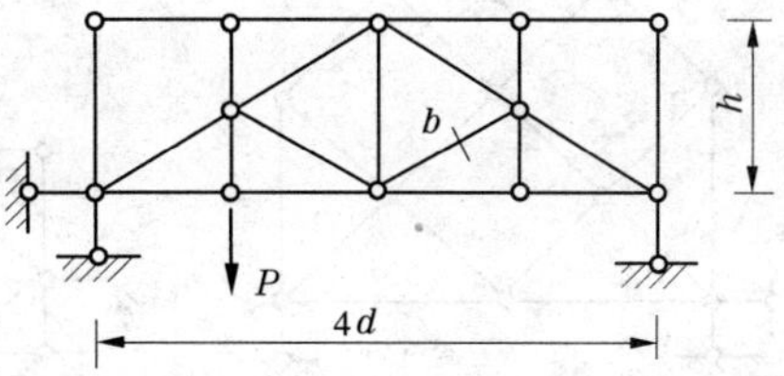

图 13-19

A. $Ph/2d$　　B. $Ph/3d$　　C. 0　　D. $P/2$

9. 图 13-20 所示结构杆 DE 的轴力是(　　)。

A. $-P/4$　　B. $-P/2$　　C. $P/2$　　D. P

10. 图 13-21 所示平行弦桁架,其下弦杆的内力变化规律是(　　)。

A. 两端小,中间大　　B. 两端大,中间小　　C. 各杆内力相等　　D. 无规律变化

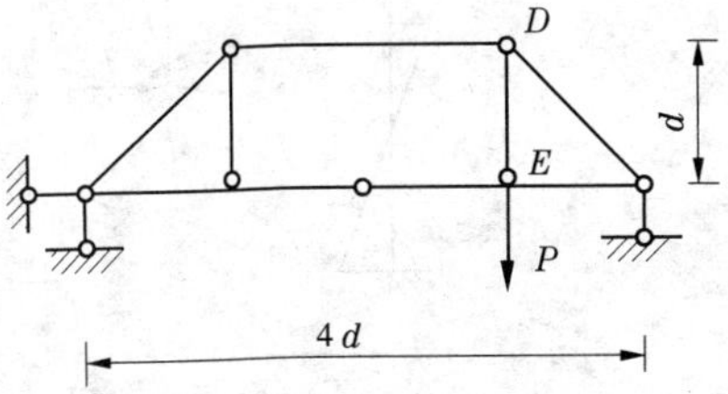

图 13-20

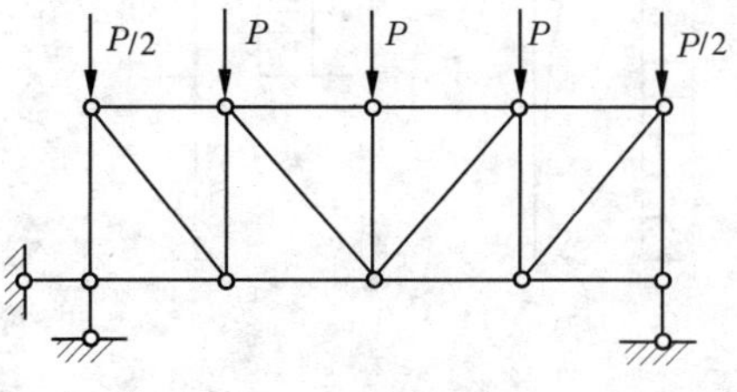

图 13-21

三、判别图 13-22 所示各桁架的零杆数目

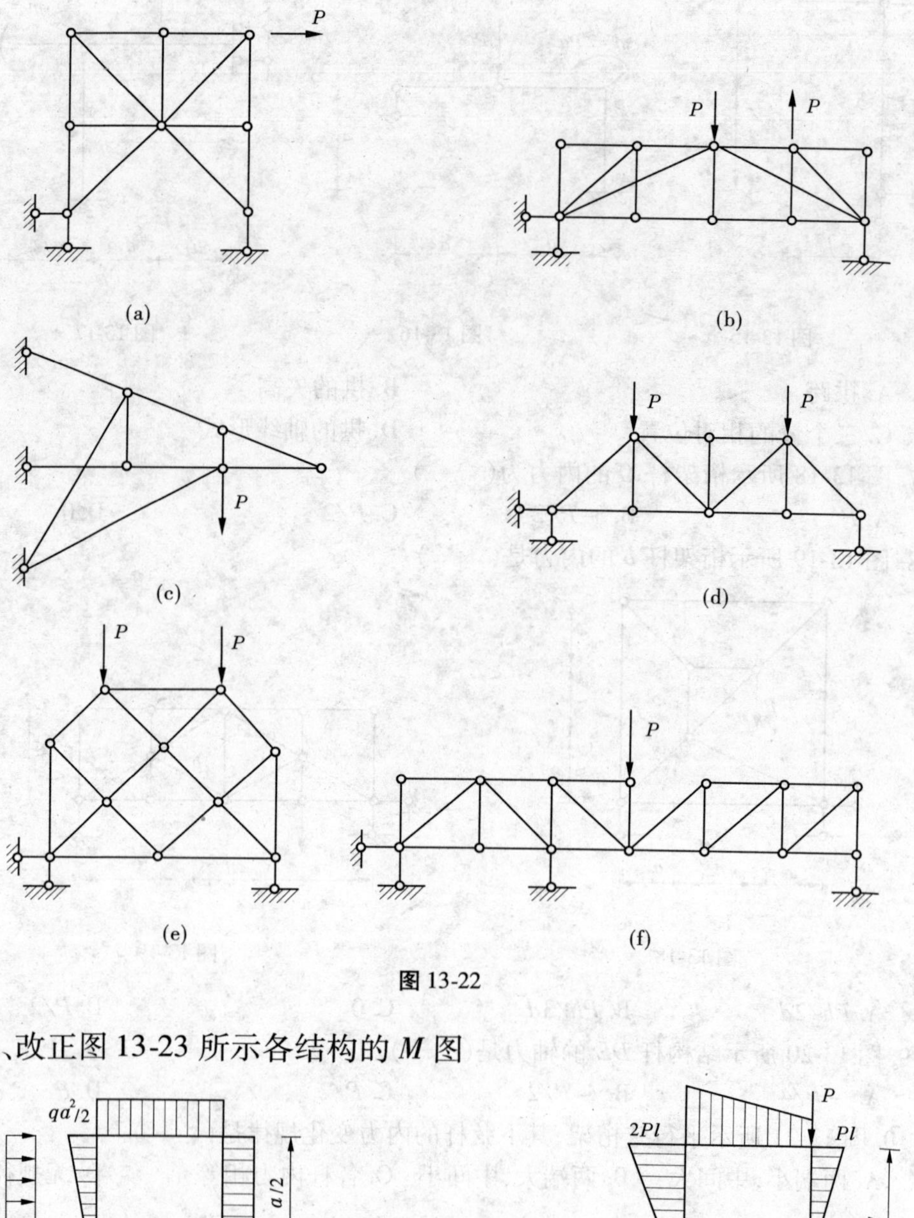

图 13-22

四、改正图 13-23 所示各结构的 M 图

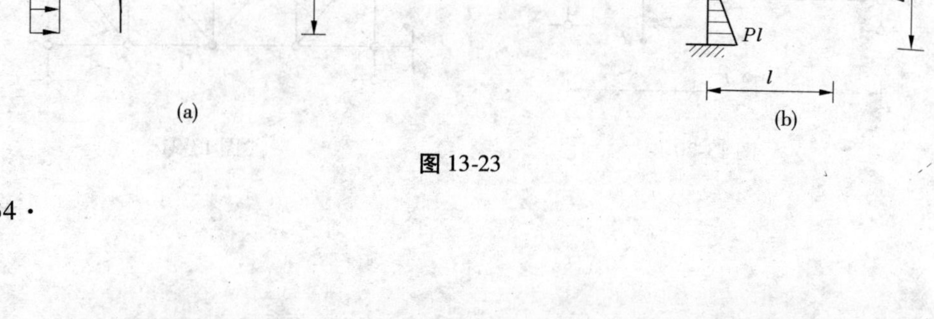

图 13-23

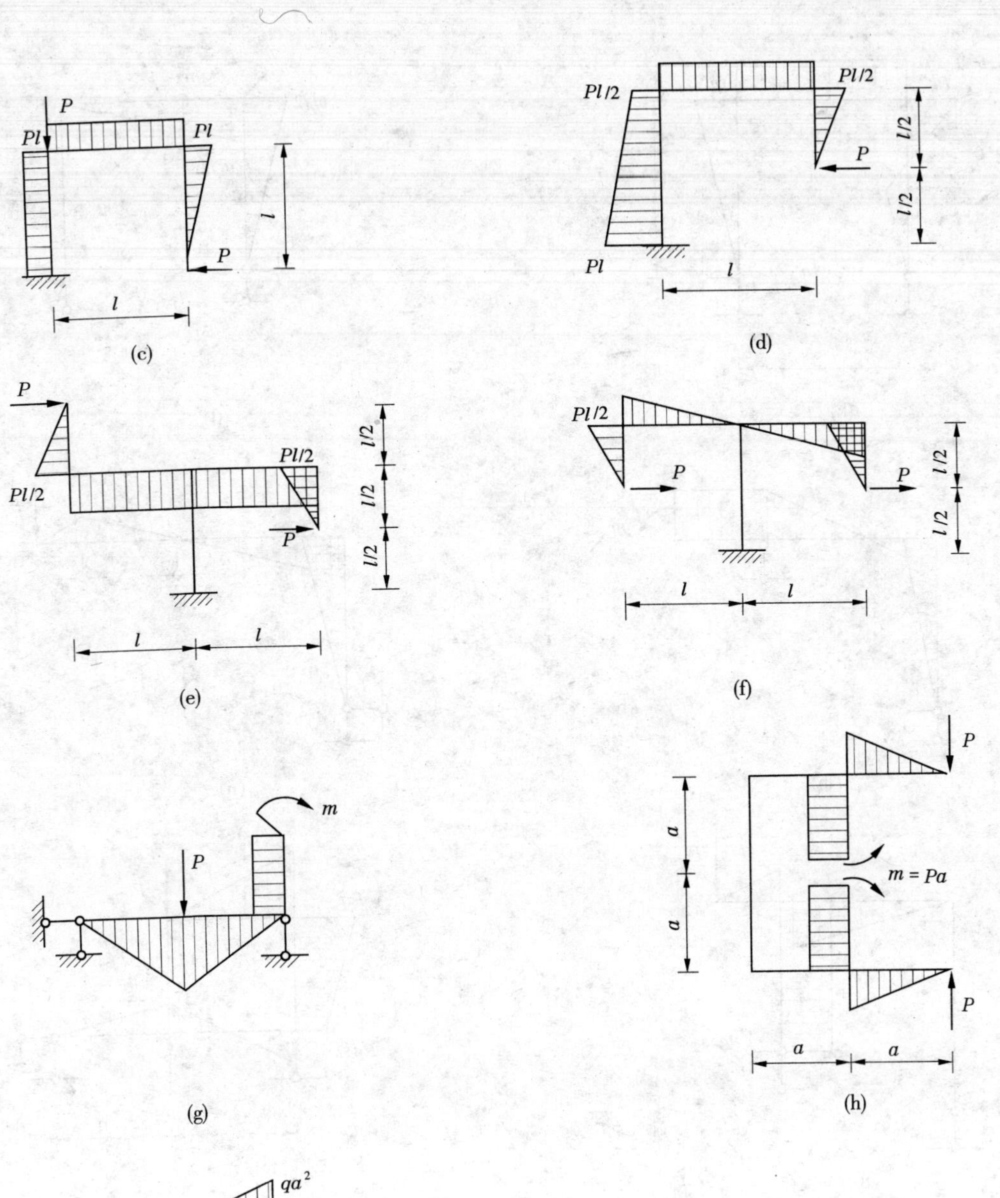
P
Pl
Pl
P
l
l
(c)
Pl/2
Pl/2
P
l/2
l/2
Pl
l
(d)
P
Pl/2
Pl/2
P
l/2
l/2
l/2
l
l
(e)
Pl/2
P
P
l/2
l/2
l
l
(f)
m
P
(g)
P
a
a
m = Pa
P
a
a
(h)
qa^2
qa^2/2
q
a
a
(i)
ql^2/2
ql^2/2
l
q
(j)

续图 13-23

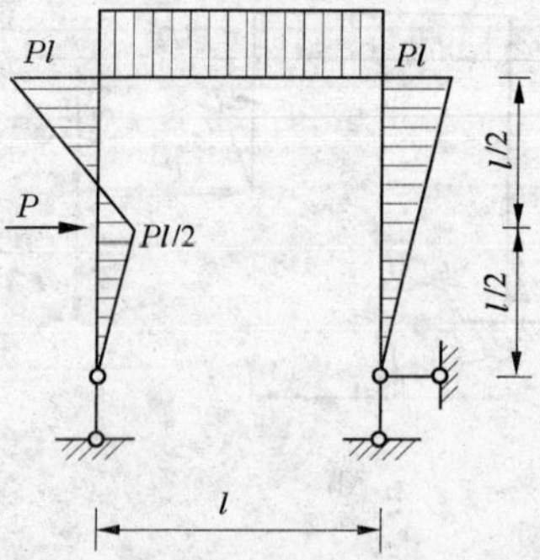

(k)

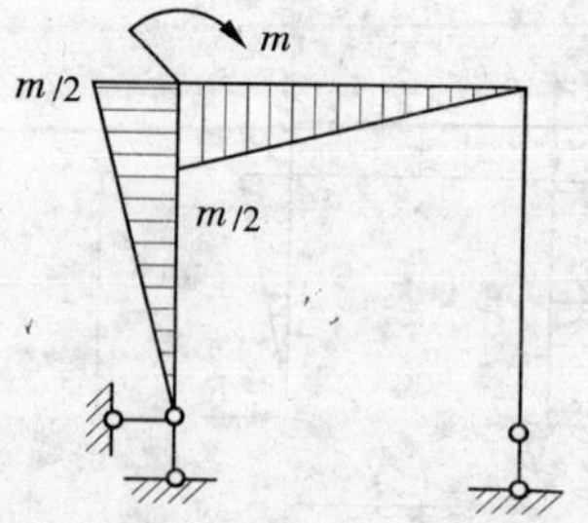

(l)

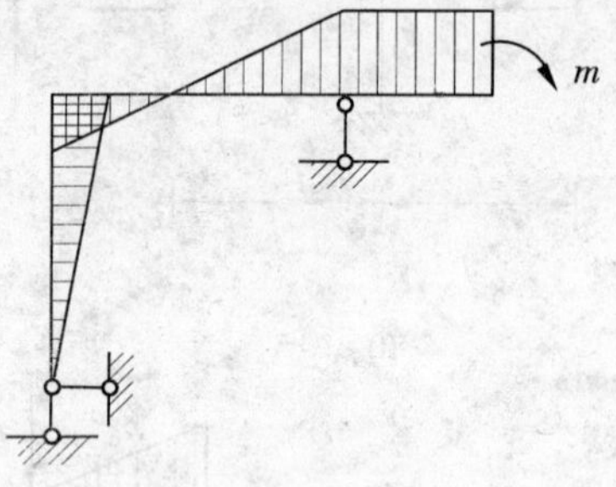

(m)

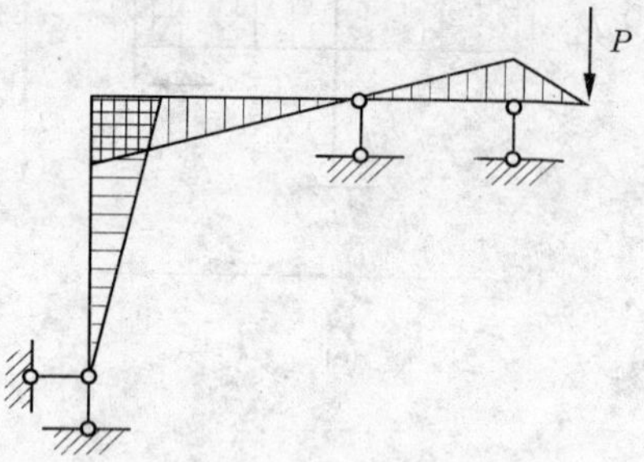

(n)

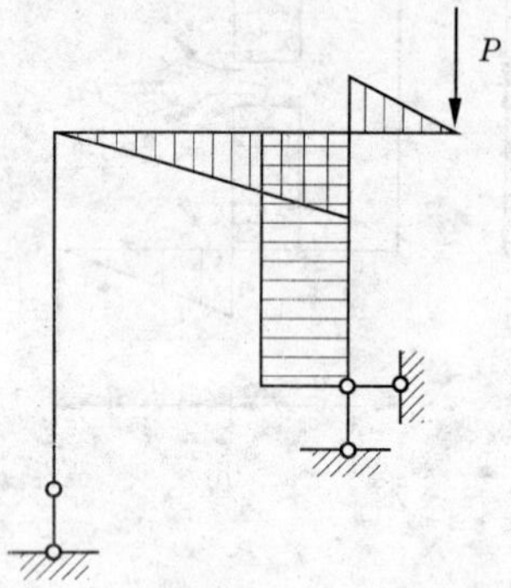

(o)

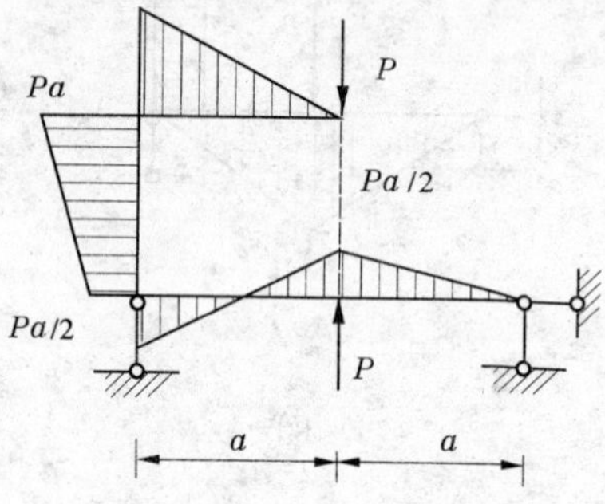

(p)

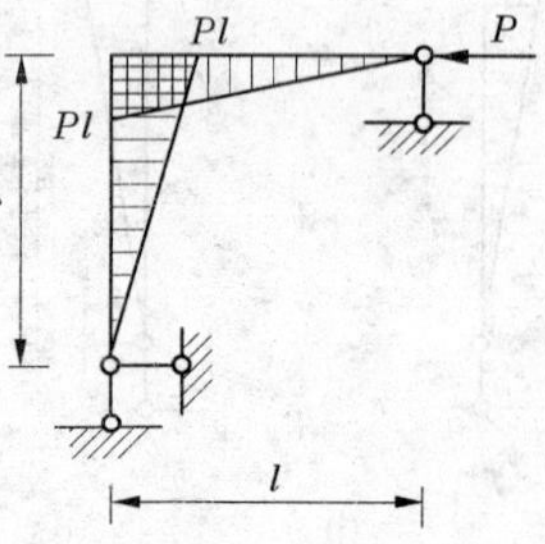

(q)

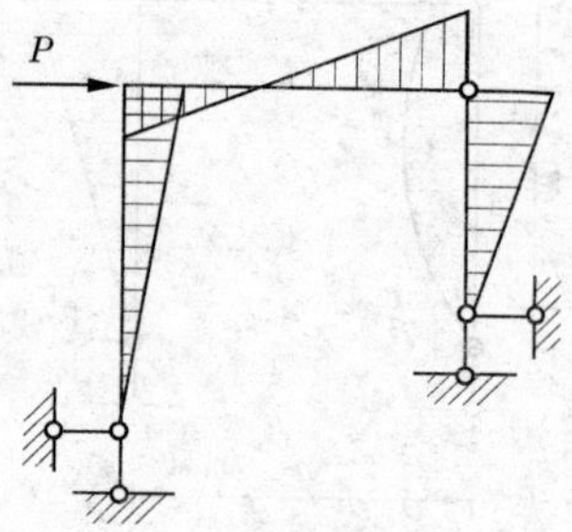

(r)

续图 13-23

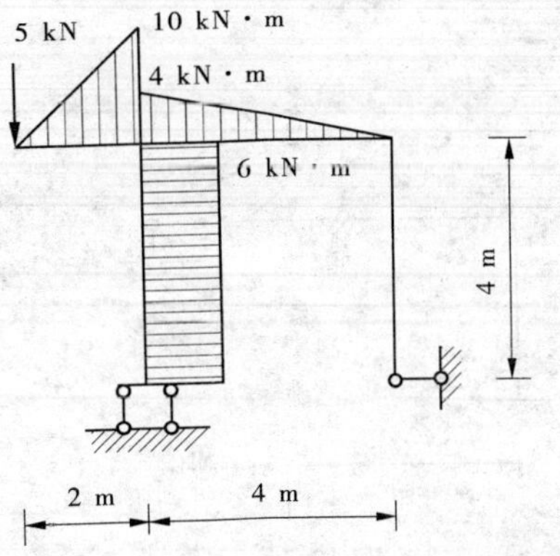

(s)

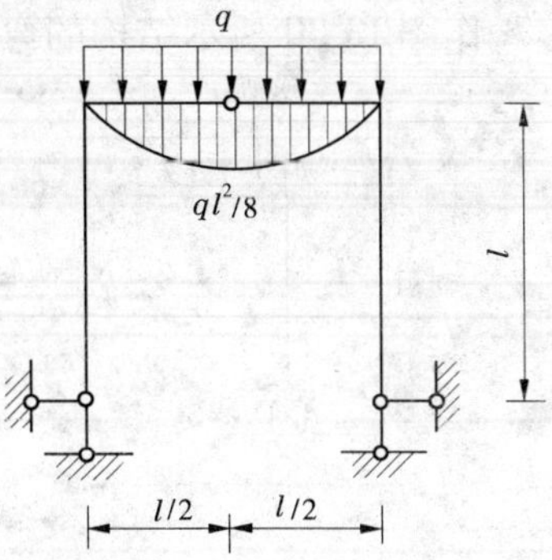

(t)

续图 13-23

五、计算题

1. 作图 13-24 所示结构的弯矩图。
2. 作图 13-25 所示结构的弯矩图。

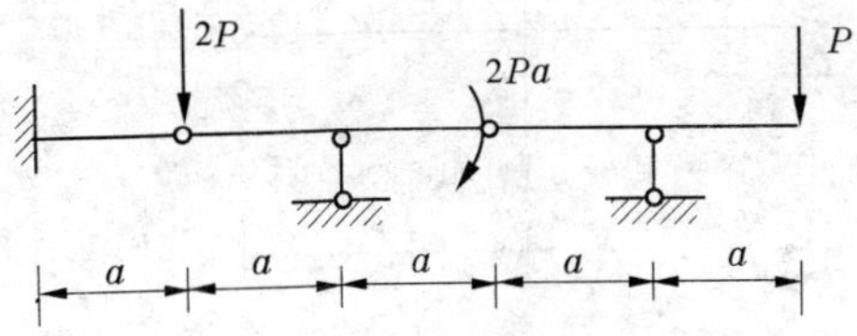

图 13-24

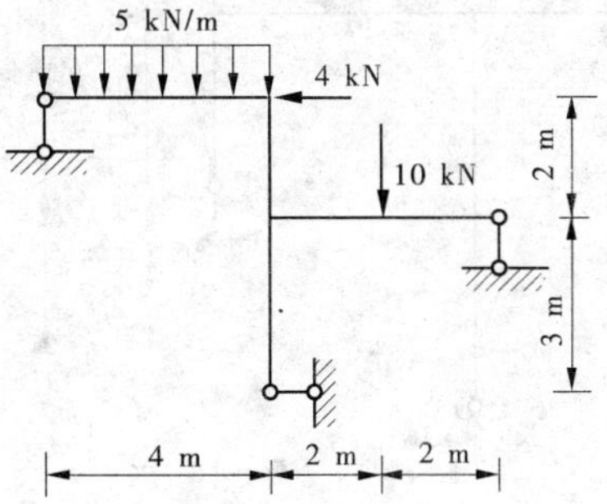

图 13-25

3. 作图 13-26 所示结构的弯矩图。
4. 作图 13-27 所示结构的弯矩图。
5. 作图 13-28 所示结构的弯矩图。

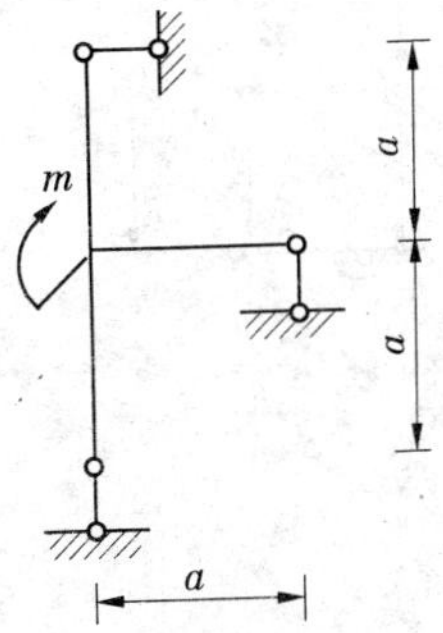

图 13-26

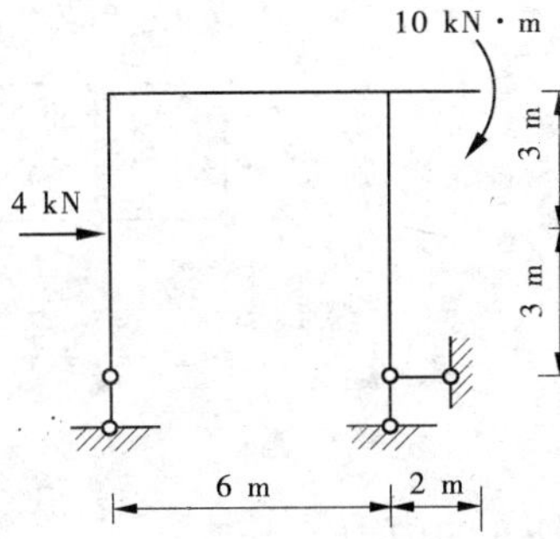

图 13-27

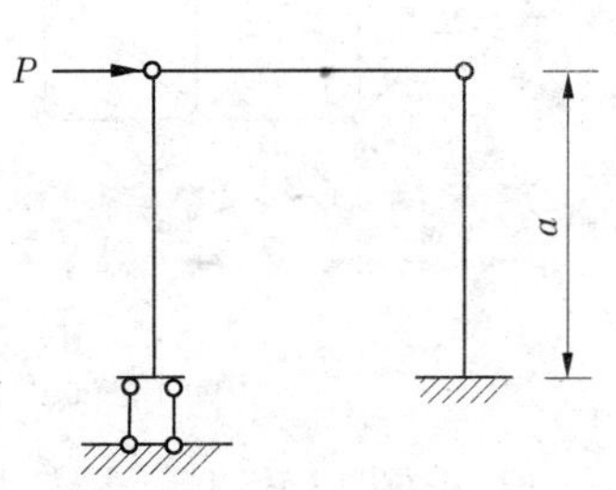

图 13-28

6. 作图 13-29 所示结构的弯矩图。

7. 作图 13-30 所示结构的弯矩图。

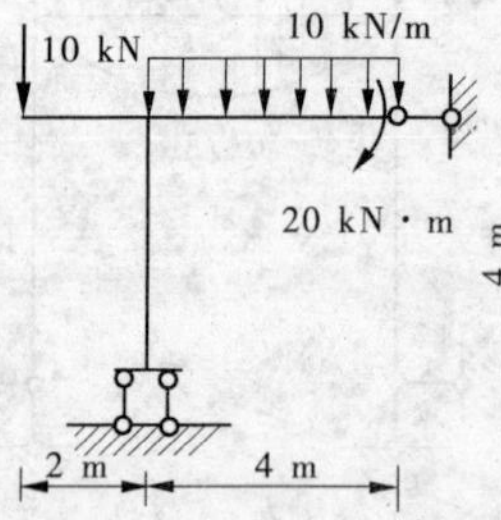

图 13-29

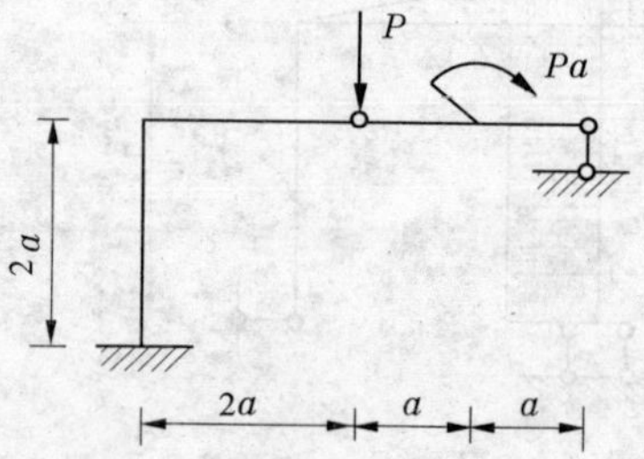

图 13-30

8. 已知图 13-31 所示结构的弯矩图,求作剪力图、轴力图。

9. 试求图 13-32 所示三角形桁架各杆内力。提示:由于结构对称,荷载对称,对称杆件的内力相等,只要算出杆 1、2、3 的内力即可。

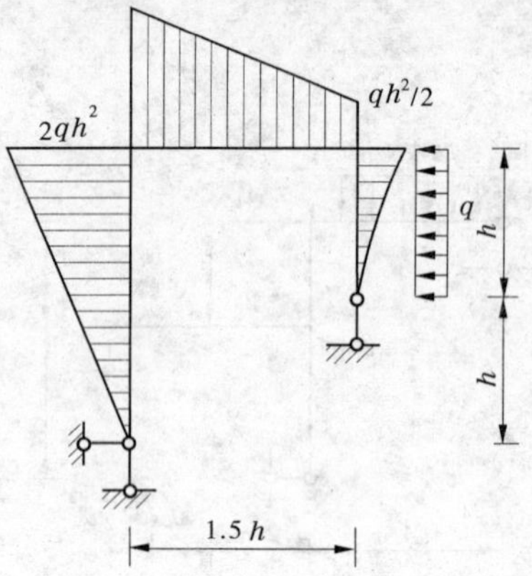

图 13-31

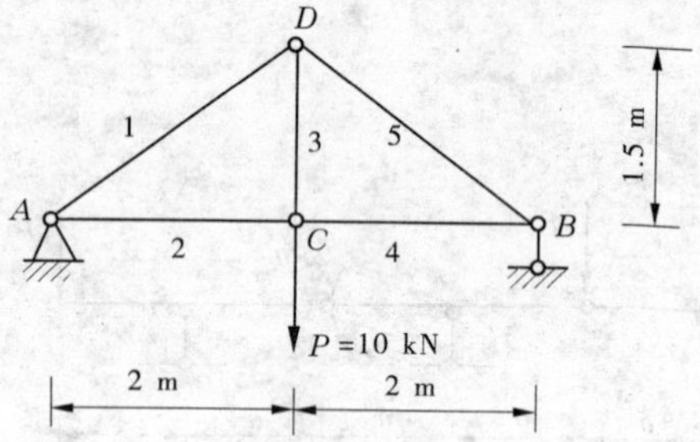

图 13-32

10. 试用截面法求图 13-33 所示桁架杆 1、2、3 的内力。

11. 求图 13-34 所示桁架杆 a 和杆 b 的内力。

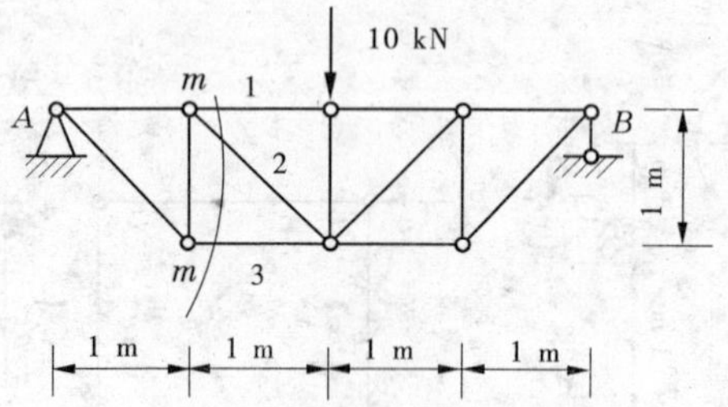

图 13-33

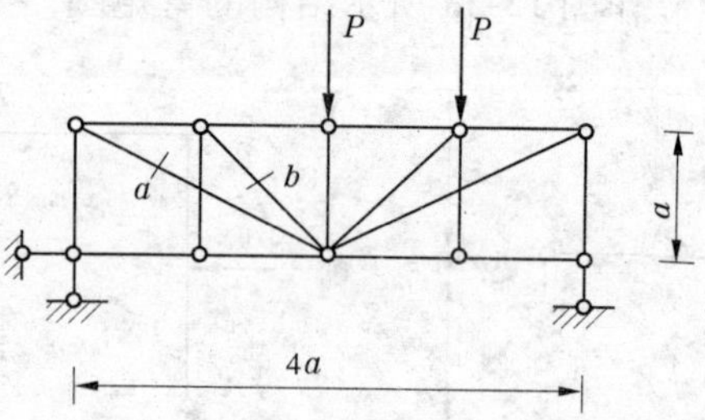

图 13-34

12. 求图 13-35 所示桁架杆 a 和杆 b 的内力。

13. 求图 13-36 所示桁架杆 1 和杆 2 的内力。

14. 求图 13-37 所示桁架杆 1 和杆 2 的内力。

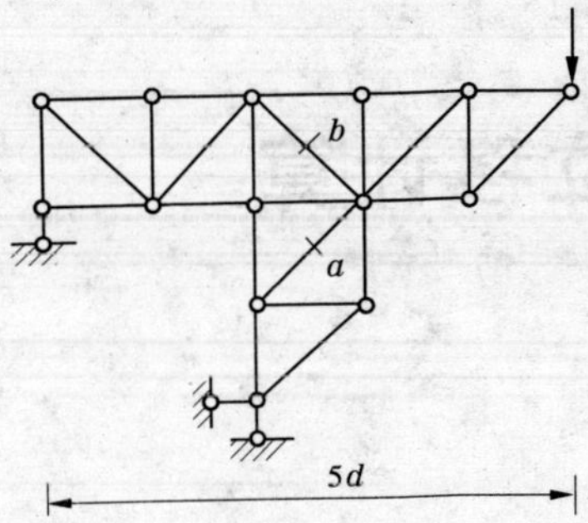

图 13-35

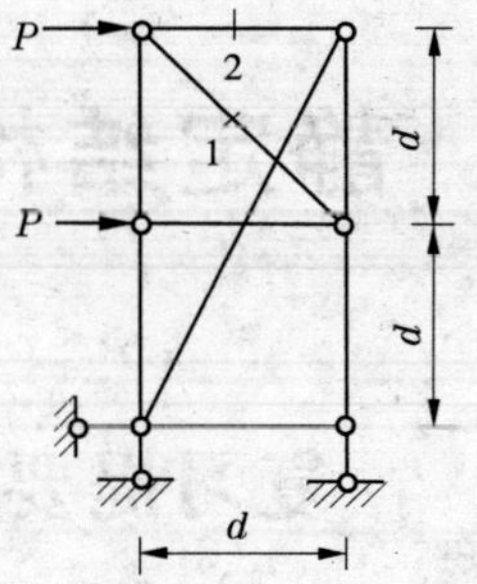

图 13-36

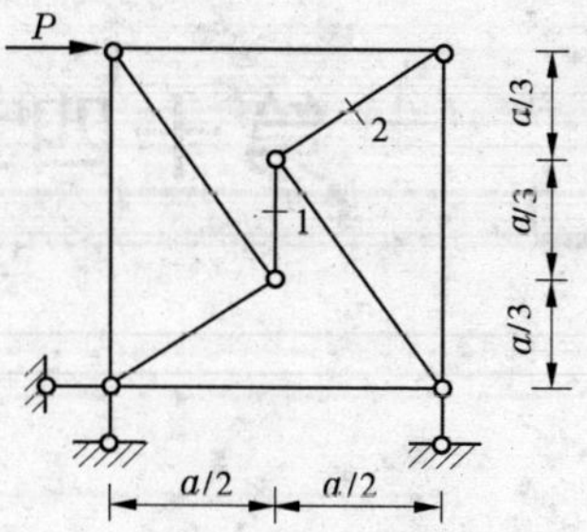

图 13-37

第十四章　静定结构的位移计算

复习提要

一、结构位移的概念

（一）结构位移的概念

工程结构承受外荷载后各杆件会产生变形，由变形带来的结构各截面位置的变化，就是所谓的结构位移。

结构位移分为线位移与角位移。线位移是指杆件截面形心位置的变化。如图 14-1 所示截面 A 形心点移动到 A'，线位移就是 Δ_A。它通常分解为水平方向的分位移 Δ_A^u 和铅垂方向的分位移 Δ_A^v 来计算。角位移是指杆截面发生的转动。图中 θ_A 即截面 A 的角位移。

结构位移产生的因素一般可归纳为：

（1）荷载作用；

（2）温度变化与材料的胀缩；

（3）支座移动与制造误差。

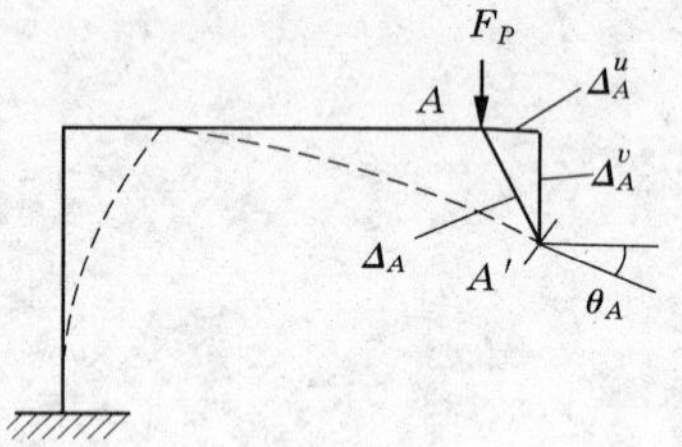

图 14-1

（二）结构位移计算的目的

计算结构位移的目的主要有以下 3 个方面：

（1）校核结构的刚度。即保证结构在使用过程中不致产生过大的变形，以符合工程使用的要求。

（2）求解超静定结构的内力。结构位移计算是分析超静定结构的基础。

（3）在结构的制作、架设、养护过程中，也往往需要预先知道结构的变形情况，以便采取一定的施工措施。

二、实功、虚功、广义力和广义位移

（一）功的概念

功是指作用在物体上的力与其作用点沿作用线方向位移的乘积。

恒力所做的功为

$$W = F \cdot \Delta\cos\alpha$$

力偶所做的功为

$$W = M\theta$$

功包含了两个要素：力和位移。其中，力是广义力，包括集中力、集中力偶或一对力、一对力偶；位移是广义位移，包括线位移、角位移。广义力与广义位移是一一对应的关系，

若广义力是集中力，则相应的广义位移为线位移；若广义力为力偶，则相应的广义位移为角位移。我们可以用一个统一的公式来表达

$$W = F \cdot \Delta \tag{14-1}$$

功为标量，单位常用 kN · m 或者 N · m。

（二）实功

力的实功是指力在自身引起的位移上所做的功，即做功的位移是由做功的力产生的。如图 14-2 所示简支梁，受一静力荷载作用，所谓静力荷载是指将荷载慢慢由零逐渐增至最终值 F_1。与此相应，作用点的位移也由零逐渐增至最终值为 Δ_{11}。对于线弹性体系，荷载与位移成线性关系。在加载过程中 F_1 所做的功为实功

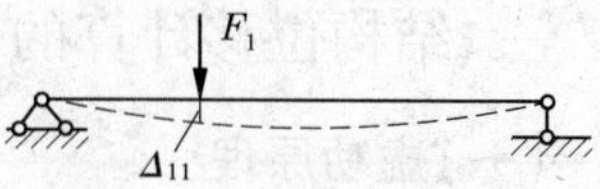

图 14-2

$$W_{11} = \frac{1}{2}F_1\Delta_{11}$$

（三）虚功

如果位移与做功的力彼此独立无关，则力在此位移上所做的功称为虚功。即力在其他原因产生的位移上做的功是虚功，如图 14-3 所示。

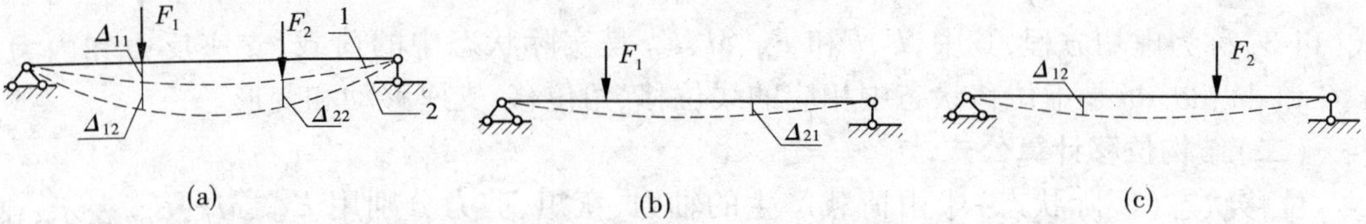

图 14-3

F_1 在 Δ_{11} 上所做的功为实功

$$W_{11} = \frac{1}{2}F_1\Delta_{11}$$

F_2 在 Δ_{22} 上所做的功为实功

$$W_{22} = \frac{1}{2}F_2\Delta_{22}$$

F_1 在由 F_2 产生的位移 Δ_{12} 上做的功为虚功

$$W_{12} = F_1\Delta_{12}$$

F_2 在由 F_1 产生的位移 Δ_{21} 上做的功为虚功

$$W_{21} = F_2\Delta_{21}$$

今后在研究 F_1 在 F_2 产生的位移 Δ_{12} 上所做的虚功时，不画图 14-3(a) 的情况，而把做虚功的力 F_1 和位移 Δ_{12}（由 F_2 引起的位移）分别画在两个图上，并称为同一结构的两种状态：力状态图 14-3(b) 称为状态 1 和位移状态图 14-3(c) 称为状态 2。将 F_1 在位移 Δ_{12} 上做的虚功称为状态 1 的力在状态 2 的位移上所做的虚功。

所谓虚功并非不存在的意思，虚字强调的是做功过程中位移与力相互独立无关的特点。

应该指出，当其他因素引起的位移与力方向一致时虚功为正值，反之则为负值；而实

功由于力自身所引起的相应位移总是与力的作用方向相一致，故总为正值。

（四）外力虚功与内力虚功

作用在结构上的外力（包括荷载和支座反力）所做的虚功称为外力虚功，用 $W_{外}$ 表示。在结构上某微段的内力（F_N、M、F_Q）在相应变形位移（此位移由某种因素产生）上所做的虚功称为内力虚功，用 $W_{内}$ 表示。

在虚功中可以将力和位移作为同一结构的两种彼此无关的状态，其中力系所属的状态称为力状态，位移所属的状态称为位移状态。

三、结构位移计算的一般公式

（一）虚功原理

变形体的虚功原理为：变形体在力系作用下处于平衡状态时，若使它产生任意的、微小的、可能的虚位移，则力状态的外力沿位移状态的相应位移所做的虚功，恒等于力状态的内力沿位移状态的相应变形所做的内力虚功，即

$$W_{外} = W_{内} \tag{14-2}$$

或

$$\sum F\Delta + \sum \overline{F}C = \sum \int_0^l (F_N \mathrm{d}u + M\mathrm{d}\theta + F_Q \mathrm{d}v) \tag{14-3}$$

式(14-3)称为虚功方程，其中，F、$\overline{F}$和 F_N、M、F_Q 是实际状态中的荷载、支座反力和内力；Δ、C 和 $\mathrm{d}u$、$\mathrm{d}\theta$、$\mathrm{d}v$ 是虚位移状态中相应的线位移、角位移、支座移动和变形。

（二）结构位移计算公式

位移状态（实际状态）中由荷载产生的轴力、弯矩、剪力分别用 F_{NP}、M_P、F_{QP}表示；微段 $\mathrm{d}s$ 产生的相应变形分别用 $\mathrm{d}u_P$、$\mathrm{d}\theta_P$、$\mathrm{d}v_P$ 表示；支座移动用 C 表示；虚拟状态中由虚拟单位力 $F_K=1$ 产生的支座反力、轴力、弯矩、剪力分别用$\overline{F}_K$ 、$\overline{F}_{NK}$、$\overline{M}_K$ 和$\overline{F}_{QK}$表示。由变形体虚功方程(14-3)得结构位移计算的一般公式

$$\Delta_{KP} = \sum \int \overline{F}_{NK}\mathrm{d}u_P + \sum \int \overline{M}_K \mathrm{d}\theta_P + \sum \int \overline{F}_{QK}\mathrm{d}v_P - \sum \overline{F}_{RK}C \tag{14-4}$$

利用式(14-4)即可求得结构在各种外因作用下产生的位移。若计算结果为正值，说明结构上实际的位移方向与假设 $F_K=1$ 方向一致；反之，则与假设 $F_K=1$ 方向相反。

通过施加单位力应用虚功原理计算结构位移的方法称为单位荷载法。单位荷载的设置应遵循虚设单位力与拟求位移的性质相适应的原则，即施加的单位力与所求的位移应有广义力与广义位移的对应关系。几种典型的结构力（虚拟）状态，如图 14-4 所示。

虚设的平衡状态与引起结构实际位移的因素无关。单位广义力的方向可以任意假设，若计算出的位移结果为正号，表示位移方向与虚设力的方向一致，负号则相反。单位广义力无单位，数值为单位 1。计算时要注意各物理量单位的一致性，线位移的单位为 m、cm 等，角位移为弧度。

四、静定结构由于荷载引起的位移计算

当静定结构在荷载的作用下，位移计算公式为

$$\Delta_{KP} = \sum \int \frac{\overline{F}_{NK}F_{NP}}{EA}\mathrm{d}s + \sum \int \frac{\overline{M}_K M_P}{EI}\mathrm{d}s + \sum \int \frac{k\,\overline{F}_{QK}F_{QP}}{GA}\mathrm{d}s \tag{14-5}$$

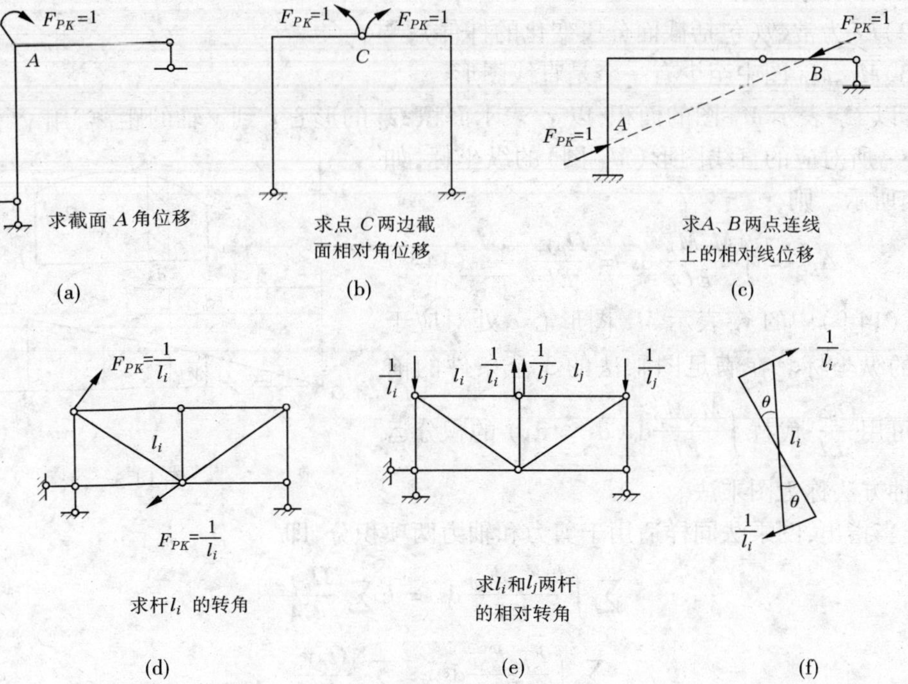

图 14-4

式(14-5)是平面杆系结构在荷载作用下的位移计算公式,适用于等直杆。

注意:在式(14-5)中有两套内力:M_P、F_{QP}、F_{NP}是实际荷载作用下产生的内力;$\overline{M}_K$、$\overline{F}_{QK}$、$\overline{F}_{NK}$是虚拟的单位荷载产生的内力。

各类结构的位移计算简化公式:

(1)梁和刚架。在一般的梁和刚架中,杆件的轴向变形和剪切变形对位移的影响比较小,只考虑弯曲变形的影响。于是有

$$\Delta_{KP} = \sum \int \frac{\overline{M}_K M_P}{EI} \mathrm{d}s \tag{14-6}$$

(2)桁架。在结点荷载作用下,桁架各杆只产生轴向力,且每根杆件的轴向力$\overline{F}_{NK}$、F_{NP}及杆件的横截面面积A沿杆长通常是不变的。于是有

$$\Delta_{KP} = \sum \int \frac{\overline{F}_{NK} F_{NP}}{EA} \mathrm{d}s = \sum \frac{\overline{F}_{NK} F_{NP} l}{EA} \tag{14-7}$$

(3)组合结构。组合结构中有以受弯为主的受弯杆件和只有轴向变形的轴力杆,其中受弯杆件只计算弯矩一项,轴力杆只计算轴力一项。于是有

$$\Delta_{KP} = \sum \int \frac{\overline{M}_K M_P}{EI} \mathrm{d}s + \sum \frac{\overline{F}_{NK} F_{NP} l}{EA} \tag{14-8}$$

五、图乘法

(一)图乘法公式

使用图乘法计算结构位移的条件有:

(1)杆轴为直线；

(2)EI 为常数(包括截面分段变化的杆件)；

(3)$\overline{M}_K$、M_P 图中至少有一个是直线图形。

若以 Ω_P 表示 M_P 图的面积,以 x_c 表示面积 Ω_P 的形心 c 到 y 轴的距离,用 y_c 代表 M_P 图形心 c 所对应的直线图形($\overline{M}_K$ 图)的纵坐标,如图 14-5所示。则

$$\Delta_{KP} = \int \frac{\overline{M}_K M_P}{EI} ds = \frac{\Omega_P y_c}{EI} \qquad (14\text{-}9)$$

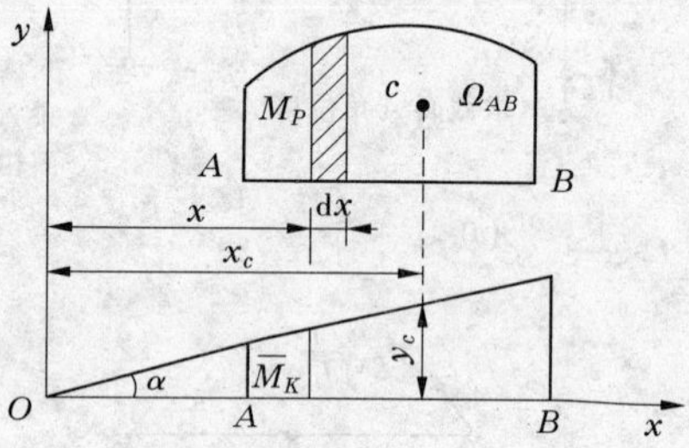

图 14-5

式(14-9)中的 y_c 表示 M_F 图形心 c 处对应于 $\overline{M}_K$ 图的纵坐标。在满足图乘法的 3 个条件的前提下,可用$\frac{\Omega_P y_c}{EI}$代替 $\int \frac{\overline{M}_K M_P}{EI} ds(ds = dx)$ 的积分运算,这种方法称为图乘法。

应当指出,图乘法同样适用于剪力和轴力两项积分,即

$$\sum \int \frac{k \overline{F}_{QK} F_{QP}}{GA} ds = k \sum \frac{\Omega_P y_c}{GA}$$

$$\sum \int \frac{\overline{F}_{NK} F_{NP}}{EA} ds = \sum \frac{\Omega_P y_c}{EA}$$

(二)图乘法的注意事项

应用图乘法时应注意下列几点:

(1)面积 Ω 应取曲线的图形,纵坐标 y_c 取直线图形,并且是 Ω 的形心所对应的纵坐标值。

(2)当两个内力图都在杆轴同一侧(对剪力图和轴力图应为同符号)时,相乘结果为正号,异侧时(对剪力图和轴力图为异号)相乘结果取负号。

(3)两图形相乘后还要除以杆段的刚度。

(4)若直线图形是由若干直线段组成的,则相乘时要分段图乘,则图 14-6 中有

$$\Delta_{KP} = \int \frac{\overline{M}_K M_P}{EI} ds = \frac{(\Omega_1 y_1 + \Omega_2 y_2 + \Omega_3 y_3)}{EI}$$

(5)复杂图形分解成几个简单的图形,以便用简单的面积和形心公式计算。

①梯形乘梯形(见图 14-7),可以不求梯形的形心,而把一个梯形分成两个三角形(或

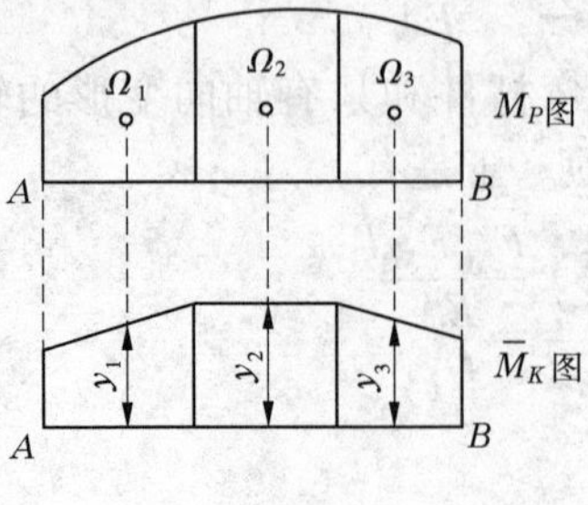

图 14-6

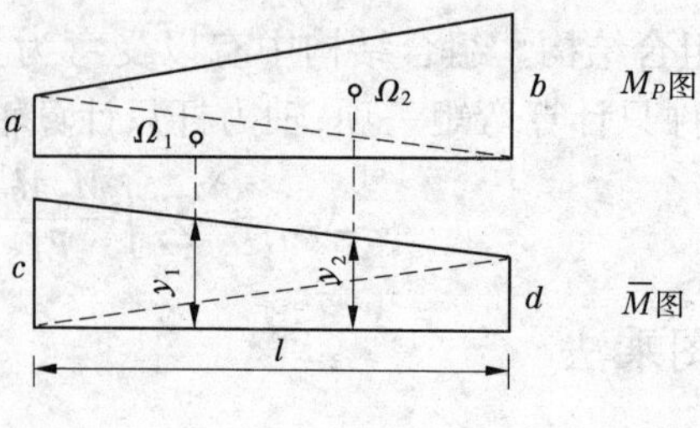

图 14-7

一个矩形和一个三角形），分别与另一图形相乘，然后叠加。此时，有

$$\Delta_{KP} = \frac{1}{EI}\int \overline{M}M_P\,\mathrm{d}s = \frac{1}{EI}(\Omega_1 y_1 + \Omega_2 y_2)$$

②非标准抛物线乘直线。图 14-8（a）所示，某杆段在均布荷载作用下的弯矩图可分解为直线形图 14-8（c）和标准抛物线图 14-8（d）两个图形，分别与图 14-8（b）相图乘，再将图乘结果叠加，就得到图 14-8（a）与图 14-8（b）的图乘结果，即

$$\Delta_{KP} = \frac{1}{EI}\int \overline{M}M_P\,\mathrm{d}s = \frac{1}{EI}\left[\frac{1}{6}(2ab + 2bd + ad + bc) - \frac{2}{3}hl \times \frac{c+d}{2}\right]$$

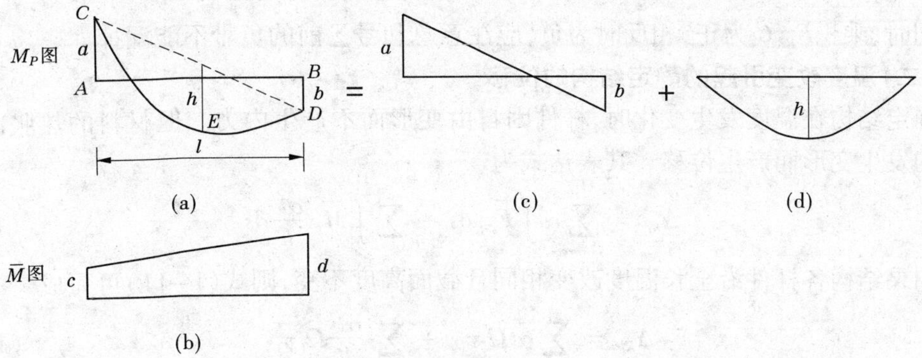

图 14-8

如图 14-9 所示给出了位移计算中几种常见图形的面积和形心的位置，以便图乘时查用。图中顶点是指该点的切线平行于底边的点（M 图中的极值点、剪力为零的点），图中的抛物线是标准抛物线，它的切点在图形的中点或端点，切点的切线与基线平行，即在切点处剪力$F_Q = 0$。

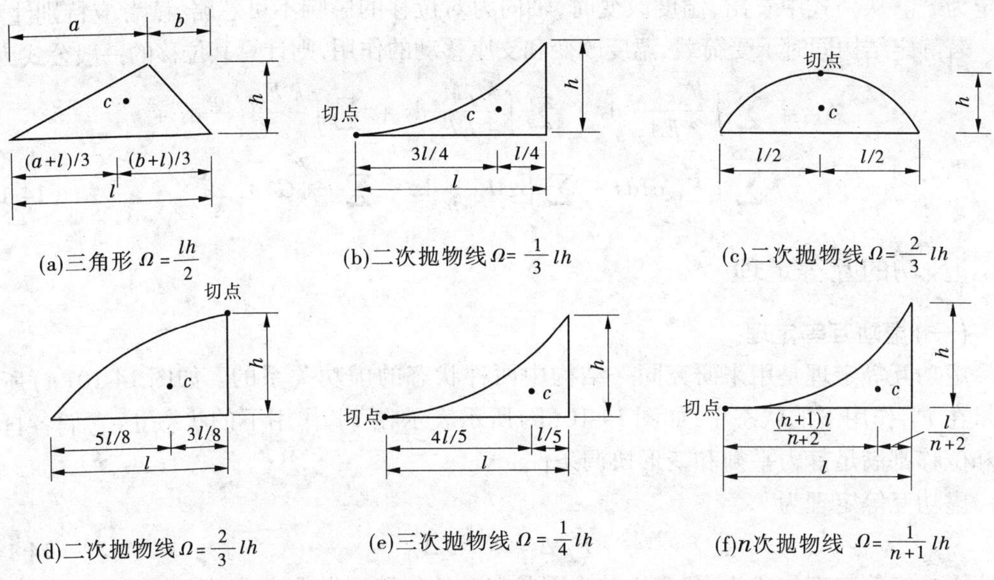

图 14-9

六、支座移动和温度改变引起的静定结构的位移*

(一)支座移动引起的静定结构的位移

静定结构在支座移动时不引起任何内力和变形,杆件只产生刚体位移。因此,有

$$\Delta_{KC} = -\sum \overline{F}_{RK}C \tag{14-10}$$

式中,Δ_{KC}为由支座移动引起K处所沿K方向的位移;$\overline{F}_{RK}$为单位广义力$F_{PK}=1$作用下支座移动处的支座反力;C为支座移动的位移值。

$\sum\overline{F}_{RK}C$为虚设状态的支座反力在实际支座位移上所做的虚功之和。当$\overline{F}_{RK}$与C的方向相同时,乘积$\overline{F}_{RK}C$为正,相反时为负,应注意总和号$\sum$前的负号不能漏掉。

(二)温度改变引起的静定结构的位移

静定结构在温度发生变化时,杆件因自由变形而不产生内力。但材料的热胀冷缩将使结构发生变形而产生位移。其表达式为

$$\Delta_{Kt} = \sum \alpha t\int \overline{F}_{NK}\mathrm{d}s + \sum\int \overline{M}_K\frac{\alpha t'}{h}\mathrm{d}s \tag{14-11}$$

如果结构各杆件沿全长温度改变相同且截面高度不变,则式(14-11)可写成

$$\Delta_{Kt} = \sum \alpha t\Omega_{(\overline{F}_N)} + \sum\frac{\alpha t'}{h}\Omega_{(\overline{M})} \tag{14-12}$$

式中,$\Omega_{(\overline{F}_N)}$为单位广义力$F_{PK}=1$作用下轴力图面积;$\Omega_{(\overline{M})}$为单位广义力$F_{PK}=1$作用下弯矩图面积;$t'=t_2-t_1$;$t=\dfrac{t_1+t_2}{2}$。

轴力以受拉为正,受压为负。温度改变以温升为正,温降为负。为了使温度规定的正负号与变形一致,计算中约定以$\overline{M}_K$图为准,图中的受拉面纤维温度定为t_2,受压面纤维温度定为t_1。从公式中看出,温度改变时,轴向力对位移的影响不可忽略,读者应特别注意。

若静定结构同时承受荷载、温度改变和支座移动的作用,则计算其位移的一般公式为

$$\Delta_K = \sum\int\frac{\overline{F}_{NK}F_{NF}}{EA}\mathrm{d}s + \sum\int\frac{\overline{M}_K M_K}{EI}\mathrm{d}s + \sum\int\frac{k\overline{F}_{QK}F_{QF}}{GA}\mathrm{d}s + \sum\int\overline{F}_{NK}\alpha t\mathrm{d}s + \sum\int\alpha\overline{M}_K\frac{t'}{h}\mathrm{d}s - \sum\overline{F}_{PK}C \tag{14-13}$$

七、功的互等定理

(一)虚功互等定理

虚功互等定理是用来研究同一结构中两种状态的虚功关系的。如图14-10(a)所示表示在F_{P1}作用下的状态Ⅰ,如图14-10(b)所示表示在F_{P2}作用下的状态Ⅱ,它们各自的力和位移都满足静力平衡和变形协调条件。

虚功互等定理为

$$F_{P1}\Delta_{12} = F_{P2}\Delta_{21} \tag{14-14}$$

虚功互等定理叙述为:状态Ⅰ的力因状态Ⅱ的位移所做的虚功,等于状态Ⅱ的力因状态Ⅰ的位移所做的虚功。虚功互等定理又称为贝谛(E. Betti)定理。

(a)状态Ⅰ　　(b)状态Ⅱ

图 14-10

(二)位移互等定理

在如图 14-10 所示图形中,令 $F_{P1}=1$、$F_{P2}=1$,由其中一个单位力引起的另一个单位力方向的虚位移分别用字母 δ_{12} 及 δ_{21} 来表示,于是有

$$\delta_{12}=\delta_{21} \tag{14-15}$$

这就是虚位移互等定理,简称为位移互等定理。

位移互等定理叙述为:1 处的单位力在 2 处引起的位移,等于 2 处的单位力在 1 处引起的位移。位移互等定理又称麦克斯韦(J. C. Maxwell)定理。

位移互等定理将在解超静定结构的力法中得到应用。

(三)反力互等定理

如图 14-11 所示的两跨超静定梁,1 支座发生单位移动的状态Ⅰ,如图 14-11(a)所示,2 支座发生单位移动的状态Ⅱ,如图 14-11(b)所示,相应的约束力用小写字母表示,于是有

$$k_{12}=k_{21} \tag{14-16}$$

这就是反力互等定理。

反力互等定理叙述为:1 处发生单位位移时在 2 处引起的反力,等于 2 处发生单位位移时在 1 处引起的反力。反力互等定理又称为瑞利(L. Rayleigh)定理。

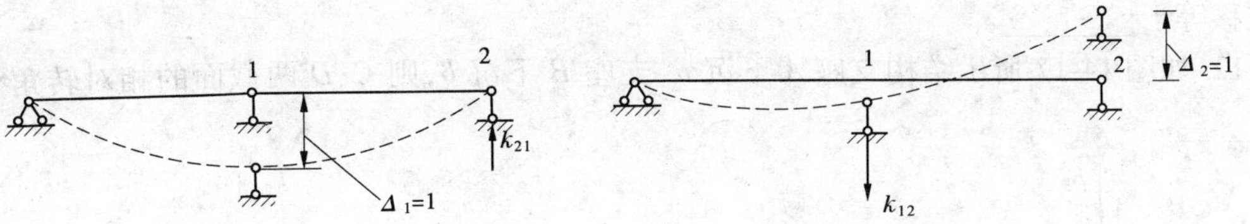

(a)状态Ⅰ　　(b)状态Ⅱ

图 14-11

反力互等定理将在解超静定结构的位移法中得到应用。

训练题

一、填空题

1. 虚功是指位移与做功的力____________;变形体虚功方程可表述为平衡的变形体给予任意的虚位移时,变形体上________等于________之和。

2. 位移计算时,虚拟单位广义力的原则是使外力功的值恰好等于________值。

3. 应用图乘法求杆件结构的位移时,各图乘的杆段必须满足如下三个条件:________,________,________。

4. 在非荷载因素(支座移动、温度变化、材料收缩等)作用下,静定结构不产生______,但会有位移,且位移与杆件刚度________关。

5. 静定结构由于支座移动而产生的位移是________位移。

6. 在超静定结构分析时,反力互等定理在__________中得到应用,位移互等定理在________中得到应用。

7. 如图 14-12 所示刚架 A 点的水平位移 $\Delta_{AH}=$________。

8. 如图 14-13 所示结构,$EI=$常数,各杆长为 l,D 点的水平位移为________。

9. 如图 14-14 所示结构 A 点的水平位移 $\Delta_{AH}=$________。

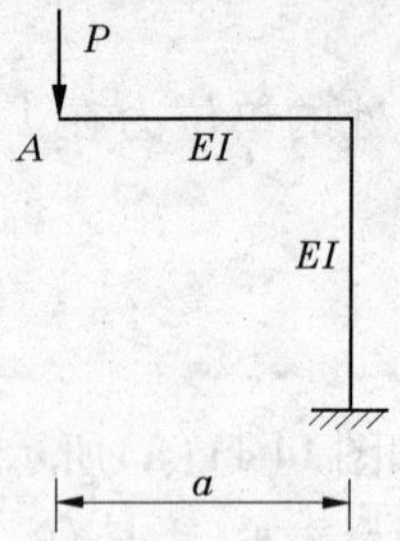

图 14-12

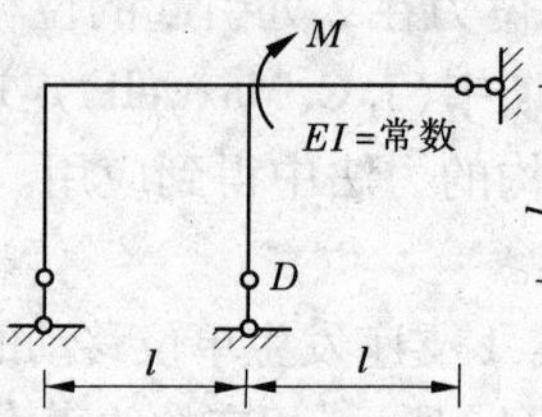

图 14-13

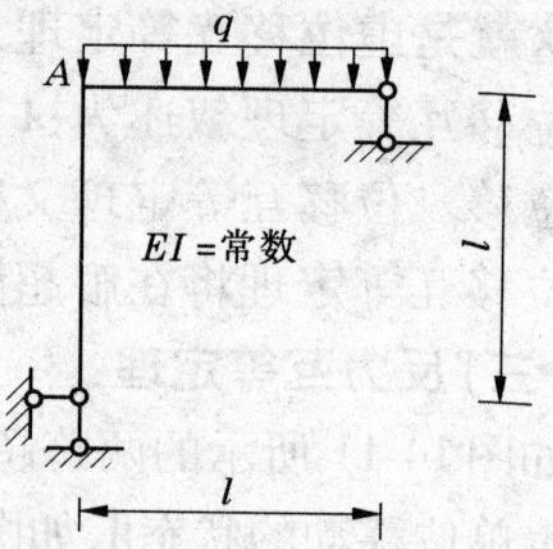

图 14-14

10. 如图 14-15 所示桁架,设各杆 EA 相同,C 点的水平位移等于________。

11. 如图 14-16 所示桁架各杆 $EA=$常数,由于荷载 P 是反对称性质的,故结点 B 的竖向位移等于________。

12. 如图 14-17 所示结构支座 A 下沉 a,支座 B 下沉 b,则 C、D 两截面的相对转角为________。

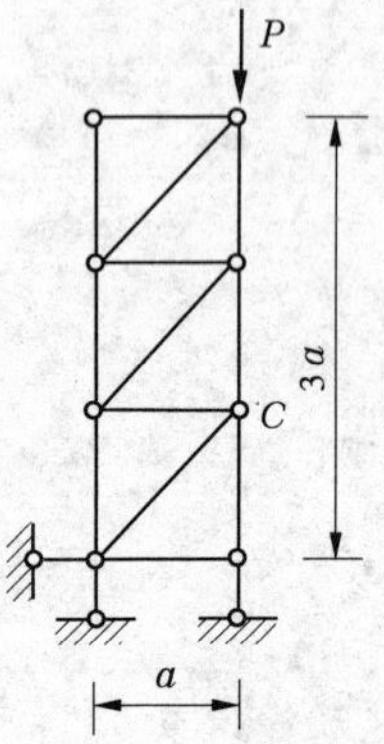

图 14-15

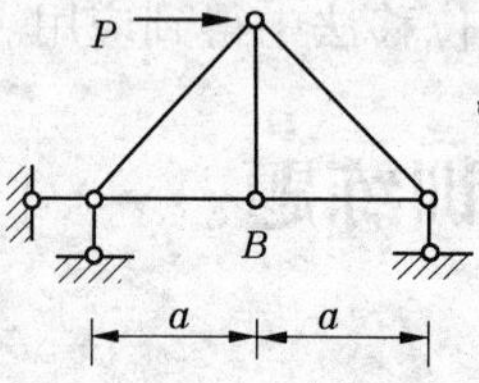

图 14-16

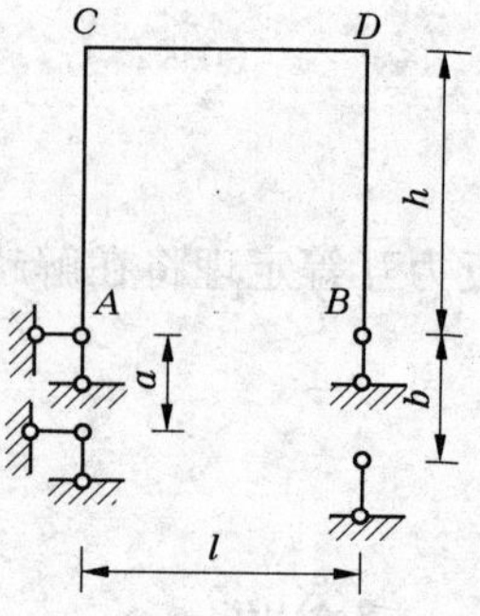

图 14-17

二、选择题

1. 图 14-18 所示结构，求 A、B 两点相对线位移时，虚力状态应在两点分别施加的单位力为（　　）。

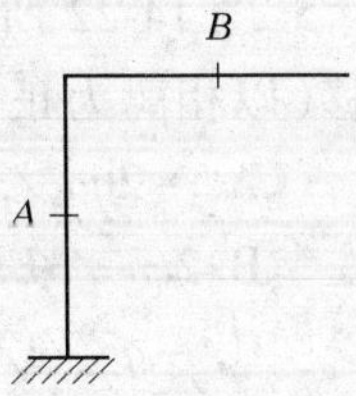

图 14-18

A. 竖向反向力

B. 水平反向力

C. 连线方向反向力

D. 反向力偶

2. 求图 14-19 所示梁铰 C 左侧截面的转角时，其虚拟状态应取（　　）。

图 14-19

3. 欲直接计算图 14-20 所示桁架杆 BC 的转角，则虚设力系应为（　　）。

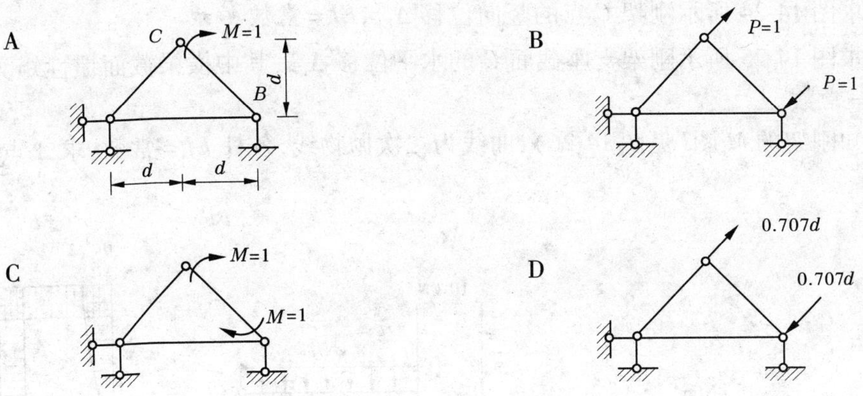

图 14-20

4. 欲计算图 14-21 所示刚架的刚性杆 AB 转角，虚设力系应为（　　）。

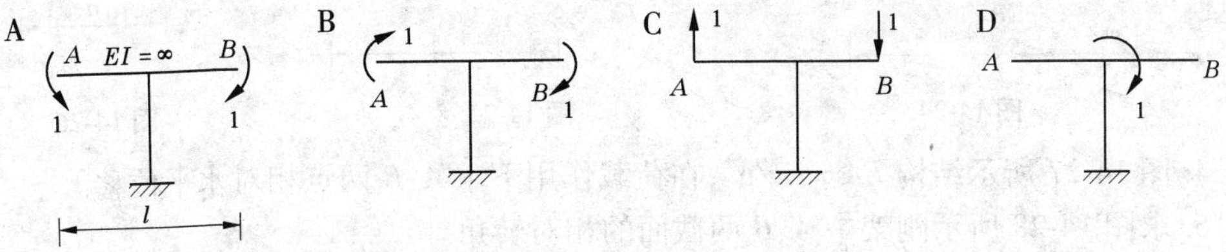

图 14-21

5. 图 14-22 所示结构(EI = 常数),A、B 两点相对水平位移(以相离为正)为(　　)。

A. $-2qa^4/3EI$

B. $2qa^4/3EI$

C. $-qa^4/12EI$

D. $qa^4/12EI$

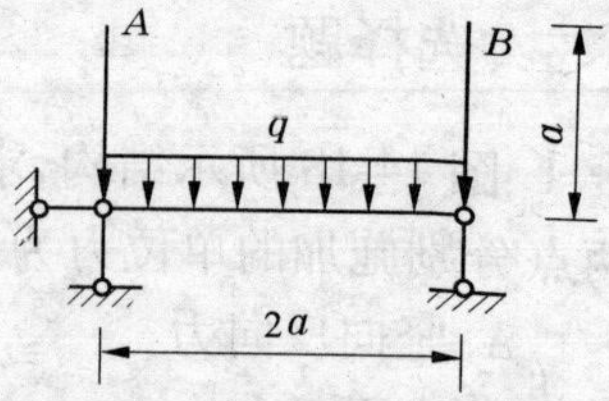

图 14-22

6. a、b 两种状态中(见图 14-23),梁的转角 φ 与竖向位移 δ 间的关系为(　　)。

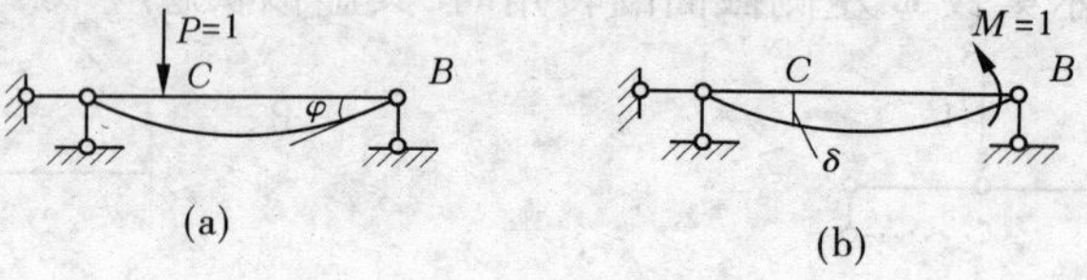

图 14-23

A. $\delta = \varphi$　　B. δ 与 φ 关系不定,取决于梁的刚度大小

C. $\delta > \varphi$　　D. $\delta < \varphi$

三、计算题

1. 试求图 14-24 所示刚架 C 点的竖向位移 Δ_{CV},EI = 常数。

2. 试求图 14-25 所示刚架支座截面 C 的水平位移 Δ_{CH},其中横梁截面惯性矩为 $2I$,竖柱为 I,E = 常数。

3. 已知刚架的 M 图(见图 14-26),曲线为二次抛物线,各杆 EI = 常数,求 A 点水平位移。

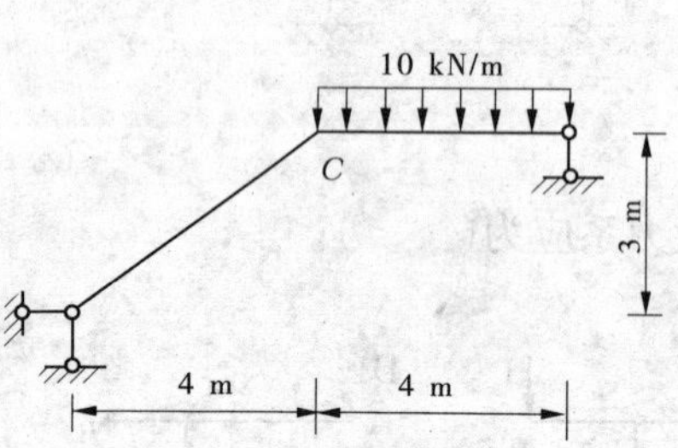

图 14-24

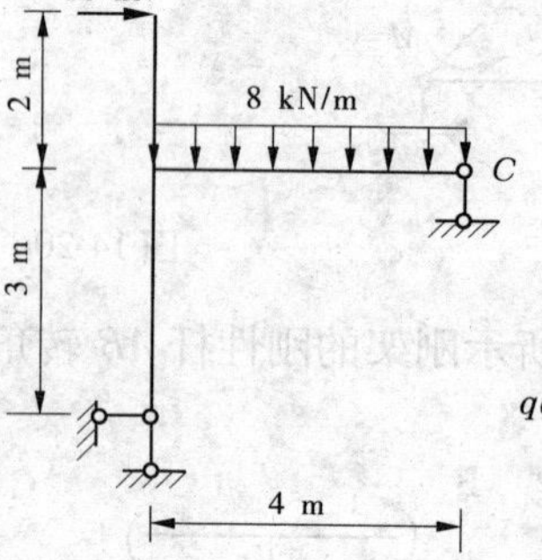

图 14-25

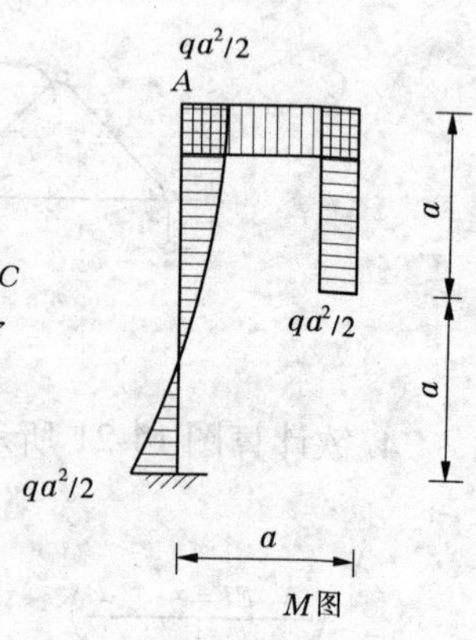

图 14-26

4. 图 14-27 所示结构 $EA = EI/a^2$,在荷载作用下求 A、B 两点相对水平位移。

5. 求图 14-28 所示刚架中 A、B 两截面的相对转角。

6. 求图 14-29 所示桁架(EA = 常数)中 A 点的竖向位移。

7. 求当图 14-30 所示结构发生支座位移时铰 A 两侧截面的相对转角 φ_A。

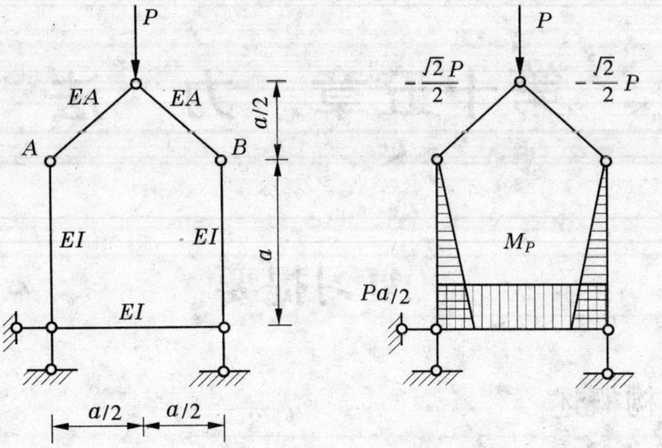

图 14-27

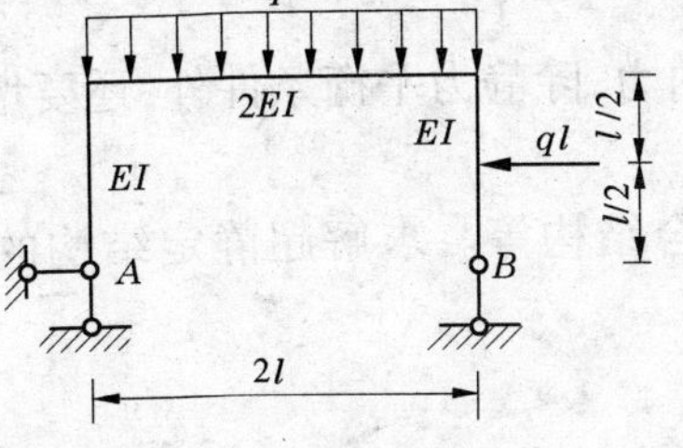

图 14-28

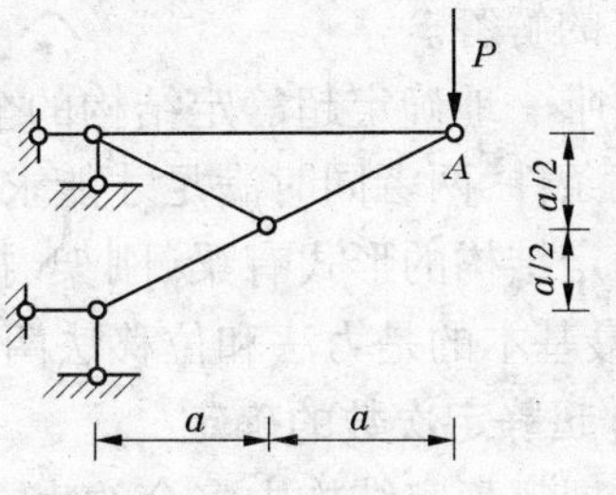

图 14-29

8. 图 14-31 所示三铰刚架，已知支座 A 发生了水平位移 a 和竖向位移 b，试求 B 端的转角 φ_B。

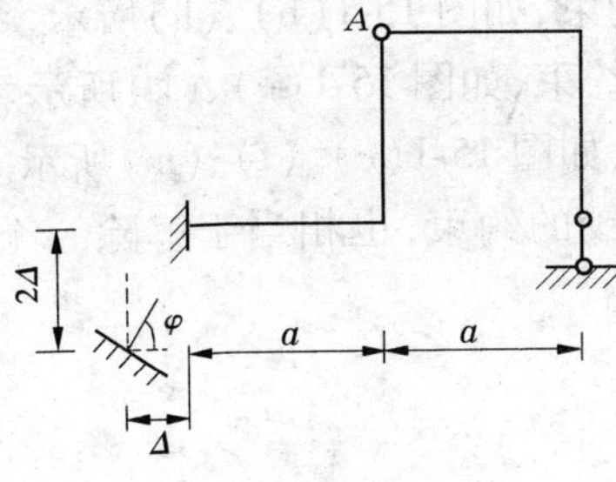

图 14-30

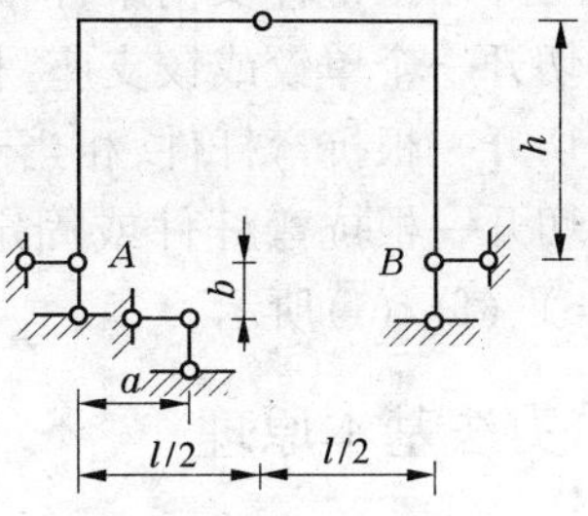

图 14-31

第十五章　力　法

复习提要

一、超静定结构概述

(一)超静定结构的概念

超静定结构的基本特征是有多余约束,且反力与内力不能单独由静力平衡条件求得唯一确定的解答。

若要唯一地确定超静定结构的全部反力和内力,除静力平衡条件外,还要增加位移协调的补充条件,两者同时满足才能求解。

超静定结构的形式有梁、刚架、拱、桁架、组合结构等。求解超静定结构的方法有很多,其中最基本的是力法和位移法两种。

(二)超静定次数的确定

通常把超静定结构中多余约束或多余约束反力的个数称为超静定次数,即

超静定次数 = 多余约束个数 = 未知力个数 - 体系独立平衡方程个数

解除约束法是将超静定结构中的多余约束解除,使解除多余约束后的结构成为静定结构,则所解除的多余约束数目即为超静定的次数。解除约束时应注意下列约束的性质:

(1)切开一根链杆及桁架杆相当于解除一个约束,如图 15-1(b)、(h)所示。

(2)切开一个单铰或铰支座,相当于解除两个约束,如图 15-1(e)、(k)所示。

(3)切开一根抗弯杆件,相当于解除 3 个约束,如图 15-1(e)、(f)、(m)所示。

(4)切开一根抗弯杆件或固定支座并换成单铰的约束,也相当于解除一个约束,如图 15-1(c)、(f)、(i)所示。

二、力法基本原理

力法是求解超静定结构的一种基本方法,它可以计算任意形式的超静定结构,故其应用范围较广。

力法的基本思路是把超静定结构的计算转化为静定结构的计算。即解除超静定结构的多余约束,使之变成静定结构;由该静定结构在解除多余约束处的变形与原超静定结构一致的位移协调条件,求出多余约束反力;再利用静力平衡方程解出其余反力或内力。

一次超静定结构的力法典型方程为

$$\delta_{11} F_{x1} + \Delta_{1P} = 0 \tag{15-1}$$

式中的系数 δ_{11} 和自由项 Δ_{1P} 均为基本系在已知荷载作用下的位移,求出 F_{x1} 后即可按静定结构方法计算并作内力图。通常,作内力图时常利用已绘出的 $\overline{M}_1$ 图和 M_P 图用叠加

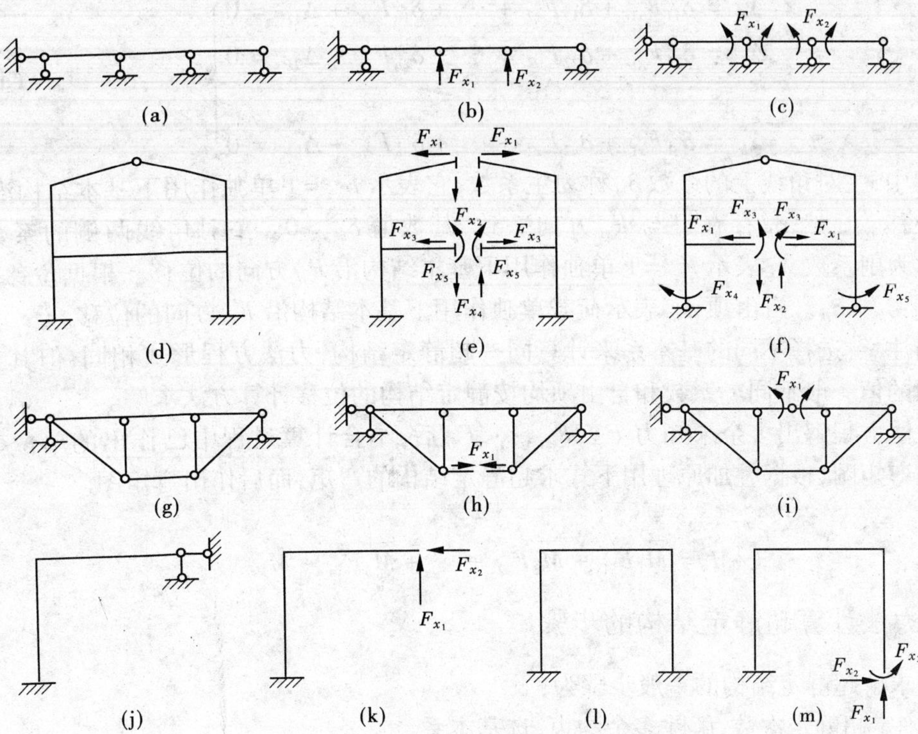

图 15-1

法作弯矩图,而后作剪力图及轴力图。即

$$M = \overline{M}_1 F_{x1} + M_P \tag{15-2}$$

力法的基本原理是:以多余约束力作基本未知量,以解除约束后的静定结构为基本结构,根据基本体系在解除约束处的位移条件,建立典型方程,解出多余约束力,然后利用叠加原理求内力,作内力图。

三、力法的基本未知量、基本系和典型方程

(一)基本未知量

用解除约束法解除了结构的多余约束后,在解除约束处,按约束的性质代以约束力,这些多余约束力就是力法求解中的基本未知量。

(二)基本系

用解除约束法解除了结构的多余约束后,所成的静定结构称为原结构的基本结构或基本系。同一个超静定结构基本系可以有多种形式。对基本系的要求是:

(1)几何不变而无多余约束的静定结构。这里强调静定是因为超静定的基本系目前还不会计算。

(2)计算尽可能简单。一般悬臂式最简单,其次是简支式,三铰式与组合式都较复杂。

(三)典型方程

n 次超静定结构的力法典型方程为

$$\left.\begin{array}{l}\Delta_1 = \delta_{11}F_{x1} + \delta_{12}F_{x2} + \cdots + \delta_{1n}F_{xn} + \Delta_{1P} = 0 \\ \Delta_2 = \delta_{21}F_{x1} + \delta_{22}F_{x2} + \cdots + \delta_{2n}F_{xn} + \Delta_{2P} = 0 \\ \vdots \\ \Delta_n = \delta_{n1}F_{x1} + \delta_{n2}F_{x2} + \cdots + \delta_{nn}F_{xn} + \Delta_{nP} = 0\end{array}\right\} \tag{15-3}$$

方程中,主对角线上的系数 δ_{kk} 称为主系数,它表示 $F_{xk}=1$ 单独作用下基本结构沿 F_{xk} 方向的位移。显然,δ_{kk} 存在且与 F_{xk} 方向一致,其数值 $\delta_{kk}>0$。主对角线两侧的系数 δ_{ki} $(k\neq i)$ 称为副系数,它表示 $F_{xi}=1$ 单独作用下基本结构沿 F_{xk} 方向的位移。根据位移互等定理可知:$\delta_{ki}=\delta_{ik}$。自由项 Δ_{kP} 表示荷载单独作用下基本结构沿 F_{xk} 方向的位移。

应当注意:选择不同的基本系来计算同一超静定结构,力法方程形式相同,但其系数和自由项的值一般不同。系数和自由项均按静定结构的位移计算方法求解。

由力法方程解出多余未知力 $F_{x1},F_{x2},\cdots,F_{xn}$ 后,结合计算过程中已作出的单位弯矩图和荷载弯矩图,根据叠加原理用下式求超静定结构的弯矩,而后作出弯矩图。

$$M = \overline{M}_1F_{x1} + \overline{M}_2F_{x2} + \cdots + \overline{M}_nF_{xn} + M_P$$

四、力法计算超静定结构的步骤

力法求解超静定结构的一般步骤为:

(1)确定超静定次数,解除多余约束,选基本系。

(2)根据位移条件建立力法典型方程。

(3)在基本系上作单位内力图及荷载内力图,按位移公式计算系数和自由项。

(4)求解典型方程,得基本未知量。

(5)计算内力,根据叠加原理作内力图,并校核。

五、对称性的利用*

(一)对称结构

所谓对称结构,即它的几何图形、截面尺寸、材料性质、支承约束对称于对称轴。这种结构将其中的一半绕对称轴旋转180°后,左、右(或上、下)部分将重合在一起,如图15-2所示。

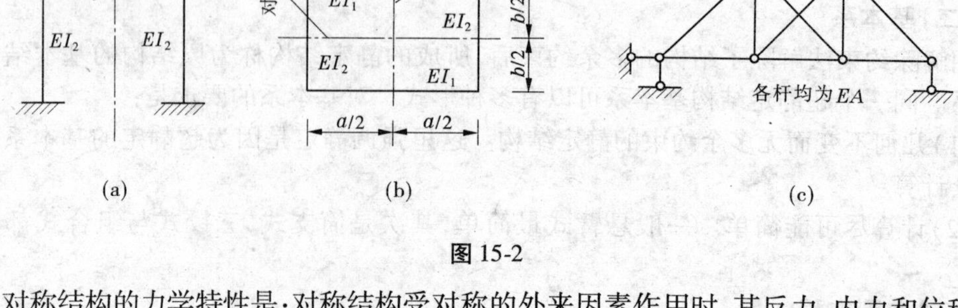

图15-2

对称结构的力学特性是:对称结构受对称的外来因素作用时,其反力、内力和位移是对称的;受反对称外来因素作用时,其反力、内力和位移是反对称的。如图15-3(a)所示为对称结构受一般荷载的情况，可根据叠加原理，把荷载分解为一组对称荷载与一组反对称荷载。

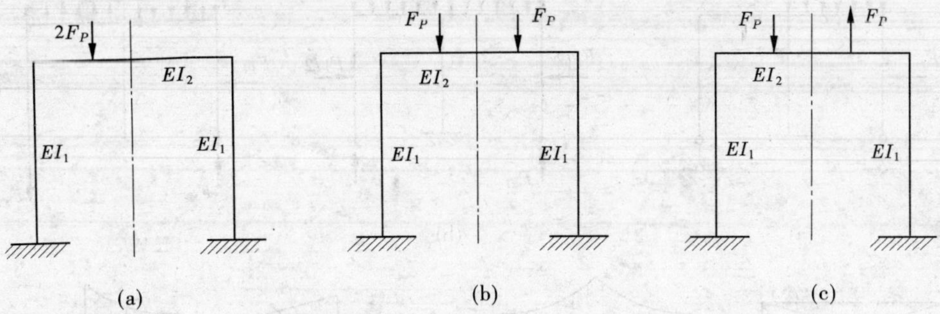

图 15-3

如图 15-3(b)所示为对称结构受对称荷载，而图 15-3(c)所示为对称结构受反对称荷载，它们都符合对称结构的力学特性。

对称结构在取基本系解除约束时最好解除对称轴上的约束。

如图 15-4(a)所示，若在横梁中点切开，则基本未知量有 F_{x1}、F_{x2}、F_{x3}，而 F_{x1}(轴力)、F_{x3}(弯矩)是对称的未知力，F_{x2}(剪力)为反对称的未知力。根据结构的对称性，在对称荷载作用下，只有对称的内力，反对称的未知力 F_{x2} 为零，如图 15-4(b)所示，而受反对称荷载时，只有反对称的对称的未知力为零，如图 15-4(c)所示。

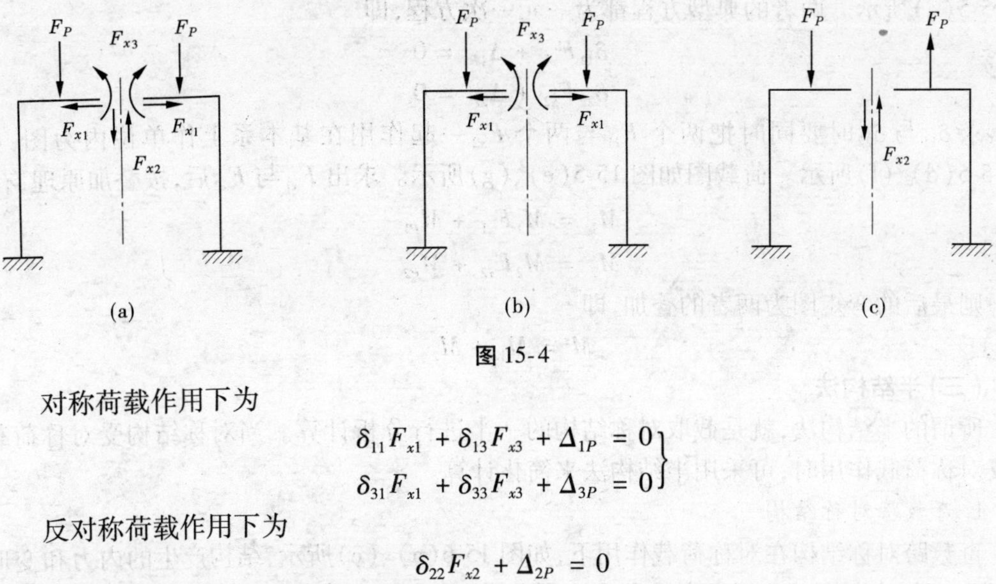

图 15-4

对称荷载作用下为

$$\left.\begin{aligned}\delta_{11}F_{x1}+\delta_{13}F_{x3}+\Delta_{1P}=0\\ \delta_{31}F_{x1}+\delta_{33}F_{x3}+\Delta_{3P}=0\end{aligned}\right\}$$

反对称荷载作用下为

$$\delta_{22}F_{x2}+\Delta_{2P}=0$$

求出 F_{x1}、F_{x2}和 F_{x3}后，按叠加原理，有

$$M_{对称}=\overline{M}_1F_{x1}+\overline{M}_3F_{x3}+M_{P对称}$$

$$M_{反对称}=\overline{M}_2F_{x2}+M_{P反对称}$$

如图 15-4(a)所示结构最后弯矩图为 $M=M_{对称}+M_{反对称}$。

(二)一般荷载分解为对称荷载和反对称荷载

如图 15-5(a)所示为对称结构受一般荷载，这时可根据叠加原理把荷载分解为一组

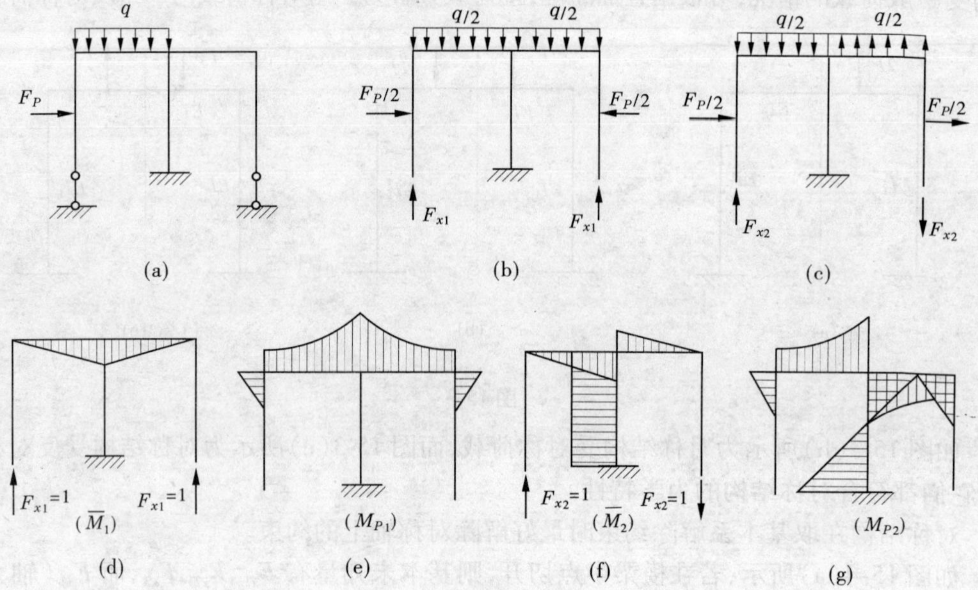

图 15-5

对称荷载与一组反对称荷载。若基本系取悬臂的对称形式，在对称荷载作用下两边的未知力同为 F_{x1}，如图 15-5(b)所示；在反对称荷载作用下未知力同为 F_{x2}（但方向相反），如图 15-5(c)所示。两者的典型方程都为一元一次方程，即

$$\delta_{11}F_{x1} + \Delta_{1P} = 0$$

$$\delta_{22}F_{x2} + \Delta_{2P} = 0$$

求 δ_{11} 与 δ_{22} 时要同时把两个 F_{x1} 与两个 F_{x2} 一起作用在基本系上作单位内力图，如图 15-5(d)、(f)所示。荷载图如图 15-5(e)、(g)所示。求出 F_{x1} 与 F_{x2} 后，按叠加原理，有

$$M_1 = \overline{M}_1 F_{x1} + M_{P1}$$

$$M_2 = \overline{M}_2 F_{x2} + M_{P2}$$

则最后的弯矩图为两者的叠加，即

$$M = M_1 + M_2$$

（三）半结构法

所谓的半结构法，就是截取对称结构的一半进行分析计算。当对称结构受对称荷载或反对称荷载作用时，可采用半结构法来简化计算。

1. 奇数跨对称结构

奇数跨对称结构在对称荷载作用下，如图 15-6(a)、(c)所示，结构产生的内力和变形也对称。在对称截面 E 不发生转角和水平位移，只有竖向线位移，同时截面 E 将只有对称的内力弯矩和轴力。取半边结构计算时，在截面 E 处可用一个定向支座来代替另半边结构的作用，得到计算简图如图 15-6(b)、(d)所示。

奇数跨对称结构在反对称荷载作用下，如图 15-6(e)、(g)所示，结构产生的变形也反对称。在对称截面 E 处没有竖向位移，但可以转动和沿水平侧移，该截面的弯矩和轴力为零，仅有反对称内力即剪力。取半边结构计算时，可在截面 E 处用竖向链杆支座约束

来代替，得到计算简图如图 15-6(f)、(h)所示。

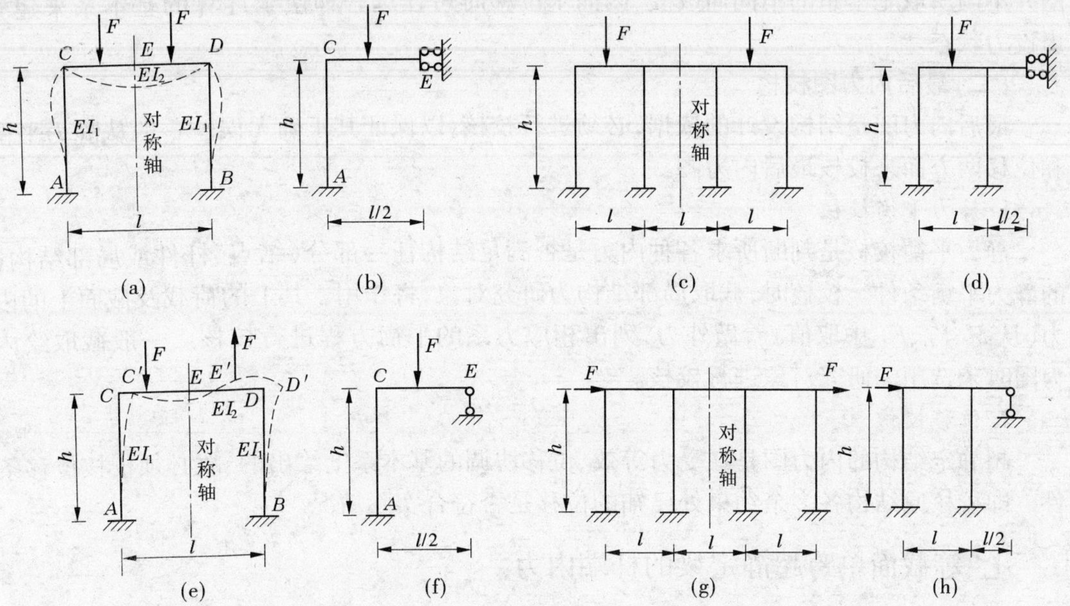

图 15-6

2. 偶数跨对称结构

如图 15-7(a)所示，偶数跨对称结构受对称荷载作用时，在对称截面 E 处不可能产生转角和水平侧移，若忽略中间柱的轴向微小变形，则截面 E 无任何位移，故可将 E 处视为固定端约束，其半结构的计算简图如图 15-7(b)所示。

如图 15-7(c)所示，偶数跨对称结构受反对称荷载作用时，中柱产生弯曲变形。当取半结构计算时，可将中间柱设想为由两根刚度各为 $EI/2$ 的立柱组合而成，两柱顶端分别与柱两侧横梁刚性联结。其半边结构的计算简图如图 15-7(d)所示。

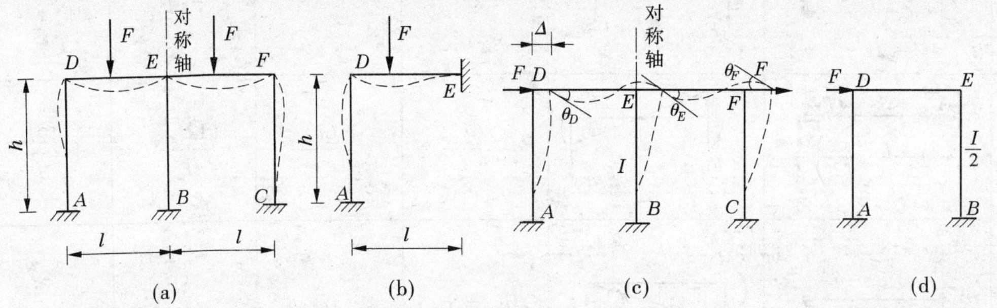

图 15-7

六、超静定结构的位移计算和最后内力图的校核*

(一)超静定结构的位移计算

在进行超静定结构的位移计算时，由于基本结构在外荷载及多余未知力的共同作用下的受力情况和变形情况与原结构完全相同，故计算原结构的位移就可直接在基本系上进行。这样，超静定结构的位移计算就转化为静定问题求解了。由于超静定结构的内力图并不因所取基本系的不同而改变，因而求位移时可任选一种便于计算的基本系来建立虚设力状态。

（二）最后内力图校核

最后内力图是结构设计的依据，必须进行校核，以保证其正确无误。一般从静力平衡和位移两方面来校核最后内力图。

1. 静力平衡校核

静力平衡校核是判断所求各种内力是否满足结构任一部分（结点、杆件或局部结构）的静力平衡条件。校核时，截取局部结构为研究对象，将作用于其上的荷载及截面上的内力（从 M、F_Q、F_N 中取值）看做外力，列出相应力系的平衡方程进行校核。一般截取绘内力图时未选用的研究对象进行校核。

2. 位移校核

超静定结构的内力图是在受力等效、位移协调的基本系上绘出的，故必须校核位移条件。即校核原结构各多余约束处已知的位移是否符合实际情况。

七、等截面单跨超静定梁的杆端内力

用力法可计算出各种因素作用下单跨超静定梁的内力，表 15-1 中列出了一些计算成果。这些成果可以供设计时直接查用。习惯上将杆端单位位移引起的杆端内力称为形常数，将荷载或温度变化产生的杆端内力称为载常数。

表 15-1 等截面单跨超静定梁在各种因素作用下的杆端弯矩、剪力

编号	简图	弯矩图（绘在受拉边缘）	杆端弯矩		杆端剪力	
			M_{AB}	M_{BA}	F_{QAB}	F_{QBA}
1	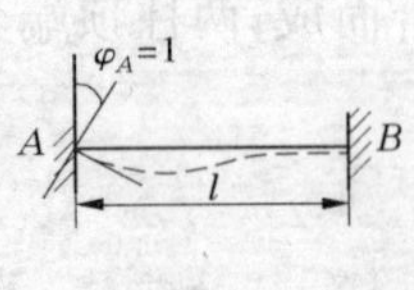	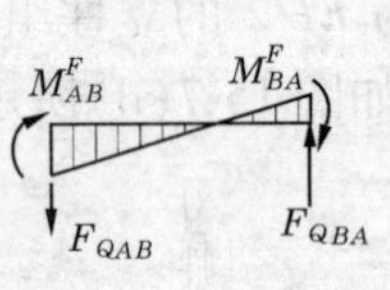	$4i_{AB}=S_{AB}$	$2i_{AB}$	$-\frac{6i_{AB}}{l}$	$-\frac{6i_{AB}}{l}$
2	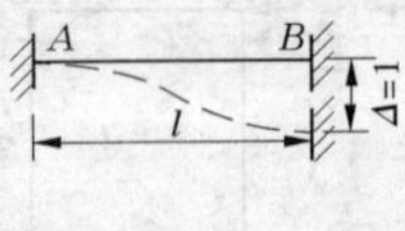	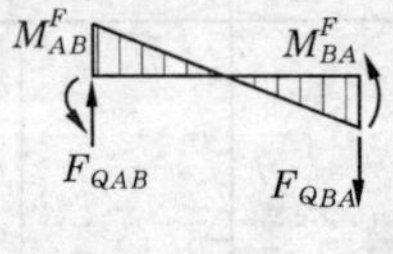	$-\frac{6i_{AB}}{l}$	$-\frac{6i_{AB}}{l}$	$\frac{12i_{AB}}{l^2}$	$\frac{12i_{AB}}{l^2}$
3	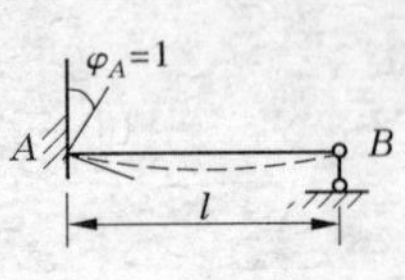	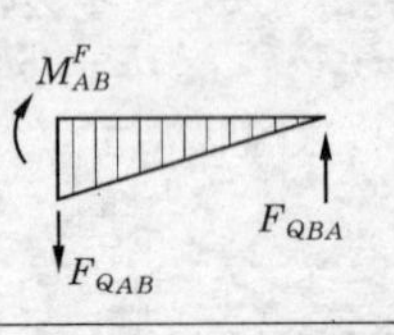	$3i_{AB}=S_{AB}$	0	$-\frac{3i_{AB}}{l}$	$-\frac{3i_{AB}}{l}$
4	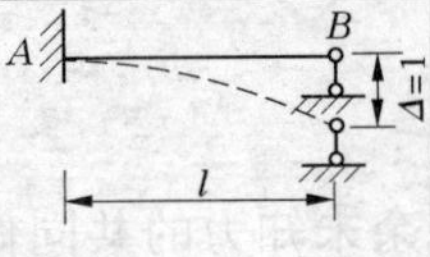	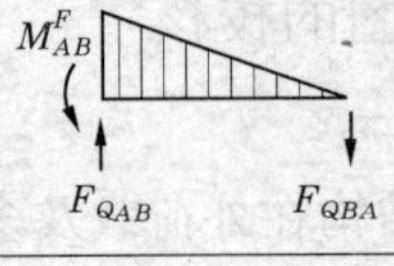	$-\frac{3i_{AB}}{l}$	0	$\frac{3i_{AB}}{l^2}$	$\frac{3i_{AB}}{l^2}$

续表 15-1

编号	简图	弯矩图（绘在受拉边缘）	杆端弯矩		杆端剪力	
			M_{AB}	M_{BA}	F_{QAB}	F_{QBA}
5	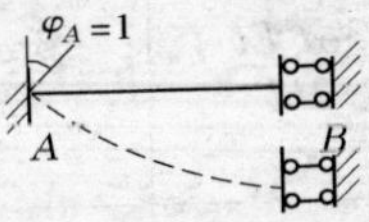	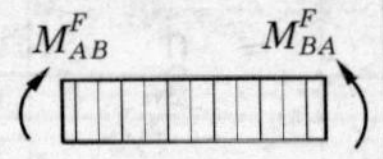	$i_{AB}=S_{AB}$	$-i_{AB}$	0	0
6	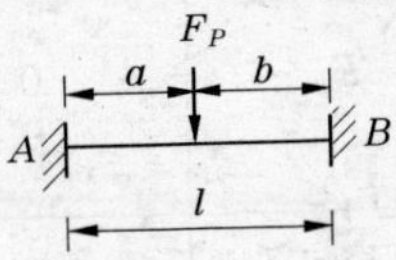	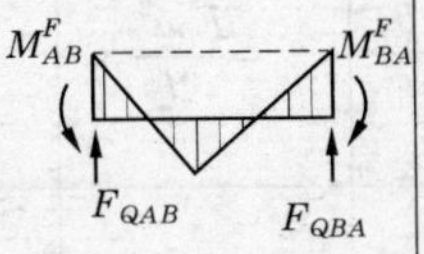	$-\frac{F_Pab^2}{l^2}$ 当 $a=b$ 时为 $-\frac{F_Pl}{8}$	$\frac{F_Pa^2b}{l^2}$ 当 $a=b$ 时为 $\frac{F_Pl}{8}$	$\frac{F_Pb^2}{l^2}(1+\frac{2a}{l})$ 当 $a=b$ 时为 $\frac{F_P}{2}$	$-\frac{F_Pb^2}{l^2}(1+\frac{2a}{l})$ 当 $a=b$ 时为 $-\frac{F_P}{2}$
7	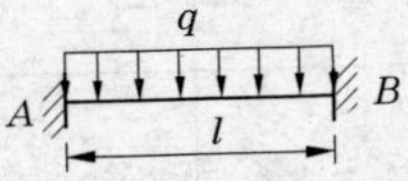	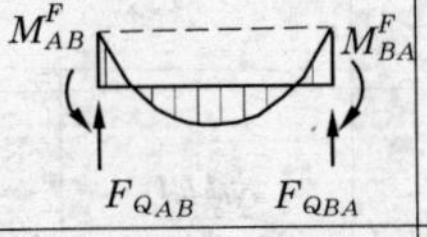	$-\frac{ql^2}{12}$	$\frac{ql^2}{12}$	$\frac{ql}{2}$	$-\frac{ql}{2}$
8	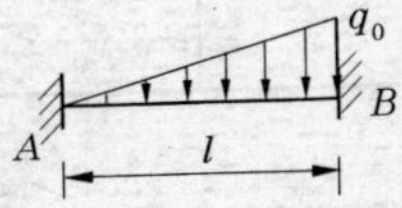	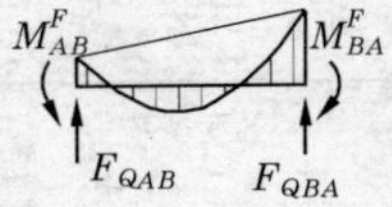	$-\frac{q_0l^2}{30}$	$\frac{q_0l^2}{20}$	$\frac{3q_0l}{20}$	$-\frac{7q_0l}{20}$
9	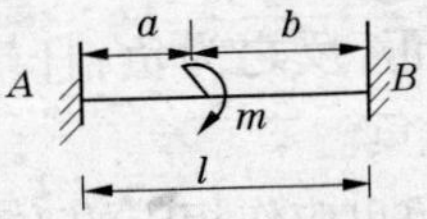	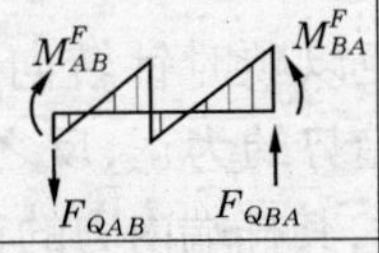	$\frac{mb}{l^2}(2l-3b)$	$\frac{ma}{l^2}(2l-3a)$	$-\frac{6ab}{l^3}m$	$-\frac{6ab}{l^3}m$
10	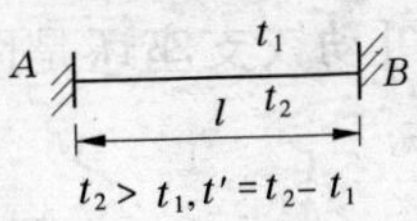	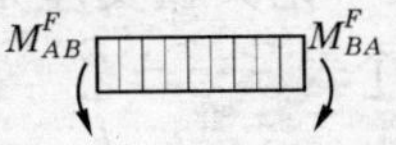	$-\frac{\alpha t'EI}{h}$	$\frac{\alpha t'EI}{h}$	0	0
11	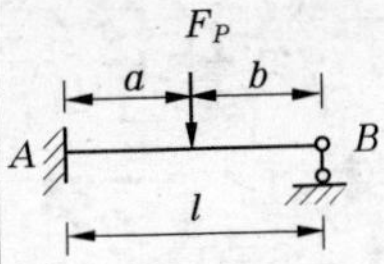	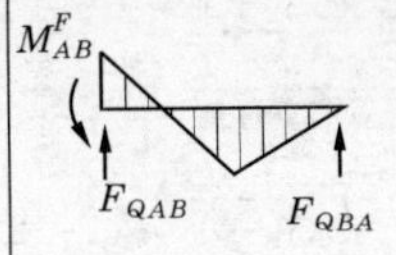	$-\frac{F_Pab(l+b)}{2l^2}$ 当 $a=b$ 时为 $-\frac{3F_Pl}{16}$	0	$\frac{F_Pb(3l^2-b^2)}{2l^3}$ 当 $a=b$ 时为 $\frac{11F_P}{16}$	$-\frac{F_Pa^2(3l-a)}{2l^3}$ 当 $a=b$ 时为 $-\frac{5F_P}{16}$
12	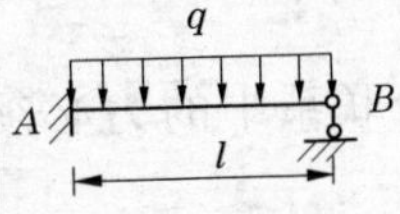	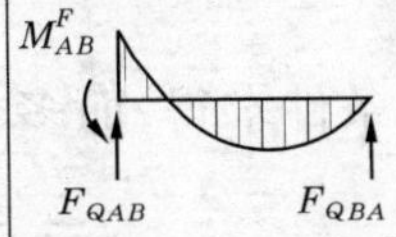	$-\frac{ql^2}{8}$	0	$\frac{5ql}{8}$	$-\frac{3ql}{8}$
13	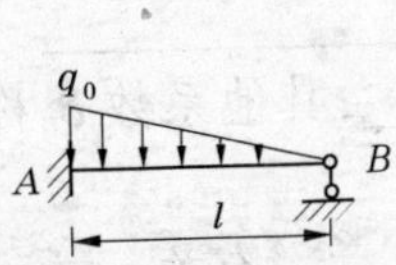	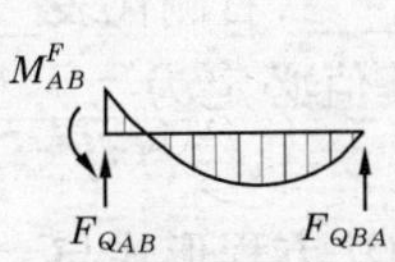	$-\frac{q_0l^2}{15}$	0	$\frac{2q_0l}{5}$	$-\frac{q_0l}{10}$
14	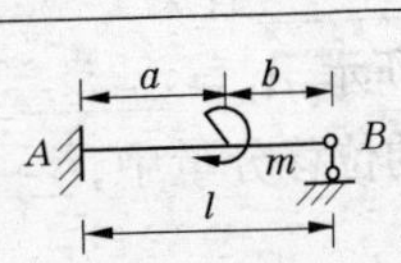	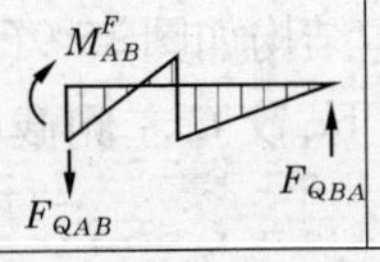	$\frac{m(l^2-3b^2)}{2l^2}$	0	$-\frac{3m(l^2-b^2)}{2l^3}$	$-\frac{3m(l^2-b^2)}{2l^3}$

续表 15-1

编号	简图	弯矩图（绘在受拉边缘）	杆端弯矩		杆端剪力	
			M_{AB}	M_{BA}	F_{QAB}	F_{QBA}
15	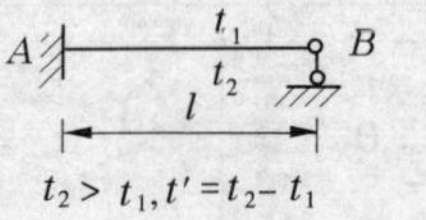	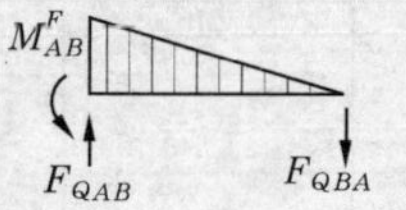	$-\dfrac{3\alpha t'EI}{2h}$	0	$\dfrac{3\alpha t'EI}{2hl}$	$\dfrac{3\alpha t'EI}{2hl}$
16	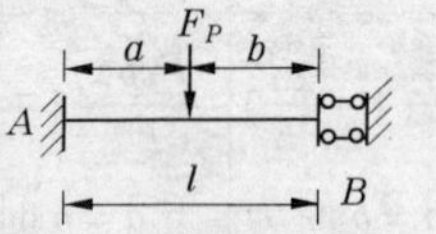	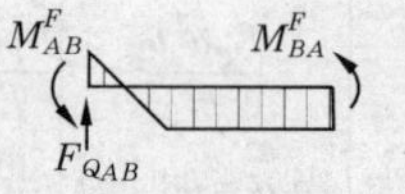	$-\dfrac{F_Pa(l+b)}{2l}$	$-\dfrac{F_Pa^2}{2l}$	F_P	0
17	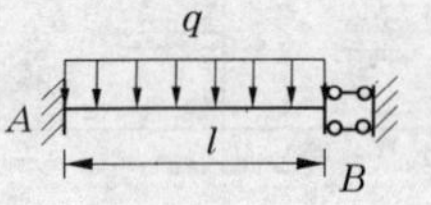	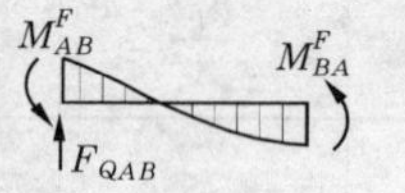	$-\dfrac{ql^2}{3}$	$-\dfrac{ql^2}{6}$	ql	0
18	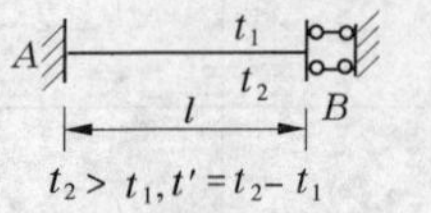	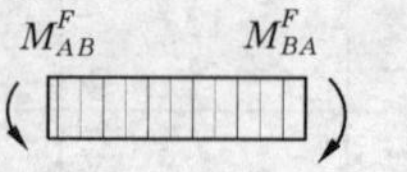	$-\dfrac{\alpha t'EI}{h}$	$\dfrac{\alpha t'EI}{h}$	0	0

表 15-1 中，$i=EI/l$ 称为杆件的线刚度。

查表时应注意以下事项：

（1）杆端弯矩和剪力的正负规定为：杆端弯矩以顺时针转向为正，反之为负；杆端剪力的符号同前面一样，即使杆件产生顺时针转动趋势的为正，反之为负。

（2）当荷载或杆端位移方向与表中情况相反时，其杆端内力的正负也应作相应的改变。

（3）在竖向荷载作用下，一端固定一端铰支梁不论其铰支座是可动铰支座还是固定铰支座，其杆端弯矩和剪力是一样的，也应查同一个表。

训练题

一、填空题

1. 确定图 15-8 所示各结构的超静定次数。

2. 超静定结构中必要联系的力可由________条件求得，而多余联系中的力必须加________条件才能求得。

3. 力法方程等号左侧各项代表________________，右侧代表________________。

4. 力法典型方程中，δ_{ii} 系数称为________，其值必定为________，其他系数 δ_{ij} 称为________，其值可正、负或零。

5. 超静定梁发生支座位移时，用力法计算的力法方程形式与________有关。

6. 图 15-9 所示结构中支座 B 下沉 a，力法基本结构如图 15-9(b)所示，$\Delta_{1c}=$______。

7. 图 15-10 所示对称结构在正对称荷载作用下，铰 C 左侧截面的位移分量中，______为零，________不为零。

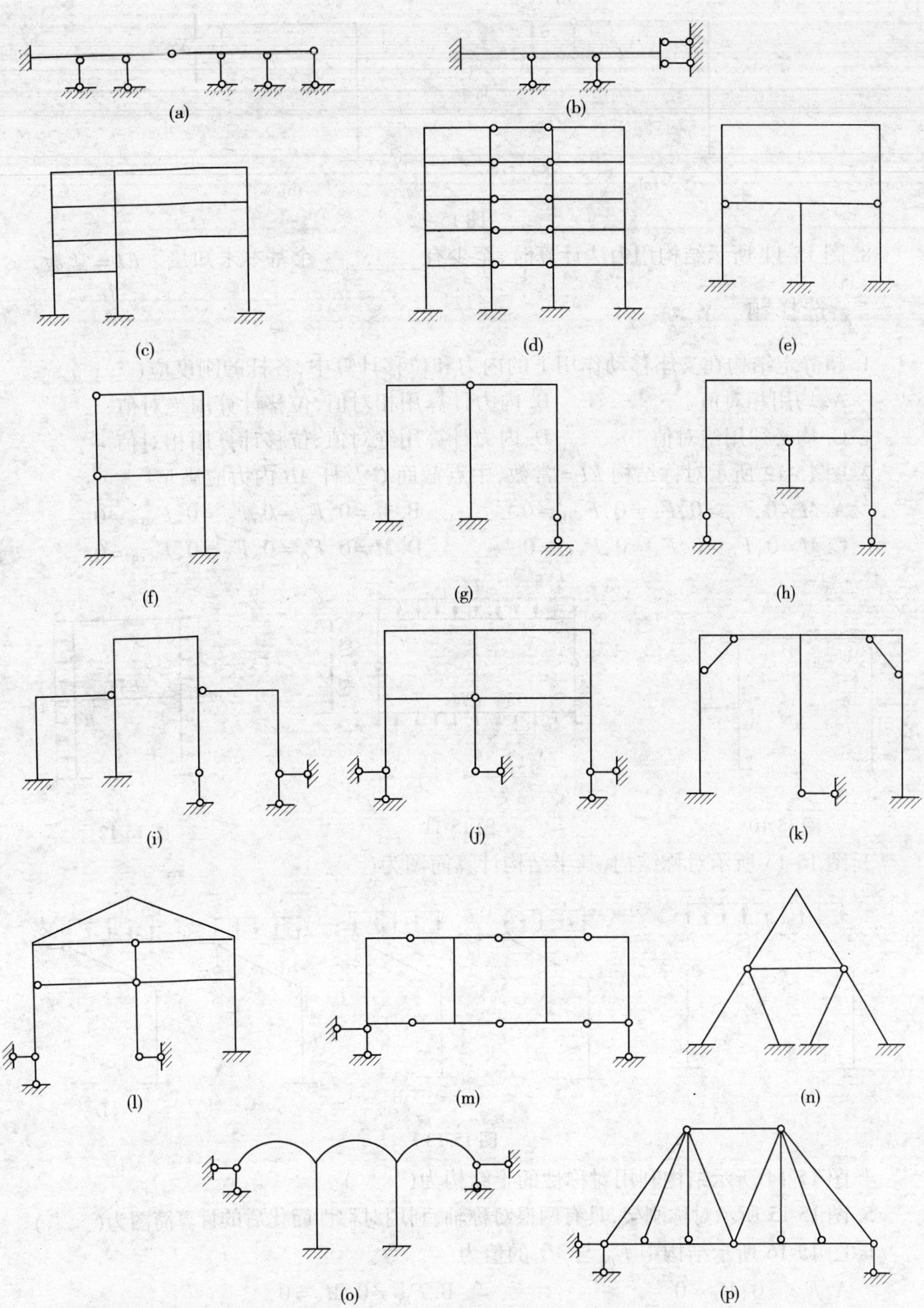

图 15-8

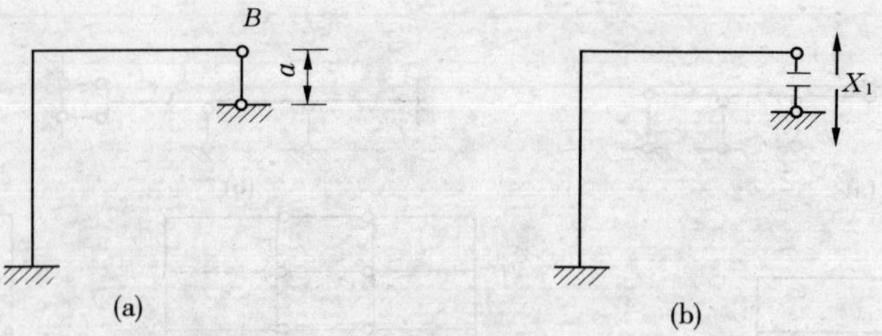

图 15-9

8. 图 15-11 所示结构用力法计算时，至少有________个基本未知量。EI = 常数。

二、选择题

1. 超静定结构在支座移动作用下的内力和位移计算中，各杆的刚度应(　　)。

   A. 均用相对值　　B. 内力计算用相对值，位移计算用绝对值

   C. 均必须用绝对值　　D. 内力计算用绝对值，位移计算用相对值

2. 图 15-12 所示对称结构 EI = 常数，中点截面 C 及杆 AB 内力应满足(　　)。

   A. $M \neq 0, F_Q = 0, F_N \neq 0, F_{NAB} \neq 0$　　B. $M = 0, F_Q \neq 0, F_N = 0, F_{NAB} \neq 0$

   C. $M = 0, F_Q \neq 0, F_N = 0, F_{NAB} = 0$　　D. $M \neq 0, F_Q \neq 0, F_N = 0, F_{NAB} = 0$

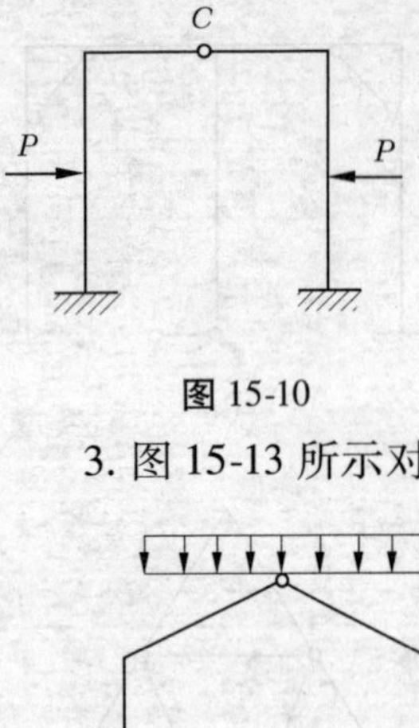

图 15-10

图 15-11

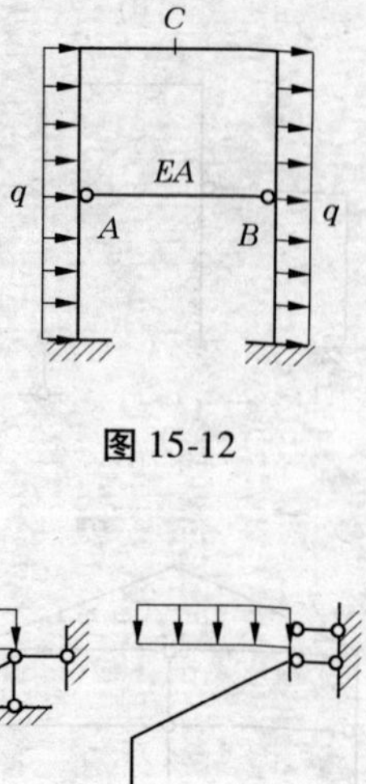

图 15-12

3. 图 15-13 所示对称结构，其半结构计算简图为(　　)。

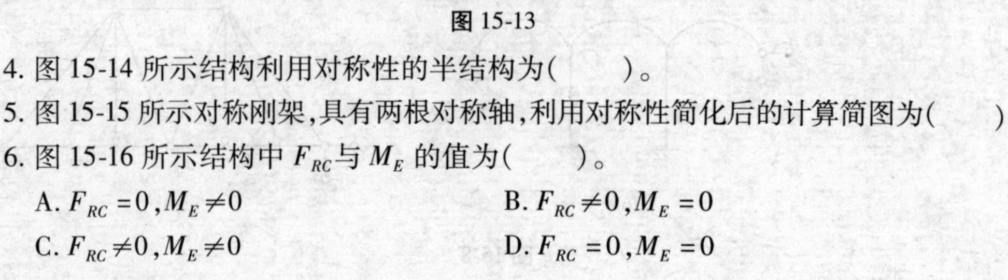

图 15-13

4. 图 15-14 所示结构利用对称性的半结构为(　　)。

5. 图 15-15 所示对称刚架，具有两根对称轴，利用对称性简化后的计算简图为(　　)。

6. 图 15-16 所示结构中 F_{RC} 与 M_E 的值为(　　)。

   A. $F_{RC} = 0, M_E \neq 0$　　B. $F_{RC} \neq 0, M_E = 0$

   C. $F_{RC} \neq 0, M_E \neq 0$　　D. $F_{RC} = 0, M_E = 0$

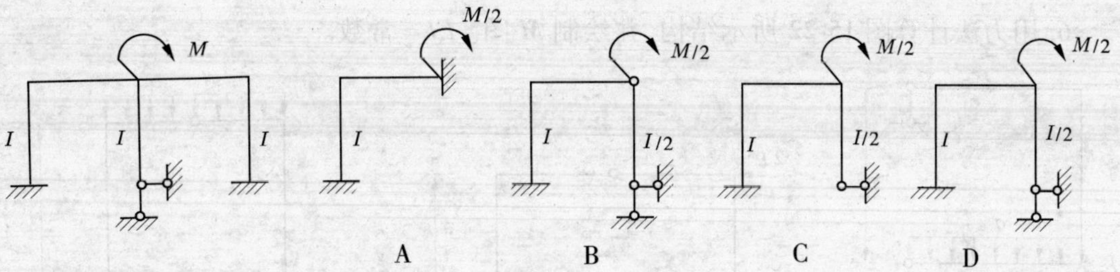

图 15-14

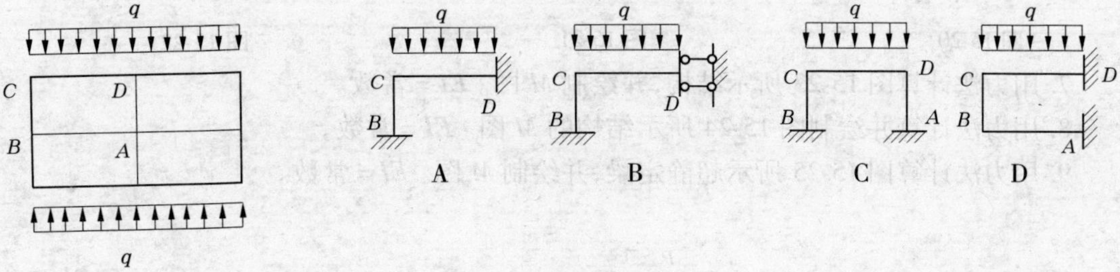

图 15-15

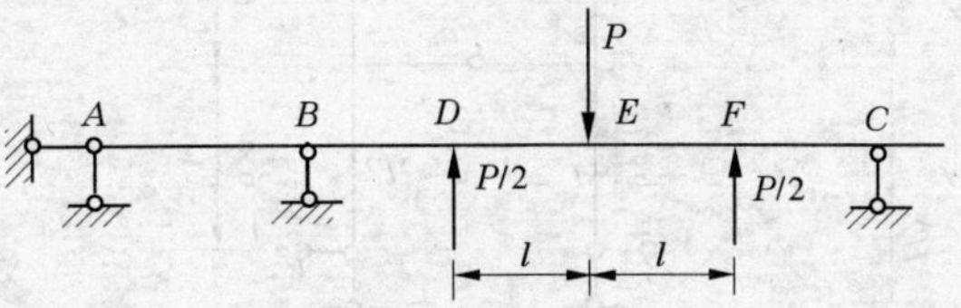

图 15-16

三、计算题

1. 用力法计算,并绘制图 15-17 所示结构的 M 图。
2. 用力法计算,并绘制图 15-18 所示结构的 M 图。EI = 常数。
3. 用力法计算,并绘制图 15-19 所示结构的 M 图。EI = 常数。
4. 用力法计算,并绘制图 15-20 所示结构的 M 图。EI = 常数。

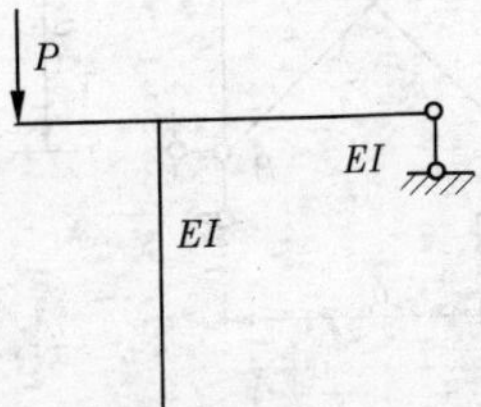

图 15-17

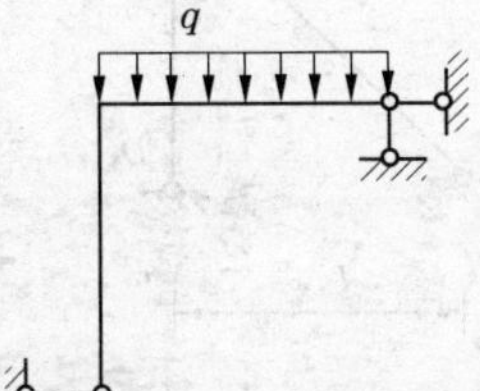

图 15-18

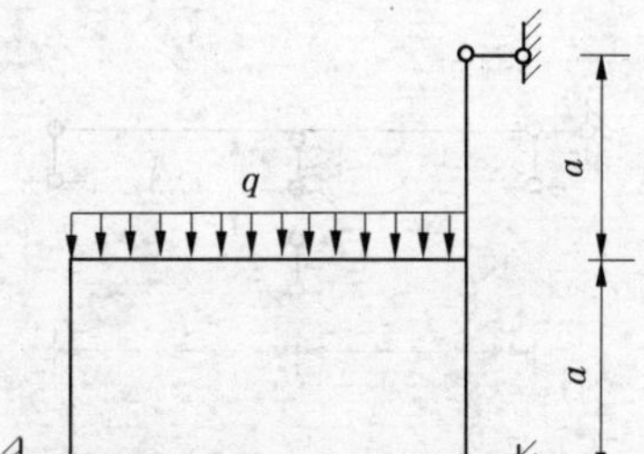

图 15-19

5. 用力法计算图 15-21 所示结构，并绘制 M 图。EI = 常数。

6. 用力法计算图 15-22 所示结构，并绘制 M 图。EI = 常数。

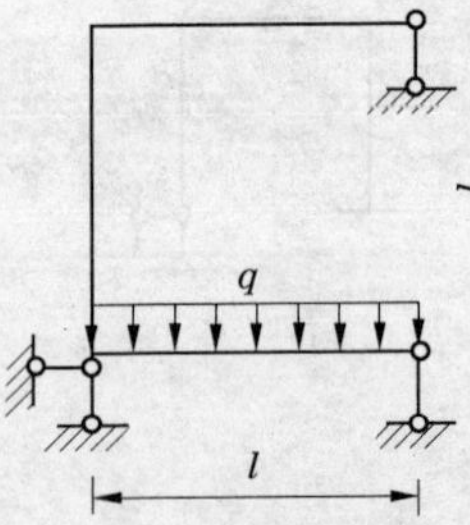

图 15-20

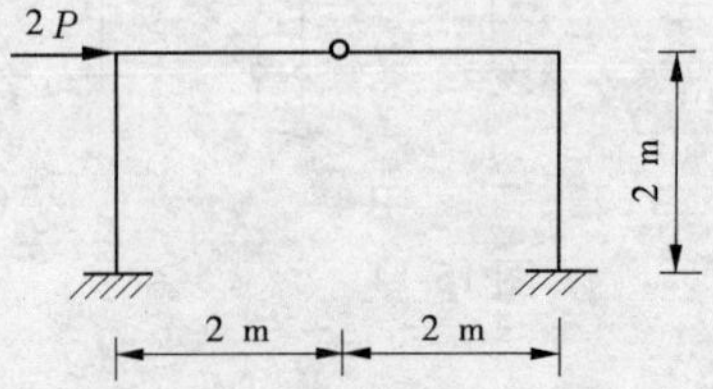

图 15-21

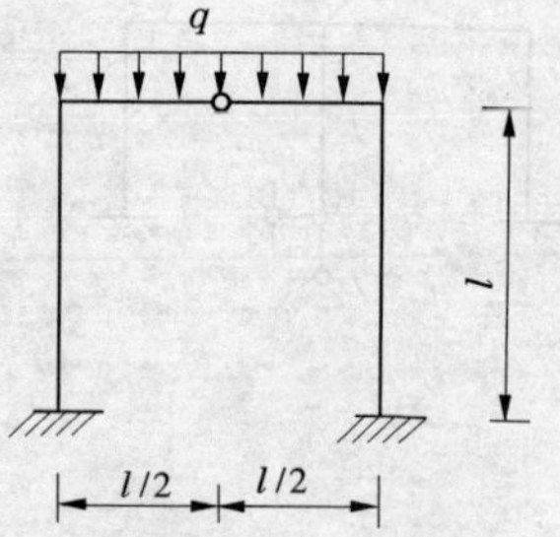

图 15-22

7. 用力法计算图 15-23 所示结构，并绘制 M 图。EI = 常数。

8. 用力法计算并绘制图 15-24 所示结构的 M 图。EI = 常数。

9. 用力法计算图 15-25 所示超静定梁，并绘制 M 图。EI = 常数。

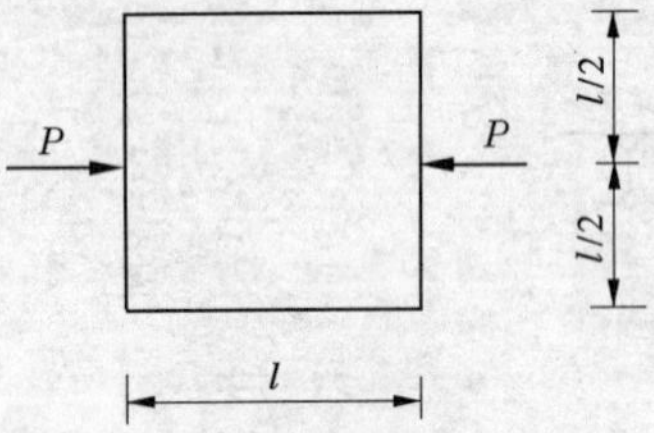

图 15-23

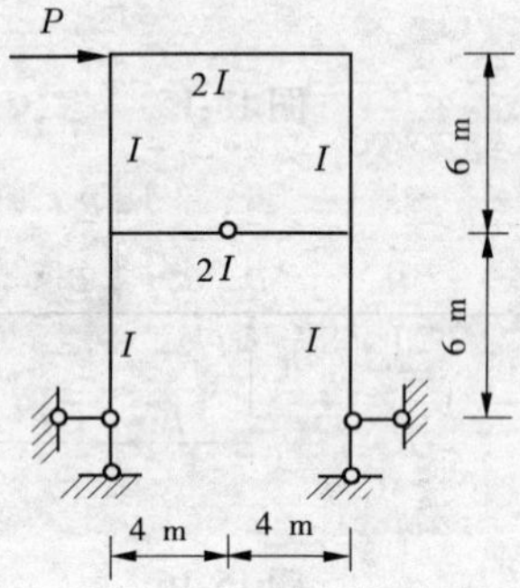

图 15-24

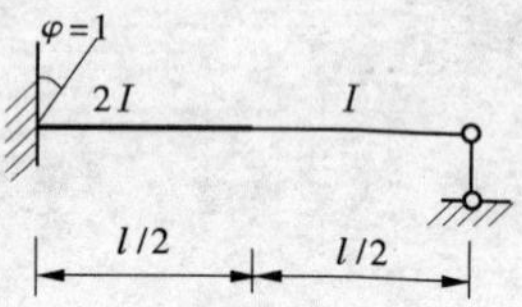

图 15-25

10. 用力法计算图 15-26 所示连续梁，并绘制 M 图。EI = 常数。

11. 用力法计算图 15-27 所示桁架（EA 均同）各杆轴力。

12. 用力法计算图 15-28 所示桁架杆 CB 的轴力，各杆 EA 相同。

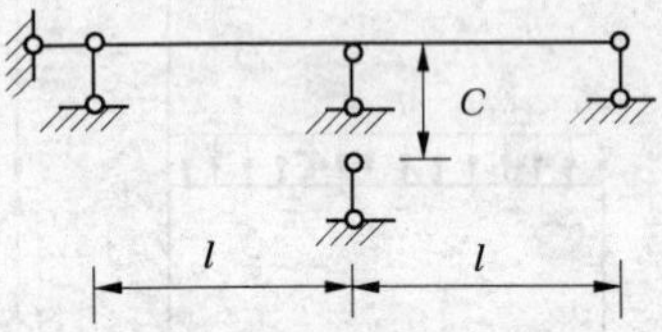

图 15-26

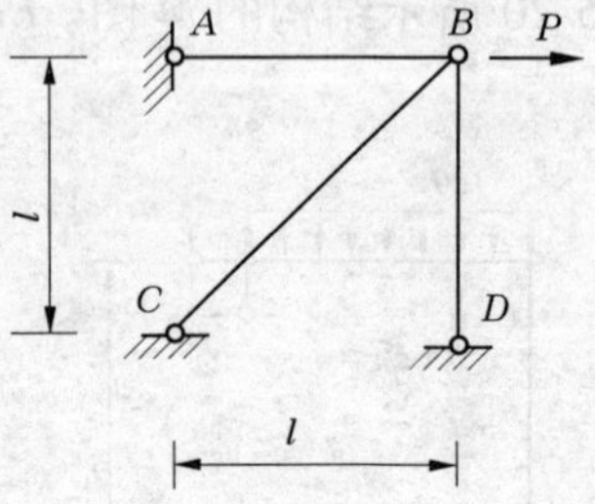

图 15-27

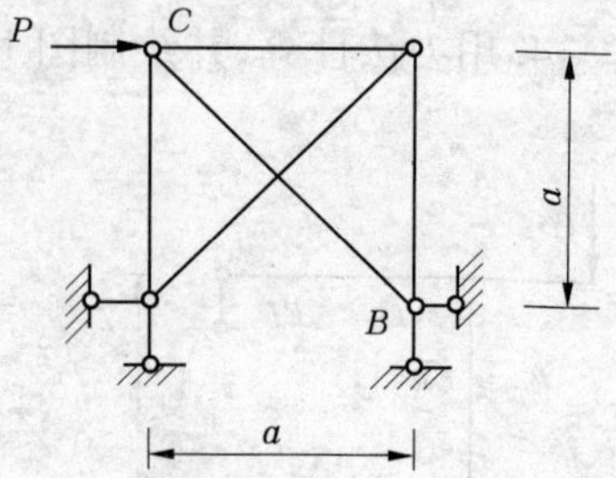

图 15-28

第十六章 位移法

复习提要

一、位移法基本原理

力法和位移法是计算超静定结构的两种基本方法。力法以多余约束力作为基本未知量,将超静定结构转化为静定结构计算;而位移法则以结点位移作为基本未知量,将结构的各杆转化为单跨超静定梁,利用力法的已有成果(见表 15-1)计算杆端内力,进而计算各截面的内力。

二、位移法的基本未知量

利用位移法计算时,基本未知量的数目等于结构结点角位移数与独立结点线位移数的总和。

结点角位移基本未知量的数目等于结构自由刚结点的数目。

一般来说,对于多层刚架(无侧向约束),独立结点线位移数目等于刚架的层数。

对于比较复杂的结构,常采用"铰化结点、增设链杆"的方法,即把结构中所有的刚结点都改为铰结点,所有的固定支座都改为铰支座,从而得到一个相应的铰结体系。若该体系为几何不变体系,则原结构的各结点无结点线位移;若该体系为几何可变或瞬变体系,则在结点处增设链杆使其恰好成为几何不变体系,所增设的链杆数目就是原结构的独立结点线位移数。

三、用位移法计算超静定结构

(一)无结点线位移结构

如果结构的各结点只有转角而没有线位移,则为无结点线位移结构。用位移法计算时,只有结点转角基本未知量,故仅需建立刚结点处的力矩平衡方程,就可求解出全部未知量进而计算杆端弯矩,绘内力图。

用位移法计算超静定结构的基本步骤:

(1)分析结构的结点位移情况,确定基本未知量。

(2)将结构的各杆拆分为单跨超静定梁,查表 15-1 写出各杆杆端弯矩的计算式。

(3)利用平衡条件建立位移法基本方程求解基本未知量。

(4)将求出的基本未知量代回杆端弯矩的计算式计算各杆端弯矩。

(5)作内力图。

（二）有结点线位移结构

如果结构的结点有线位移，则称为有结点线位移结构。用位移法计算有结点线位移结构时，基本步骤与计算无结点线位移结构基本相同，其区别在于：

（1）在基本未知量中，含有结点线位移，故在写杆端弯矩计算式时要考虑线位移的影响。

（2）在建立基本方程时，与线位移对应的平衡方程是截取线位移所在层为隔离体，建立沿其方向的投影平衡方程（也可称为剪力方程）。因此，还须补充写出有关杆端剪力的计算式。

一般用位移法计算有结点线位移结构时，基本未知量包括刚结点的角位移和独立的结点线位移。对应于每一个角位移，取其所在结点为隔离体，建立力矩平衡方程；对应于每一个独立结点线位移，取其所在的层为隔离体，建立投影平衡方程。平衡方程的个数与基本未知量的个数相等，故可求解出全部基本未知量。

训练题

一、填空题

1. 图 16-1 所示各结构用位移法计算时，确定基本未知量的数目。

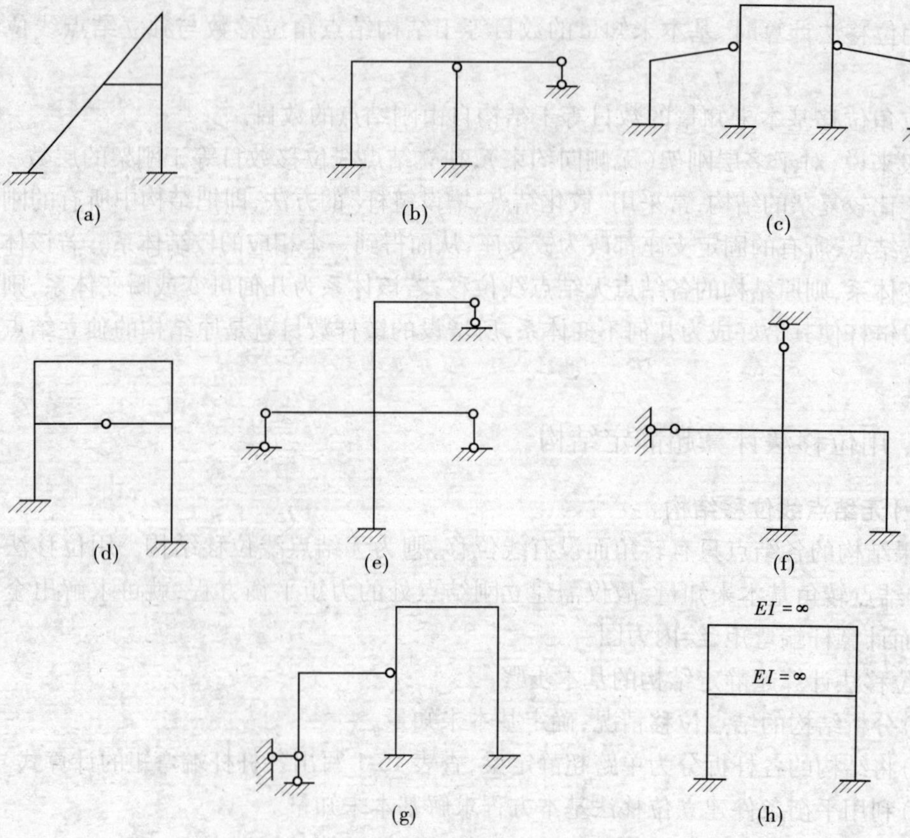

图 16-1

2. 位移法的基本未知量是____________；位移法的典型方程反映了________条件。

3. 位移法典型方程中系数 r_{ij} 的两个下标的含义：第一个表示________，第二个表示________。

4. 图 16-2 所示刚架，各杆线刚度 i 相同，不计轴向变形，用位移法求得 M_{AD} = ______，M_{BA} = ________。

5. 若略去轴向变形影响，图 16-3 所示结构支座 A 处的 M_A = ________（设各杆 EI = 常数）。

6. 图 16-4 所示铰结排架，如略去杆件的轴向变形，当 A 点发生单位水平位移时，则 P 应等于________。

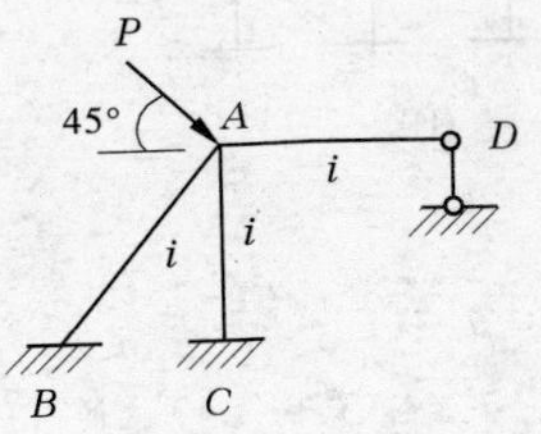

图 16-2

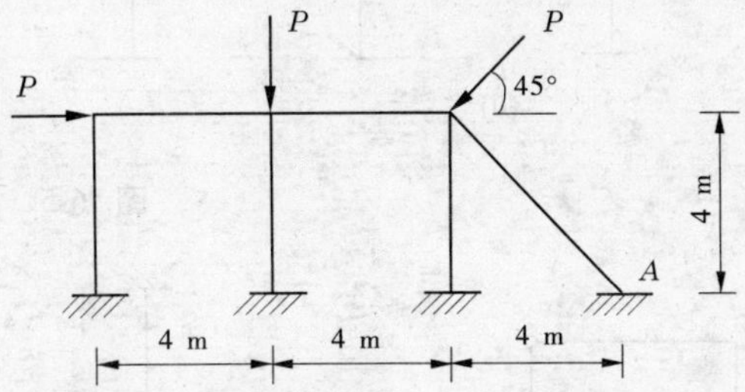

图 16-3

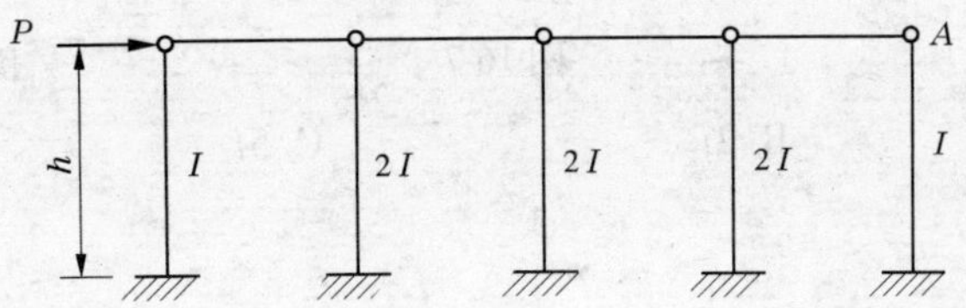

图 16-4

二、选择题

1. 计算刚架时，位移法的基本结构是（　　）。

A. 超静定铰结体系　　B. 单跨超静定梁的集合体

C. 单跨静定梁的集合体　　D. 静定刚架

2. 在图 16-5 下列结构中，用位移法求解比较方便的结构为（　　）。

A. 图(a)、(c)和(d)　　B. 图(b)、(c)、(e)和(f)

C. 图(a)、(e)和(f)　　D. 都不宜用位移法求解

3. 若计入轴向变形，图 16-6 所示结构的位移法基本未知量数目是（　　）。

A. 3　　B. 4　　C. 5　　D. 6

4. 图 16-7 所示结构，用位移法或力法计算时，两种情形未知数数目的对比为（　　）。

A. 4 与 9　　B. 3 与 8　　C. 4 与 8　　D. 3 与 9

5. 图 16-8 所示两端固定梁，设梁线刚度为 i，当 A、B 两端截面同时发生图示单位转角时，则杆件 A 端的杆端弯矩为（　　）。

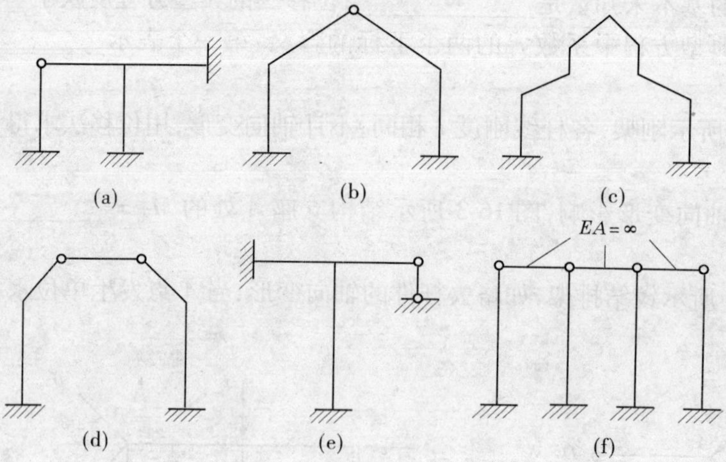

图 16-5

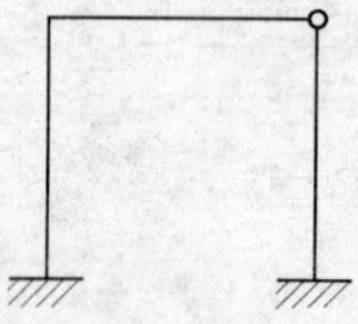

图 16-6

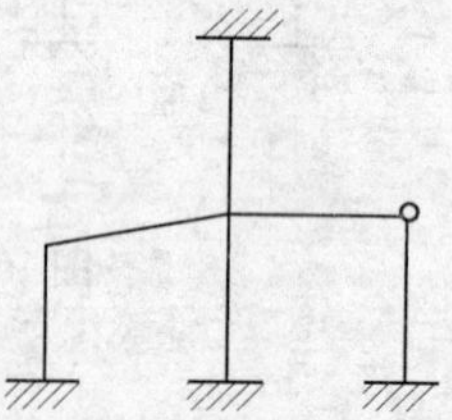

图 16-7

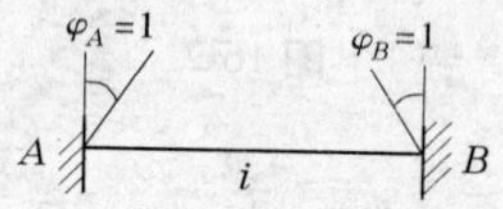

图 16-8

A. i　　　　B. $2i$　　　　C. $5i$　　　　D. $6i$

三、计算题

1. 作图 16-9 所示结构弯矩图，B 点转角 φ_1，已知位移法方程中系数 $r_{11}=17$，$R_{1P}=0$，括号内数字为各杆线刚度的相对值。

2. 已知图 16-10 所示结构在荷载作用下结点 B 产生顺时针的角位移 $\varphi_B=ql^3/56EI$，试绘制结构的弯矩图。

3. 用位移法绘制图 16-11 所示结构的 M 图。已知典型方程的系数 $r_{11}=27EI/l^3$，$R_{1P}=-P/2$，各柱 $EI=$ 常数。

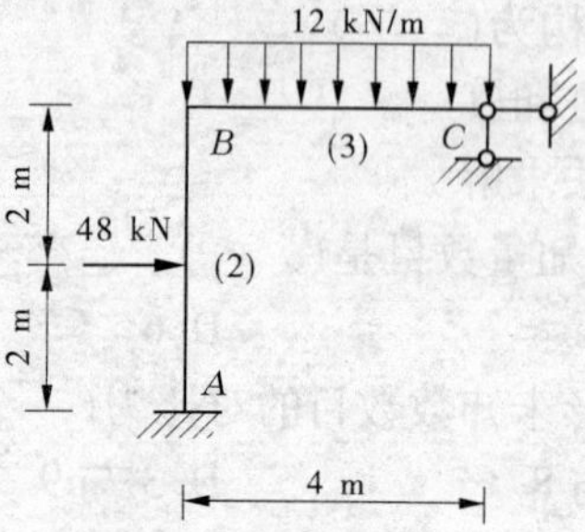

图 16-9

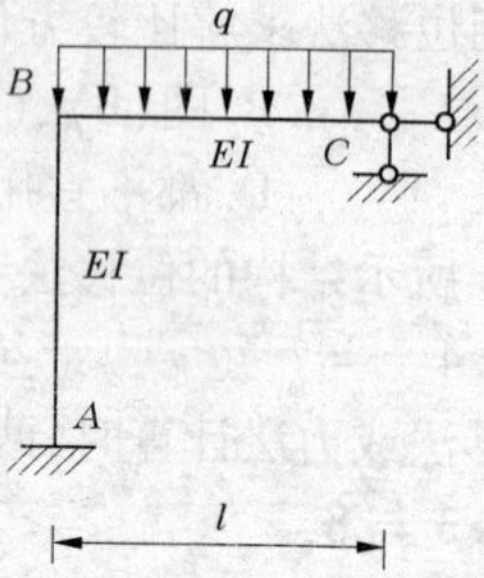

图 16-10

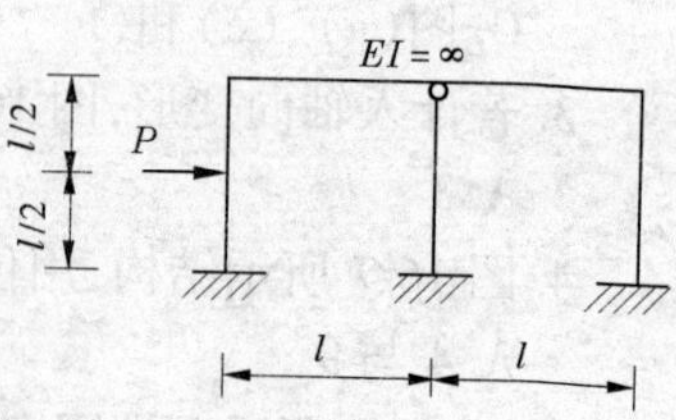

图 16-11

4. 已知图 16-12 所示结构 C 点的转角 $\varphi_C = 40/EI$，各杆 EI = 常数，绘制 M 图。

5. 用位移法计算图 16-13 所示结构，并绘制 M 图。

6. 用位移法计算图 16-14 所示结构，并绘制 M 图。各杆 EI = 常数。

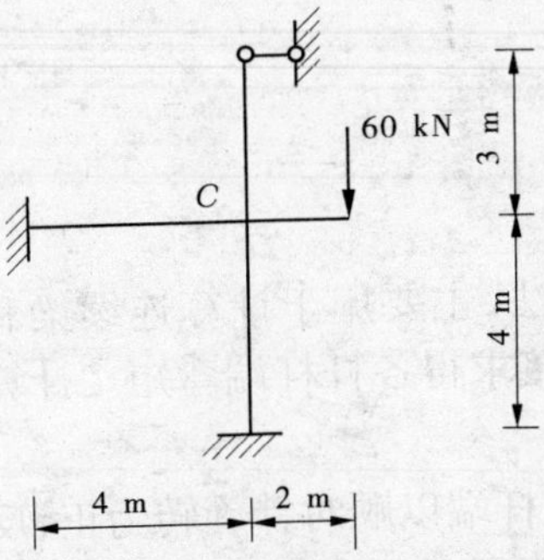

图 16-12

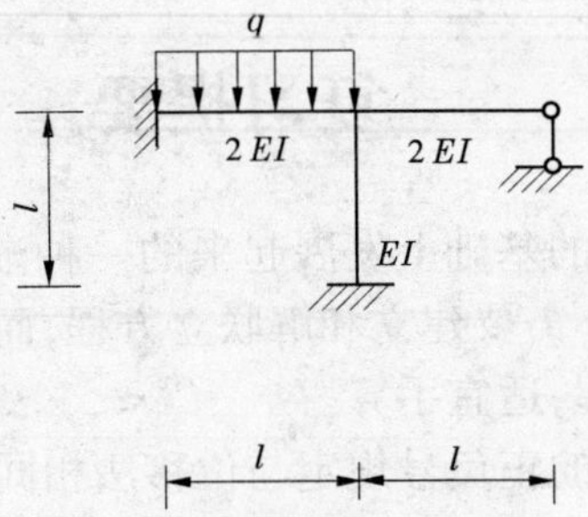

图 16-13

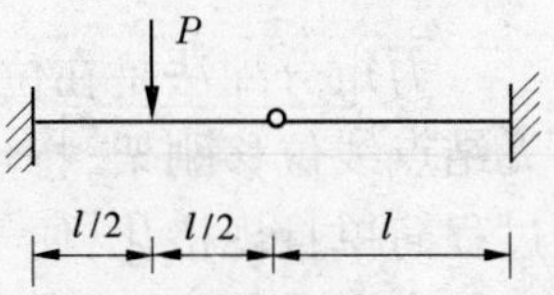

图 16-14

7. 用位移法计算图 16-15 所示结构，并绘制 M 图。

8. 用位移法计算图 16-16 所示对称结构，并绘制 M 图。各杆 EI = 常数。

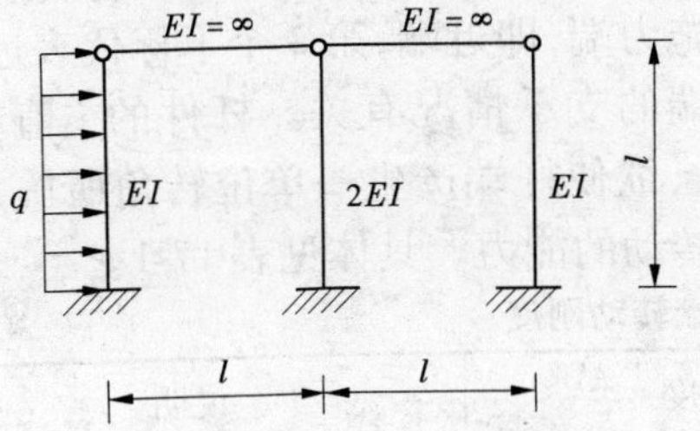

图 16-15

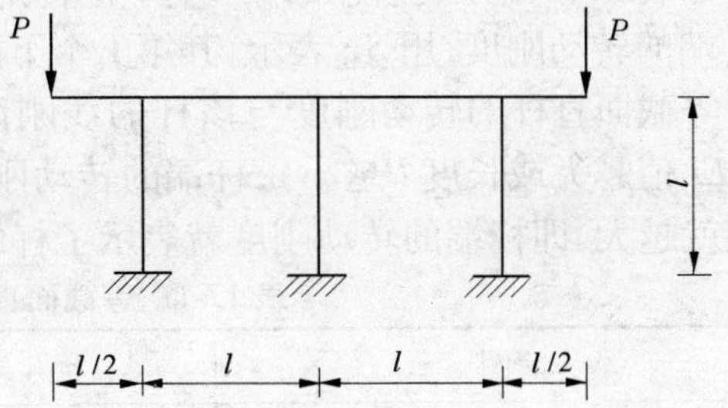

图 16-16

9. 用位移法计算图 16-17 所示对称结构，并绘制 M 图。各杆 EI = 常数。

10. 用位移法计算图 16-18 所示结构，并绘制 M 图。各杆 EI = 常数。

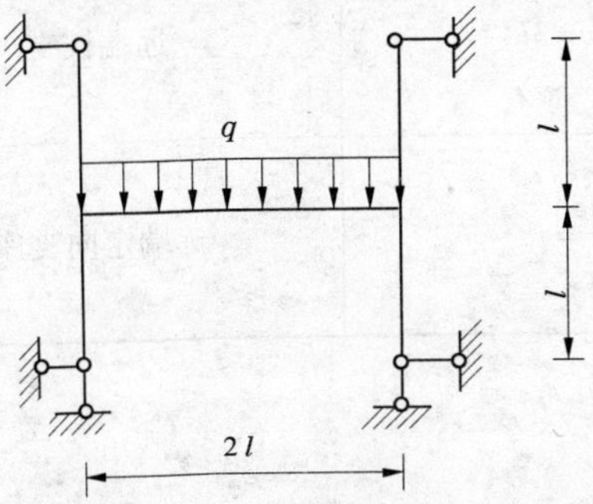

图 16-17

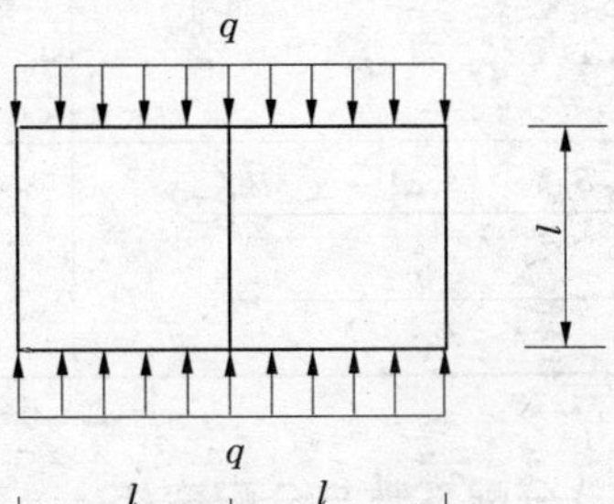

图 16-18

第十七章　力矩分配法

复习提要

力矩分配法是在位移法的基础上发展起来的一种渐近解法，主要用于计算连续梁和无结点线位移刚架，特点是不需要建立和解联立方程，而能直接求得各杆杆端弯矩。计算过程简单且规格化，便于掌握，适宜手算。

力矩分配法中杆端弯矩的正负号规定与位移法相同，即对杆端以顺时针旋转为正，反之为负；对结点以逆时针旋转为正，反之为负。关于结点转角亦以顺时针为正，反之为负。

一、力矩分配法的基本原理

（一）转动刚度

如表 17-1 所示，当使 A 端产生单位转角 $\varphi=1$ 时，在 A 端所需施加的力矩称为杆 AB 在 A 端的转动刚度，用 S_{AB} 表示，其第 1 个下标表示施力端，即近端，第 2 个下标代表远端。

等截面直杆的转动刚度与该杆的线刚度和远端的支承情况有关。杆件的 i 值越大（即 EI 值越大或长度 l 越小），杆端的转动刚度越大，欲使杆端产生一单位转角所施加的力矩就越大，即杆端的转动刚度就表示了杆端抵抗转动的能力。具体见表 17-1。

表 17-1　等截面直杆的杆端转动刚度

简图	A 端转动刚度	说明
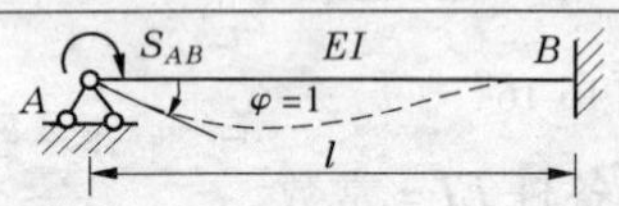	$S_{AB}=\dfrac{4EI}{l}=4i$	远端固定
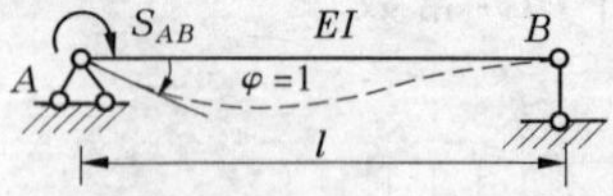	$S_{AB}=\dfrac{3EI}{l}=3i$	远端铰支
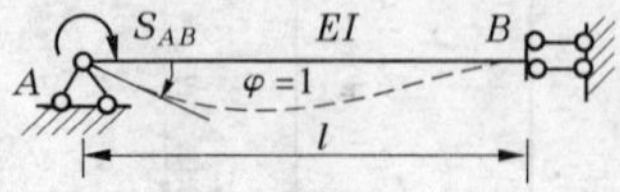	$S_{AB}=\dfrac{EI}{l}=i$	远端定向支座

（二）分配系数与分配弯矩

1. 分配系数

各杆近端转动刚度与结点联结各杆端转动刚度之和的比值就是分配系数，即

$$\mu_{1j}=\frac{S_{1j}}{\sum S_{1j}} \tag{17-1}$$

μ_{1j} 称为各杆件在近端的分配系数，汇交于同一结点各杆端的分配系数之和等于 1，如图 17-1 所示，有

$$\sum \mu_{1j} = \mu_{12} + \mu_{13} + \mu_{14} + \mu_{15} = 1$$

2. 分配弯矩

各杆近端所产生的杆端弯矩与该杆的转动刚度成正比。

$$M_{1j} = \mu_{1j} \cdot M \qquad (17\text{-}2)$$

即施加于图 17-1 所示结点 1 的力矩 M，按各杆端的分配系数大小分配给各杆的近端，杆端弯矩 M_{1j} 称为分配弯矩。

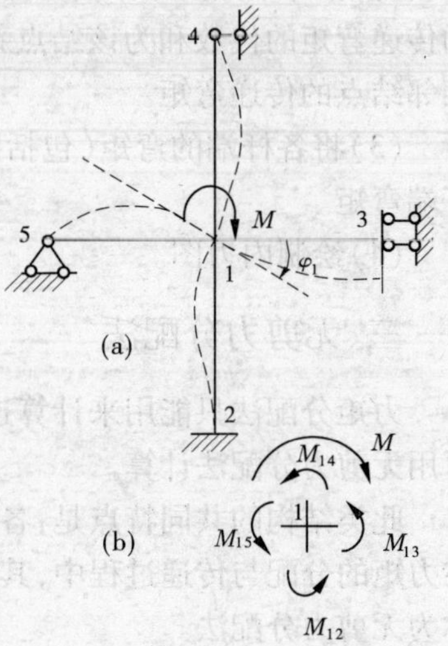

图 17-1

（三）传递系数与传递弯矩

将远端弯矩与近端弯矩的比值称为杆端弯矩由近端向远端传递的传递系数，用 C_{1j} 表示。而将远端弯矩称为传递弯矩。传递系数 C 随远端支承情况而异。对于等截面直杆来说，各种支承情况下的传递系数为：

远端固定 $C = 1/2$

远端定向支承 $C = -1$

远端铰支 $C = 0$

其传递弯矩也就等于近端的分配弯矩乘上该杆的传递系数，即

$$M_{j1} = C_{1j} M_{1j} \qquad (17\text{-}3)$$

（四）力矩分配法基本原理

对于如图 17-1(a) 所示只有一个刚结点的结构，若仅在刚结点上有力矩 M 作用，则该结点只产生一角位移 φ_1，计算过程分为两步：

(1) 按各杆的分配系数求出近端的分配弯矩，称为分配过程。

(2) 将所得分配弯矩乘以传递系数得到远端传递弯矩，称为传递过程。经过分配和传递可求得各杆的杆端弯矩。这种方法称为力矩分配法。

二、用力矩分配法计算连续梁和无侧移刚架

对于具有多个刚性结点而无结点线位移的结构，用力矩分配法基本原理的计算步骤为：

(1) 固定刚性结点，计算各杆固端弯矩、分配系数。附加刚臂上必产生结点的不平衡力矩（约束力矩），它等于汇交于该结点各杆端的固端弯矩值的代数和，并以顺时针方向为正。

(2) 各结点轮流放松，即每次只放松一个结点，其他结点仍暂时固定，这样将各结点的不平衡力矩轮流进行分配与传递，直到传递弯矩小到可忽略为止。放松过程中的杆端弯矩由式(17-2)、式(17-3)计算。但应注意的是，在计算分配弯矩时，式(17-2)中的 M 值是反方向的不平衡力矩值。为了加快收敛速度，可以同时放松不相邻或不相关的多个结点，并宜先放松不平衡力矩绝对值较大的结点，然后再放松相邻结点，但必须重新固定已

放松过的结点。每次放松都与单结点力矩分配相同。值得注意的是，当一个结点第一次放松时，相邻结点的不平衡力矩就有所改变，即原结点不平衡力矩与由放松结点传递过来的传递弯矩的代数和为该结点新的不平衡力矩；当结点第二次放松时，其不平衡力矩即为相邻结点的传递弯矩。

(3)将各杆端的弯矩(包括固端弯矩、分配弯矩和传递弯矩)相叠加，即得结构最终的杆端弯矩。

(4)绘制内力图。

三、无剪力分配法*

力矩分配法只能用来计算连续梁和无结点线位移刚架，对于某些有结点线位移刚架，可用无剪力分配法计算。

此类结构的共同特点是：各层立柱的剪力都是静定的，由静力平衡条件可以求解，且在力矩的分配与传递过程中，其剪力始终保持不变，没有新的剪力产生。因此，这种方法称为无剪力分配法。

无剪力分配法与力矩分配法的计算过程相同，即将结构视为固定状态与放松状态的叠加。其不同之处是，固定时由于附加刚臂只约束刚性结点的转角位移，而并不约束其线位移，即允许结点有线位移产生，其刚架的变形如图 17-2(b)中虚线所示；放松时也是在有结点线位移情况下放松结点的，结点 B 将产生与实际相同的转角 θ_B 及相应的水平线位移，如图 17-2(c)所示。因此，无论在固定状态还是在放松状态的计算中，都应将立柱看成是下端固定、上端定向约束的单跨超静定梁，而横梁视为一端固定一端铰支的单跨超静定梁。

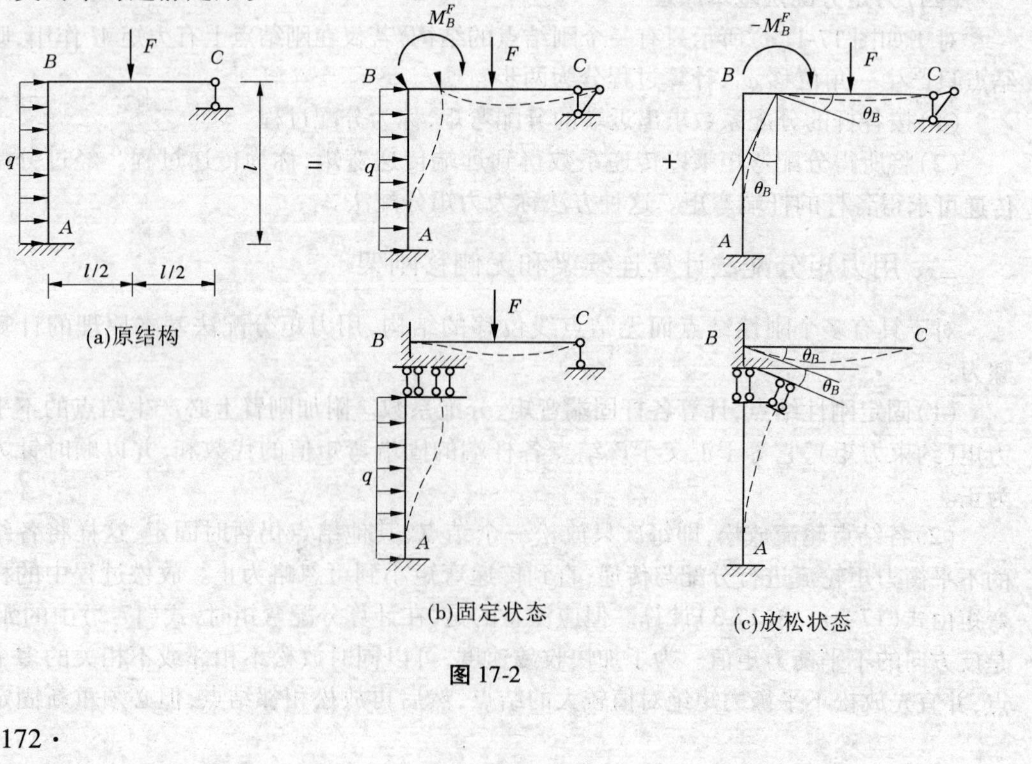

图 17-2

固定状态下固端弯矩计算与力矩分配法相同，仍查表15-1，需注意立柱为上端定向下端固定这一特点；放松状态仍是在结点B处施加一个反向的不平衡力矩（$-M_B^F$）。只是在确定转动刚度时，注意立柱为下端固定上端定向，其转动刚度为$S=i$，其横梁转动刚度仍为$3i$；其分配系数仍由式（17-1）计算，其传递系数立柱为-1，而横梁为0。其余计算则与力矩分配法计算过程相同。

无剪力分配法主要用于单跨多层刚架反对称荷载作用下的半结构计算。计算时应注意如下几点：

（1）每层刚架的立柱，都按下端固定上端定向的单跨超静定梁来考虑。

（2）由于立柱剪力静定，其上层荷载要向下层传递，即计算下层立柱的固端弯矩时，需将对下层产生的剪力以集中力的形式作用在下层定向支座杆端处，然后同本柱的荷载相叠加计算固端弯矩值。

（3）具体的计算过程，按多结点的力矩分配法进行计算。

训练题

一、选择题

1. 图17-3所示结构汇交于A的各杆件转动刚度之和为$\sum S_A$，则杆AB在A端的分配系数为（　　）。

A. $\mu_{AB}=4i_{AB}/\sum S_A$　　B. $\mu_{AB}=3i_{AB}/\sum S_A$

C. $\mu_{AB}=2i_{AB}/\sum S_A$　　D. $\mu_{AB}=i_{AB}/\sum S_A$

2. 用力矩分配法计算图17-4所示结构时，杆BD的分配系数μ_{BD}是（　　）。

A. 1/11　　B. 4/13　　C. 4/11　　D. 3/16

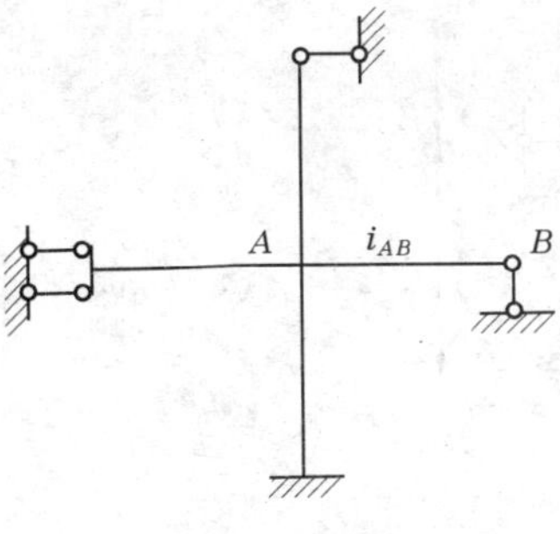

图17-3

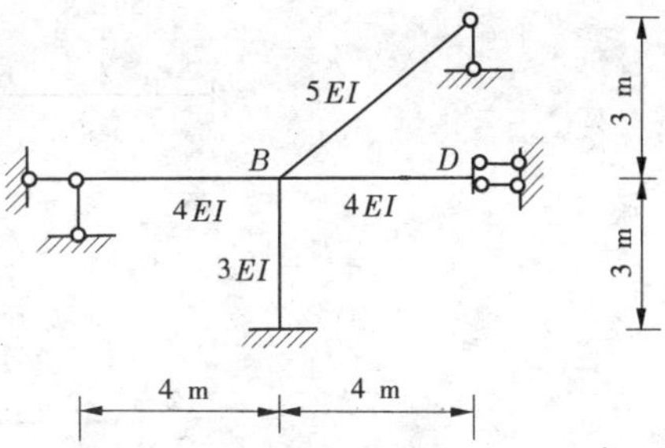

图17-4

3. 图17-5所示等截面梁正确的M图是（　　）。

4. 图17-6所示连续梁正确的M图是（　　）。

二、计算题

1. 计算图17-7所示连续梁的力矩分配系数和固端弯矩。EI =常数。

2. 计算图17-8所示刚架的力矩分配系数和固端弯矩。EI =常数。

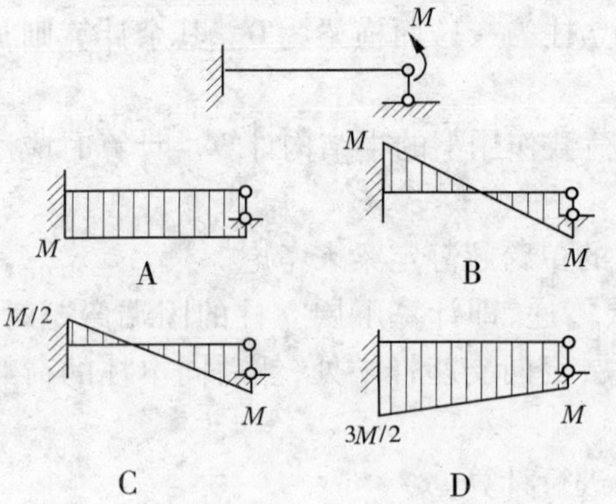

图 17-5

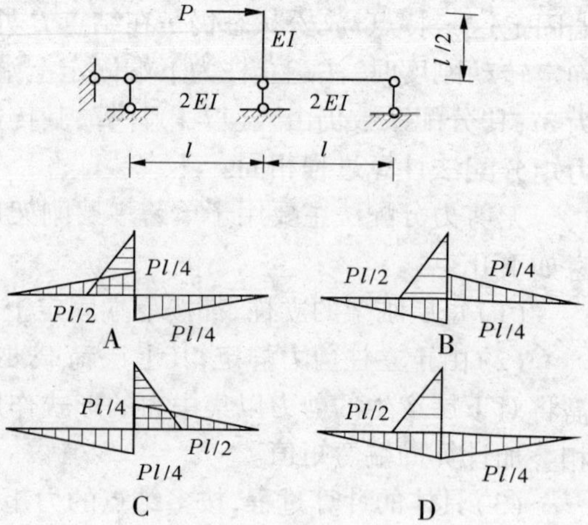

图 17-6

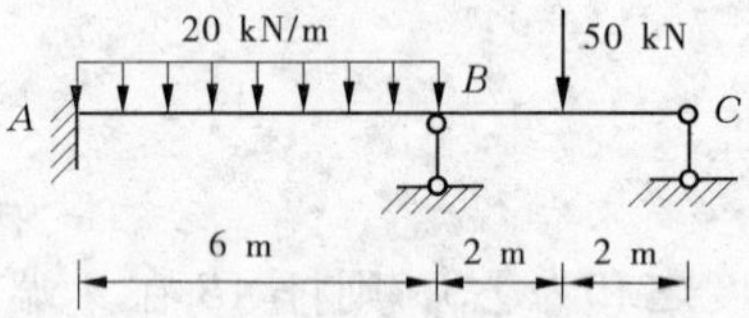

图 17-7

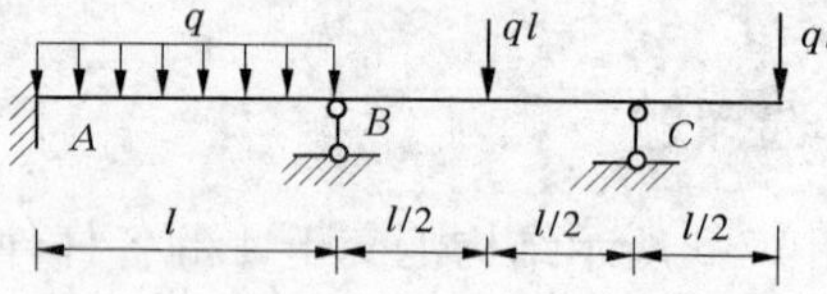

图 17-8

3. 计算图 17-9 所示刚架的力矩分配系数和固端弯矩。

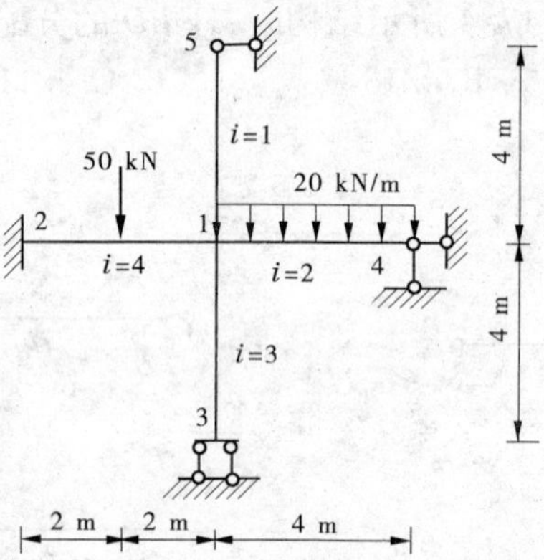

图 17-9

4. 用力矩分配法计算图 17-10 所示连续梁，并绘制弯矩图（计算 2 轮）。

5. 图 17-11 所示连续梁，已知力矩分配系数为 $\mu_{BA}=5/8$，$\mu_{BC}=3/8$，$\mu_{CB}=2/5$，$\mu_{CD}=3/5$。用力矩分配法计算并绘制弯矩图（计算 2 轮）。

6. 图 17-12 所示连续梁，每跨为等截面，已知力矩分配系数：$\mu_{BA}=0.6$，$\mu_{BC}=0.4$，$\mu_{CB}=0.5$，$\mu_{CD}=0.5$，用力矩分配法进行计算，并绘制其 M 图（计算 2 轮，取 2 位小数）。

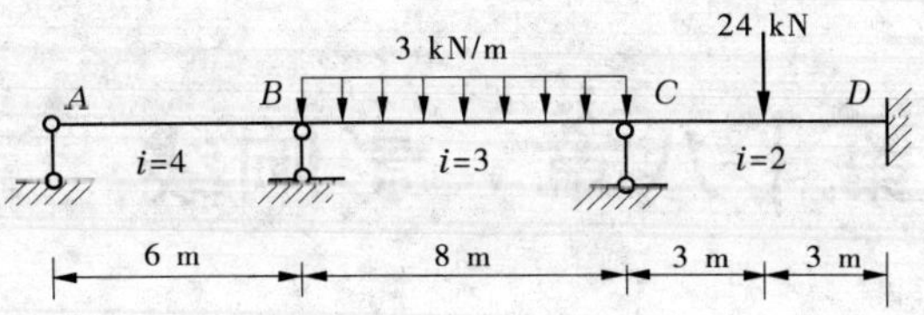

图 17-10

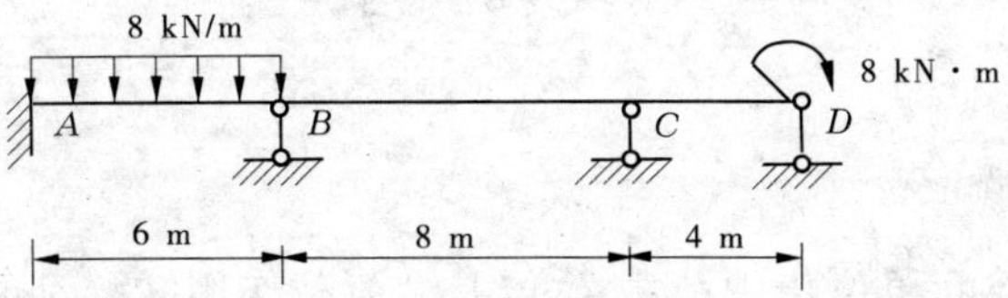

图 17-11

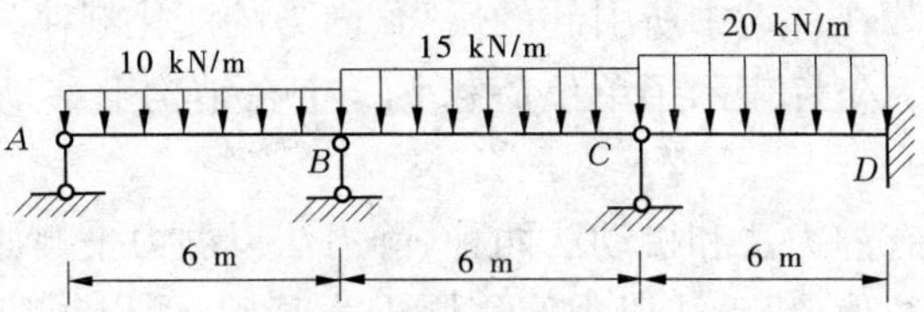

图 17-12

第十八章　影响线

复习提要

一、影响线的概念

当一个方向不变的单位集中荷载 $F_P=1$ 沿荷载作用线移动时，表示某处所、某量值（如支座反力、截面内力或位移）变化规律的函数图形，称为该量值的影响线。

研究单位定向荷载在移动中所引起的反力、内力的变化规律，其量值可应用叠加原理进行计算。影响线的纵坐标表示了单位荷载 $F_P=1$ 在结构上移动到各个位置时，对某处所、某量值产生的影响。

作影响线的方法有静力法和机动法两种，静力法以静力平衡原理为基础，可以精确地定出影响线的纵坐标数值；机动法以虚位移原理为基础，可以很快地得出影响线的形状。应该掌握静力法，了解机动法。

二、静力法绘制单跨静定梁影响线

设定向单位集中荷载 $F_P=1$ 在梁上移动时，建立坐标系，以 x 表示从坐标原点到 $F_P=1$ 作用点的距离（x 是自变量），列出静力平衡方程，即可将某处所、某量值表示为单位荷载位置坐标 x 的函数（称为影响线方程），从而可绘出影响线。

（一）简支梁的影响线

1. 支座反力影响线

如图 18-1 所示，支座反力的影响线表示单位荷载 $F_P=1$ 在梁上移动时支座反力的变化规律。影响线上任一纵坐标 y 表示 $F_P=1$ 在该处时支座反力的数值。规定正号绘在基线以上，负号绘在基线以下；反力影响线的纵坐标是无因次量。

2. 内力（弯矩、剪力）影响线

如图 18-2(a) 所示为剪力影响线，图 18-2(b) 所示为弯矩影响线，弯矩影响线纵坐标的因次为 L。值得注意的是，弯矩影响线与集中荷载作用下梁的弯矩图在外形上有相似之处，但它们的意义有本质的区别。如图 18-3(a) 为 M_C 影响线，如图 18-3(b) 所示为 M 图，它们都是三角形，但意义不同，见表 18-1。

F_{QC} 影响线的纵坐标 y 表示 $F_P=1$ 移动到该位置时，所求的截面 C 剪力的大小。y 为无因次量。

（二）外伸梁的影响线

如图 18-4(a) 所示外伸梁，受单位移动荷载 $F_P=1$ 作用。

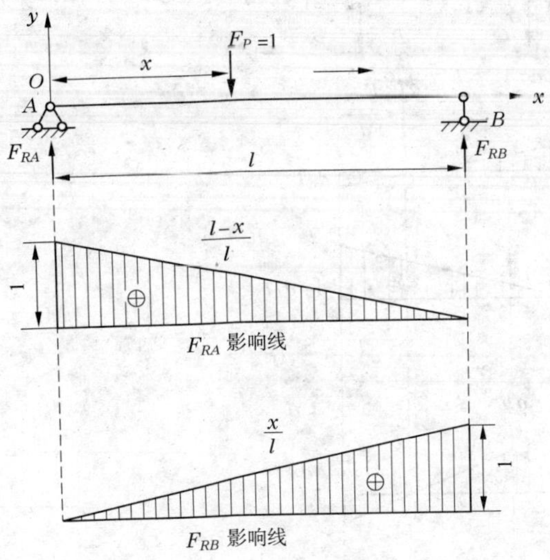

图 18-1

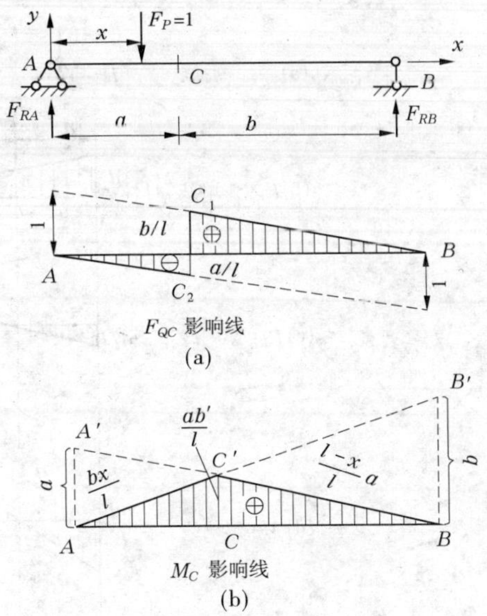

图 18-2

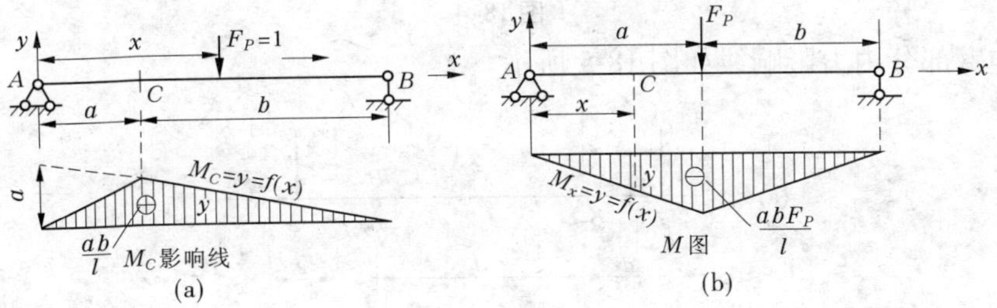

图 18-3

表 18-1　M_C 影响线和 M 图比较

项目	M_C 影响线	M 图
荷载	$F_P=1$ 无单位	F_P 为真实值，有单位
位置	荷载位置移动	荷载位置固定
图形	描绘固定截面弯矩的变化规律	描绘所有截面弯矩的变化规律
纵距	$F_P=1$ 作用在该点时，指定截面的弯矩	真实的 F_P 作用在固定位置时该截面的弯矩值
顶点	发生在与固定截面对应的位置	发生在 F_P 作用下对应的位置

(1)反力影响线：与相应的简支梁反力影响线相比较，反力影响线的外伸梁部分，只需将原有的影响线分别向外延伸即可，如图 18-4(b)、(c)所示。

(2)跨中内力影响线：有伸臂的简支梁，其跨中任一截面 C 的弯矩与剪力的影响线方程与无伸臂的简支梁相同，具有伸臂部分的简支梁其跨中截面内力的影响线，只需将原有的影响线往伸臂部分延伸即可，如图 18-4(d)、(e)所示。

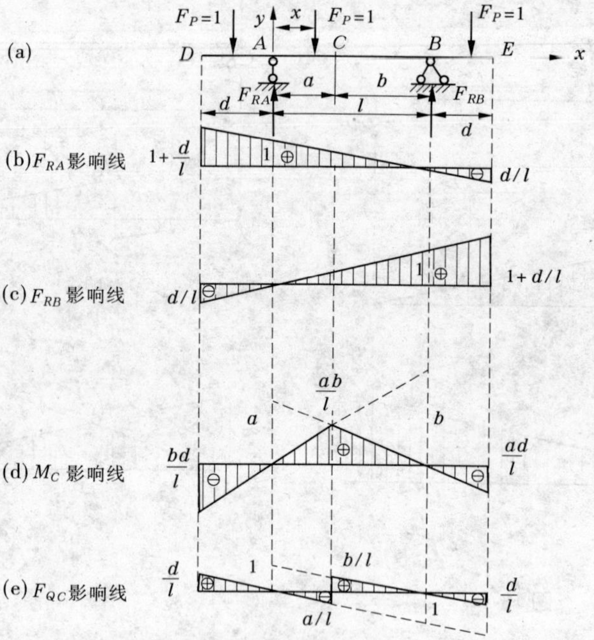

图 18-4

（3）伸臂部分内力影响线如图 18-5 所示。

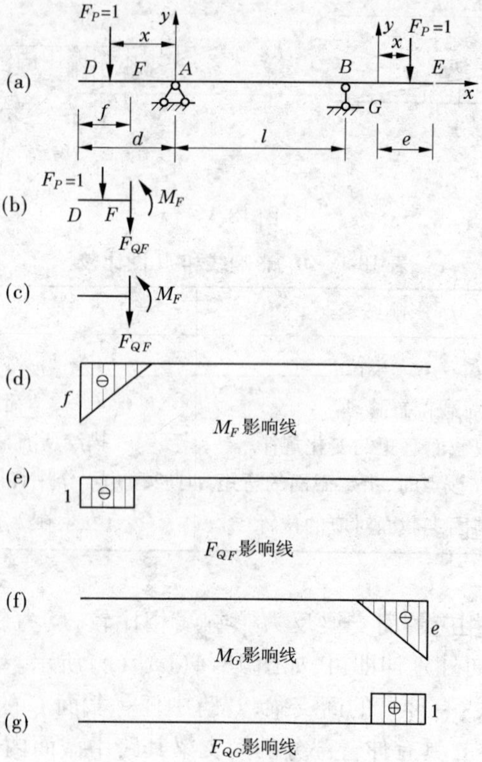

图 18-5

从简支梁的反力、内力影响线中得出如下几点结论：

(1)影响线的纵坐标表示移动荷载 $F_P=1$ 移动到该位置时，指定位置、指定量值的大小。

(2)简支梁结构反力、内力的影响线均为直线。

(3)每一直线段的分界点可以是所指截面的位置点。

(三)多跨静定梁的影响线

利用上述几点结论，结合结构体系的基本部分与附属部分的依附特性以及简支梁的反力、内力影响线的基本绘制方法，可以较快地作出多跨静定梁或其他静定结构的影响线。

三、机动法作静定梁影响线*

所谓机动法，即假设某个移动单位荷载 $F_P=1$ 在结构上不动，应用虚位移原理求某处所的某量值，从而绘出某量值的影响线。

四、影响线的应用

实际荷载作用在固定位置时，对某指定处所、某一量值产生的数值，称为该处所、该量值的影响量。

(一)影响量计算

1. 几个集中荷载作用

设有一组移动集中荷载系 $F_{P1},F_{P2},\cdots,F_{Pi},\cdots,F_{Pn}$ 在简支梁上移动，如图 18-6(a)所示，求荷载系移动到某一位置时截面 C 的剪力 F_{QC} 的量值。

首先绘出 F_{QC} 影响线，计算出各荷载位置下的纵坐标 $y_1,y_2,\cdots,y_i,\cdots,y_n$，如图 18-6(b)所示。简支梁在力系 $F_{P1},F_{P2},\cdots,F_{Pi},\cdots,F_{Pn}$ 的共同作用下，在截面 C 产生的剪力应等于各个力单独作用产生的剪力的叠加。即计算量值的影响量为

$$Z=F_{P1}y_1+F_{P2}y_2+\cdots+F_{Pn}y_n=\sum_{i=1}^{n}F_{Pi}y_i \tag{18-1}$$

应用式(18-1)时，若 F_{Pi} 与 $F_P=1$ 方向一致，则取正号，反之取负号；y_i 在基线以上取正号，在基线以下取负号。

2. 均布荷载作用

设简支梁受均布荷载 q 作用，如图 18-7(a)所示，求截面 C 处的剪力 F_{QC} 的量值。

首先绘出 F_{QC} 影响线，则整个均布荷载所产生的量值为

$$Z=\int_m^n qy\mathrm{d}x=q\int_m^n y\mathrm{d}x=q\Omega_{nm} \tag{18-2}$$

式中，Ω_{nm} 为 m 和 n 之间的影响线与基线之间的面积。

应用式(18-2)时，规定 q 与 $F_P=1$ 方向一致为正，反之为负。若所受荷载范围内影响线的面积有正有负，如图 18-7(b)所示，则在计算 Ω 时取代数和。

(二)最不利荷载位置的确定

如果作用于结构上的移动荷载移动到某位置时，对某处所、某一量值产生最大值或最小值(称为最大或最小影响量)，这就是所谓最不利荷载位置问题。最不利荷载位置，是

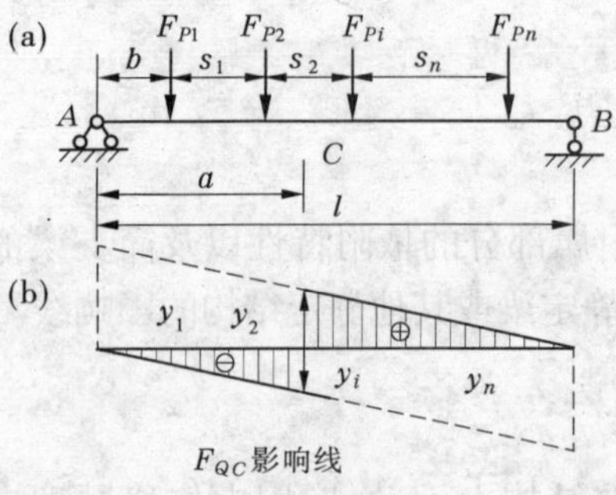

图 18-6

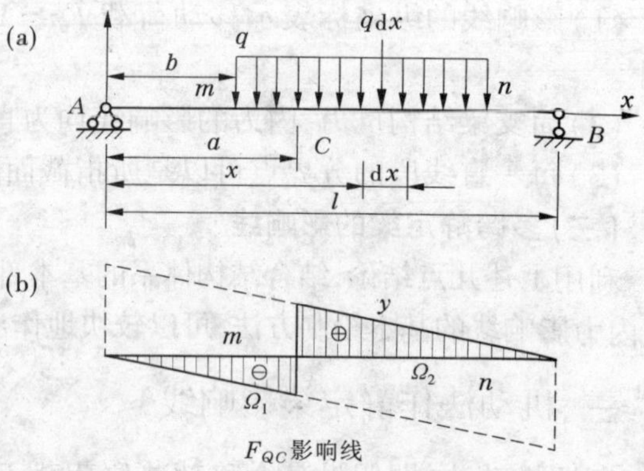

图 18-7

指产生最大或最小影响量的荷载位置。移动荷载的最不利位置可通过最大影响量与最小(负值最大)影响量的计算来确定。

1. 移动集中荷载系相应于三角形影响线的最不利位置

1)移动荷载为单个集中力

如图 18-8(a)所示的三角形影响线,由直观定出,当 F_P 位于三角形顶点时,影响量为最大,此位置即荷载 F_P 的最不利位置,如图 18-8(b)所示。

2)移动荷载为两个集中力

如图 18-8(c)所示,此时也只需比较将图 F_{P1} 与 F_{P2}分别作用在三角形顶点时集中荷载系所引起的两个影响量,取其中大者所对应的荷载系位置为最不利位置。很显然,当其中一个荷载位于三角形顶点时,另一个荷载位于直线坡度较缓的一边,则影响量是最大的。

3)移动荷载为多个集中力

汽车、吊车等轮压荷载是由一组间距不变的竖向移动集中荷载组成的,如图 18-8(d)所示,按式 $Z=\sum F_{Pi}y_i$,可求出 Z 的最大值,相应的荷载位置即为其最不利的荷载位置。可以证明,此时必有一集中荷载位于影响线的顶点,通常将这一荷载称为临界荷载。最不利荷载位置可用试算法或判别式来确定。在荷载不太复杂时常采用试算法,即将各个集中力依次移到影响线的顶点位置上,分别求出量值的大小,其中产生最大量值 $Z_{\max}$ 的荷载位置就是最不利荷载位置。临界荷载常为靠近移动荷载合力处数值最大的集中荷载。

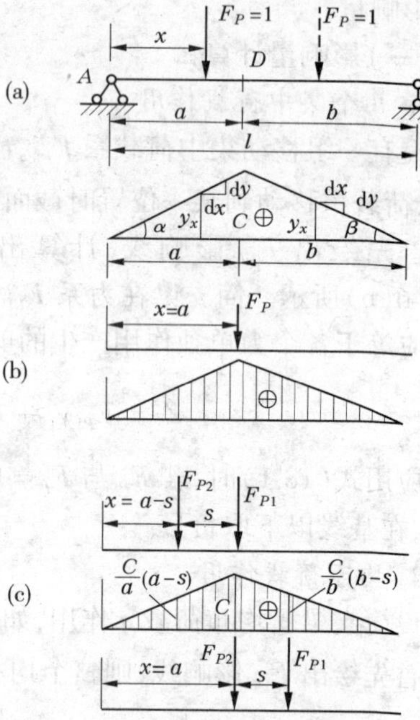

图 18-8

2. 移动均布荷载的最不利位置

1)可任意布置的均布荷载

由式(18-2)可知,均布临时荷载布满影响线正号面积部分时产生最大影响量 Z_{max},均布临时荷载布满影响线负号面积部分时产生最小影响量 Z_{min},对应产生最大、最小影响量时的荷载位置即为最不利荷载位置,如图 18-9(c)、(d)所示。

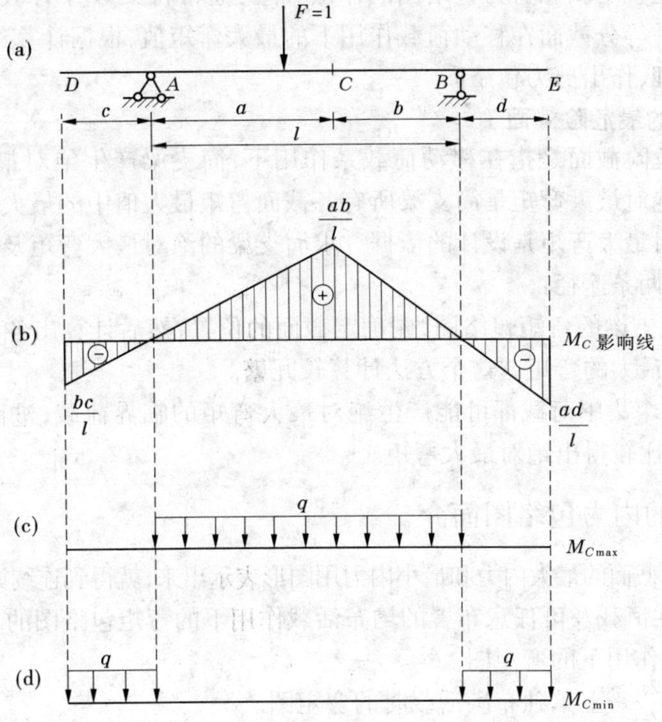

图 18-9

2)固定长度的均布荷载

如图 18-10 所示,当 $y_1 = y_2$ 时,阴影面积 Ω 最大,这样 $Z = q\Omega_{max}$ 也取得最大值。此时的荷载位置即为最不利位置。

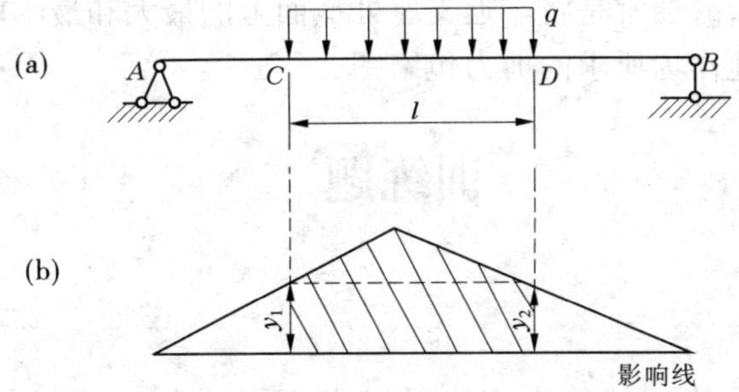

图 18-10

五、简支梁的内力包络图

(一)简支梁的内力包络图

梁中各截面的内力最大值连成的曲线称为内力包络图。包络图分为弯矩包络图和剪力包络图,它们也是钢筋混凝土梁设计的依据。

简支梁的弯矩包络图和剪力包络图的作法如下:通常将梁等分为 10 ~ 12 段,再用试算法逐个求出每一等分截面在移动荷载作用下的最大弯矩值,根据计算结果,按比例绘出弯矩包络图。同理,作出剪力包络图。

(二)简支梁的最危险截面*

简支梁的最危险截面是指在移动荷载系作用下,简支梁产生绝对最大弯矩的截面。最危险截面上的绝对最大弯矩是简支梁所有各截面弯矩最大值中的最大者。

简支梁的绝对最大弯矩是设计的依据。求简支梁的绝对最大弯矩及所对应的最危险截面,一般有以下两条途径:

(1)通过作简支梁的弯矩包络图,先确定截面的位置,然后计算出各截面的弯矩最大值,比较得出绝对最大的弯矩。这个方法计算较冗繁。

(2)先假定每个集中荷载都可能产生绝对最大弯矩的临界荷载,进而计算每个荷载作用点处的弯矩,比较得出绝对最大弯矩。

六、连续梁的内力包络图简介*

把连续梁上各截面的最大内力和最小内力用图形表示出来,就得到连续梁的内力包络图。

绘制连续梁在恒载及可任意布置的均布活载作用下的弯矩包络图的步骤为:

(1)作出恒载作用下的弯矩图。

(2)依次作每一跨上单独布满活载时的弯矩图。

(3)将各跨分为若干等份,对每一等分截面处,将恒载弯矩图中该截面的纵坐标值和所有各活载弯矩图中该截面所对应的正的纵坐标值(或负的纵坐标值)相叠加,便可得到该截面的最大弯矩值(或最小弯矩值)。

(4)将上述各最大、最小弯矩值在图中标出并连成曲线,便得到所求的弯矩包络图。

按绘制连续弯矩包络图相同的方法,可作出剪力包络图。但由于设计时主要用到支座附近截面上的剪力值,故通常是将靠近支座处截面上的最大和最小剪力值求出,而在每跨中以直线相连,近似地作为所求的剪力包络图。

训练题

一、填空题

1. ________的内力影响线均由直线段组成,而________的内力影响线则由曲线组成。

2. 图 18-11(b)是图 18-11(a)结构________ 截面的________影响线。

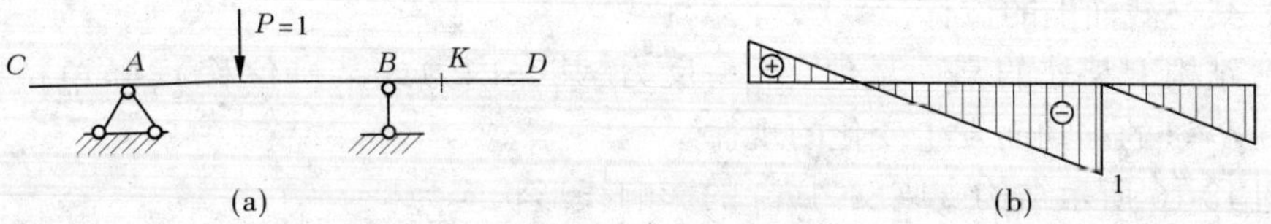

图 18-11

3. 图 18-12(b)是图 18-12(a)的________影响线。纵坐标 y_D 是表示 $P=1$ 作用在______截面时________的数值。

4. 图 18-13 所示结构 M_E 影响线 C 点的竖标为________。

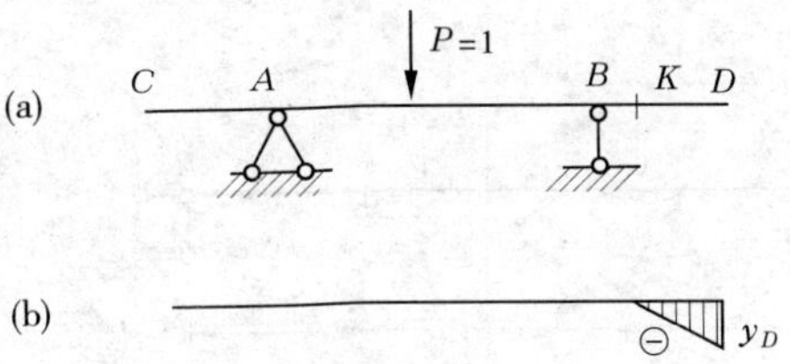

图 18-12

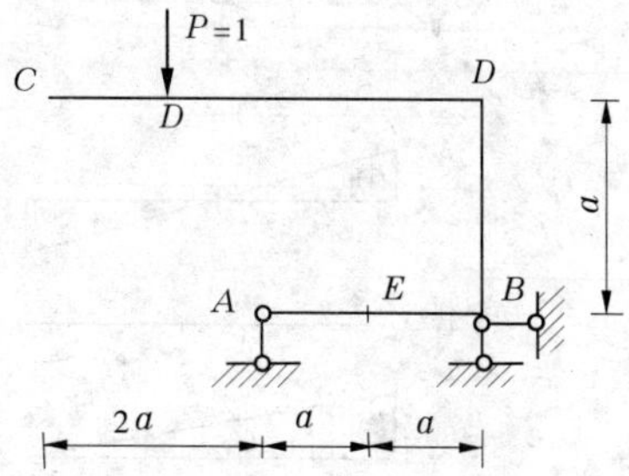

图 18-13

5. 图 18-14(a)所示结构 M_C、F_{QC} 影响线形状如图 18-14(b)、(c)所示,A 处纵坐标分别为________、________。

6. 图 18-15 所示连续梁支座 B 发生最大反力时的最不利均布活荷载位置是在________跨度内布满活荷载。

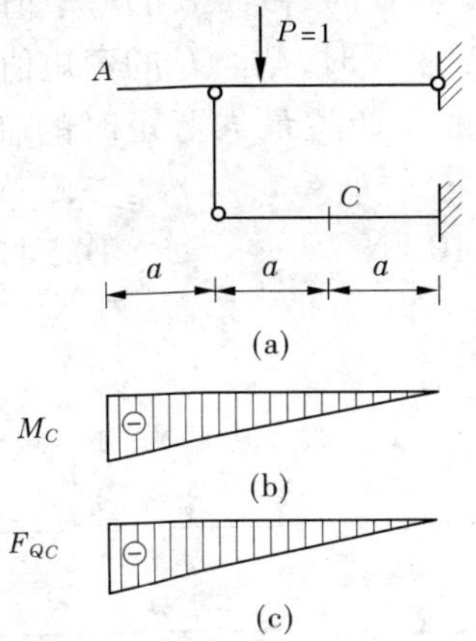

图 18-14

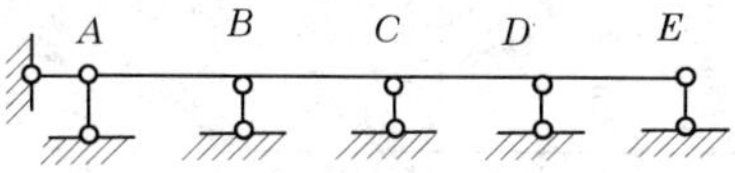

图 18-15

二、选择题

1. 绘制影响线时,每次只能研究(　　)。

A. 某一支座的支座反力

B. 某一截面上的内力

C. 某一截面上的位移

D. 结构上某处的某一量值（某一反力、某一内力或某一位移），随单位移动荷载 $P=1$的移动而发生变化的规律

2. 图 18-16 所示结构支座反力 R_C 的影响线形状应为（　　）。

3. 图 18-17（a）所示结构 F_{QK} 影响线如图 18-17（b）所示，其中纵坐标 y_c 是（　　）。

A. $P=1$ 在 C 时，截面 C 的剪力值　　B. $P=1$ 在 C 时，截面 K 的剪力值

C. $P=1$ 在 C 时，B 处左截面的剪力值　　D. $P=1$ 在 C 时，A 处右截面的剪力值

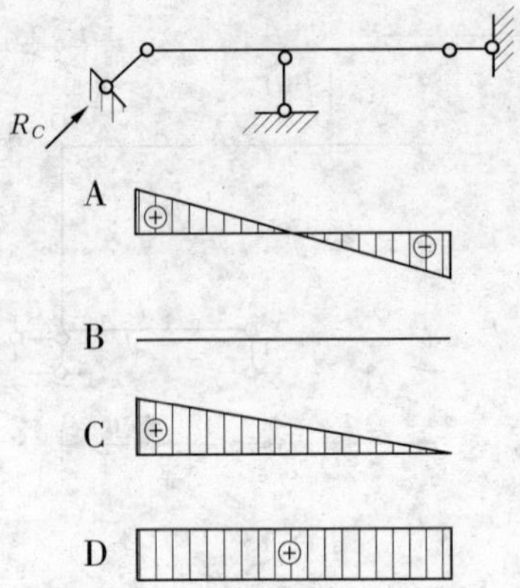

图 18-16

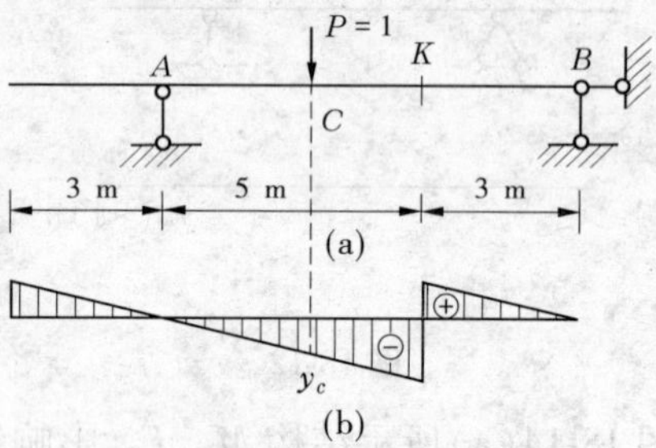

图 18-17

4. 图 18-18（a）所示结构 M_C 影响线如图 18-18（b）所示，其中纵坐标 y_E 是（　　）。

A. $P=1$ 在 E 时，截面 D 的弯矩值　　B. $P=1$ 在 C 时，截面 E 的弯矩值

C. $P=1$ 在 E 时，截面 B 的弯矩值　　D. $P=1$ 在 E 时，截面 C 的弯矩值

5. 图 18-19 所示简支梁在移动荷载作用下，使截面 C 产生最大弯矩时的临界荷载是（　　）。

A. 7 kN　　B. 3 kN　　C. 10 kN　　D. 5 kN

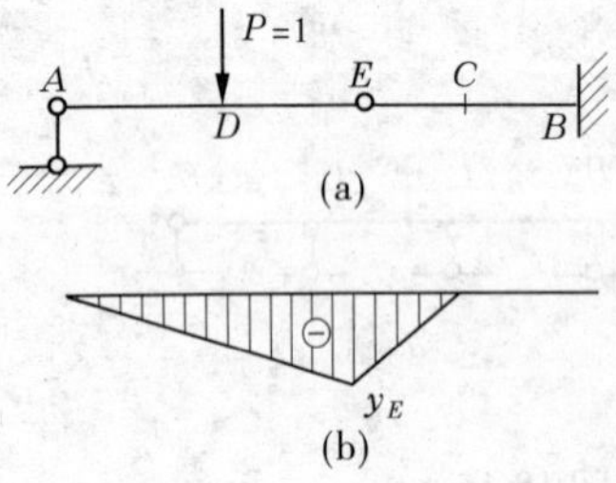

图 18-18

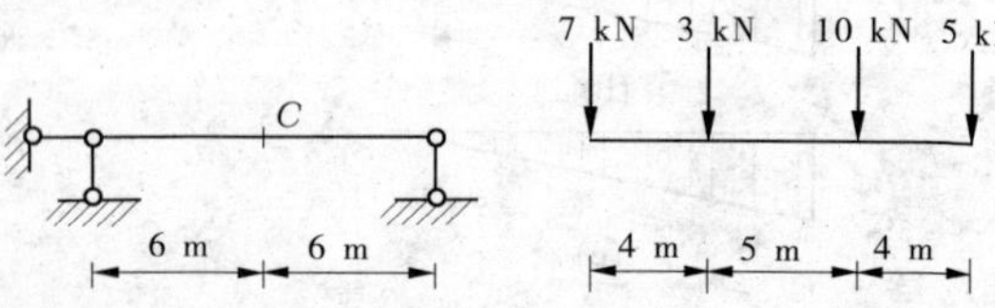

图 18-19

6. 图 18-20 所示梁在移动荷载作用下，使截面 K 产生最大弯矩的最不利荷载位置是（　　）。

7. 图 18-21 所示简支梁在所示移动荷载下截面 K 的最大弯矩值是（　　）。

A. 140 kN · m　　B. 150 kN · m　　C. 160 kN · m　　D. 180 kN · m

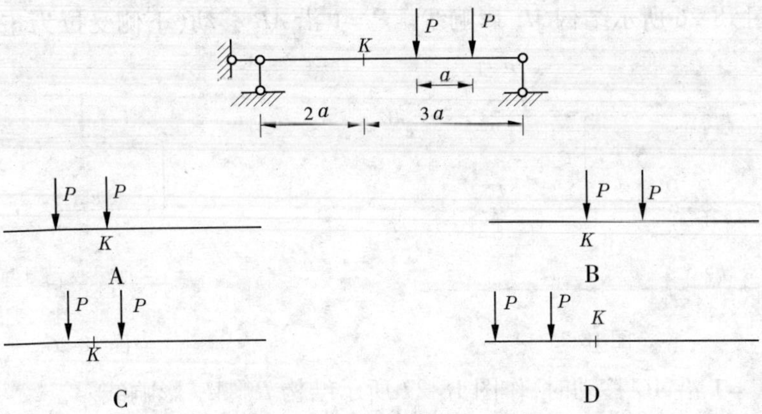

图 18-20

8. 图 18-22 所示连续梁欲使 F_{QK} 出现最大值 $F_{QK\max}$，均布活荷载的布置应为(　　)。

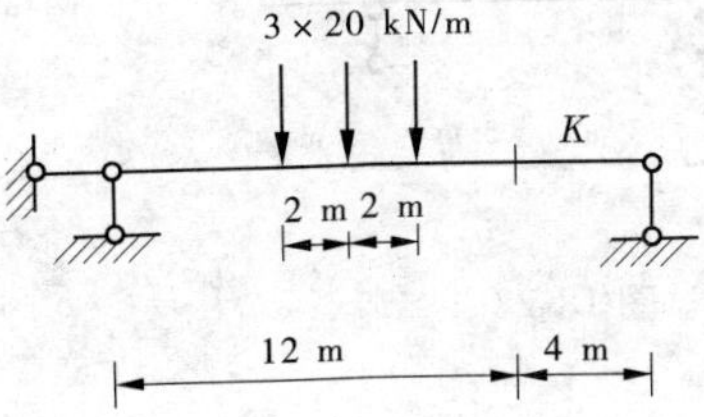

图 18-21

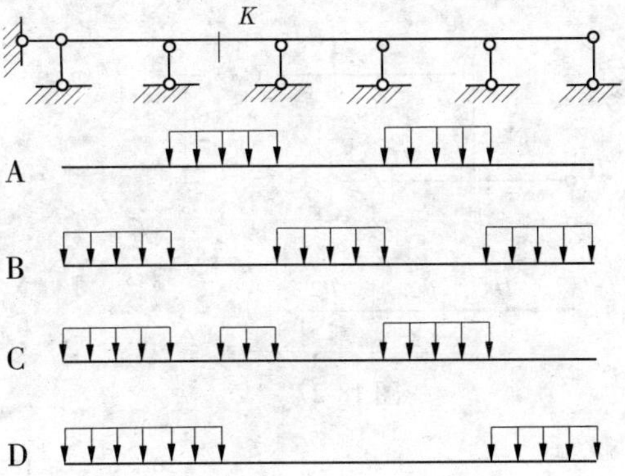

图 18-22

三、计算题

1. 作图 18-23 所示梁的 R_B、$F_{QB左}$ 影响线。

2. 作图 18-24 所示结构 $F_{QC左}$ 影响线。

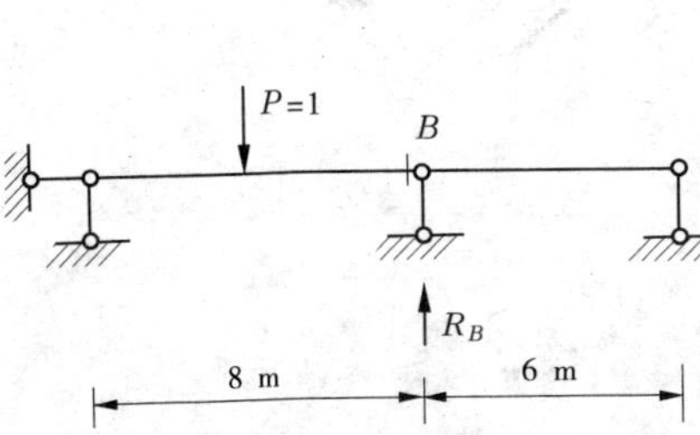

图 18-23

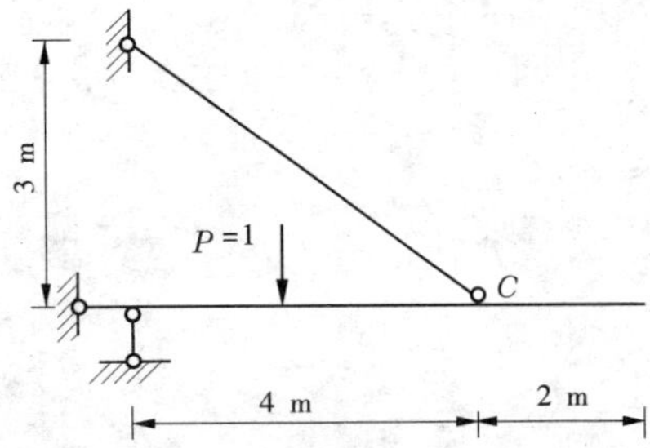

图 18-24

3. 作图 18-25 所示结构的 M_C、F_{QF} 影响线。设 M_C 以左侧受拉为正。

4. 作图 18-26 所示结构 M_K 影响线。$P=1$ 沿 AB 移动(下侧受拉为正)。

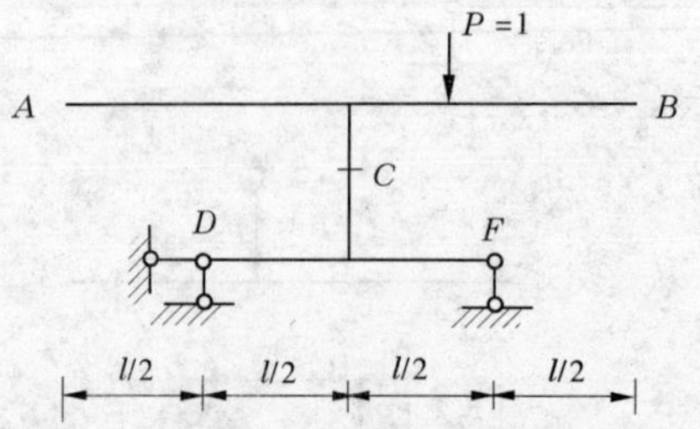

图 18-25

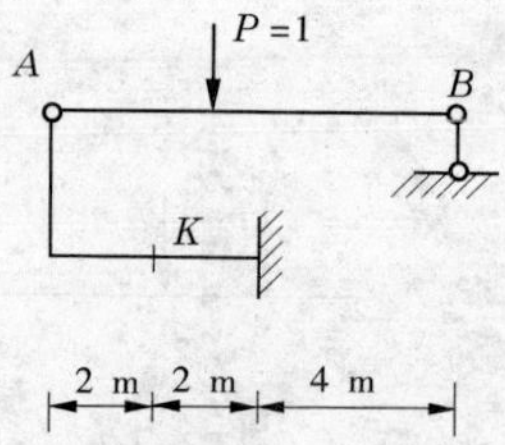

图 18-26

5. 当 $P=1$ 沿 AC 移动时,作图 18-27 所示结构 R_B、M_K 影响线。

6. 利用 M_C 影响线求图 18-28 所示梁在给定荷载作用下截面 C 的弯矩 M_C 值。

7. 在图 18-29 所示结构移动荷载作用下,求截面 C 弯矩的最大值(考虑左行、右行两种情况)。

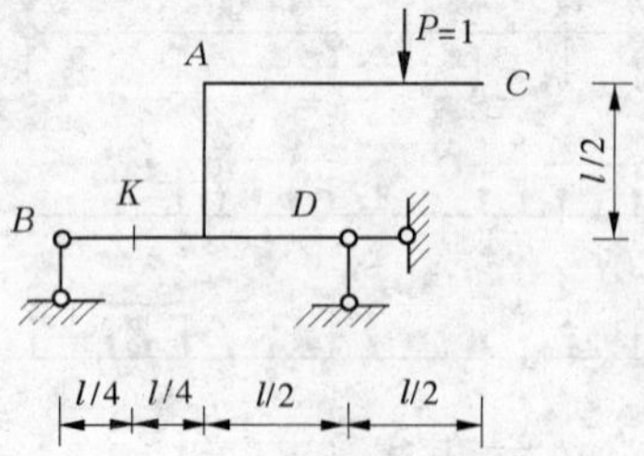

图 18-27

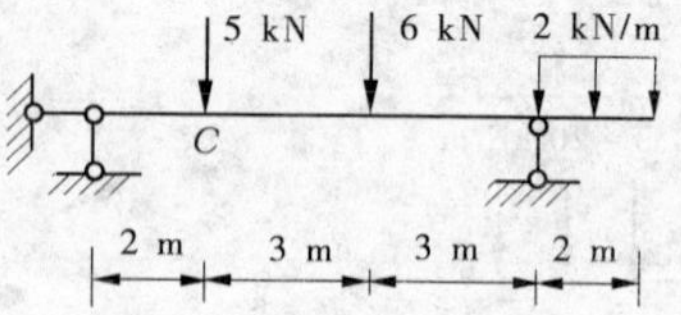

图 18-28

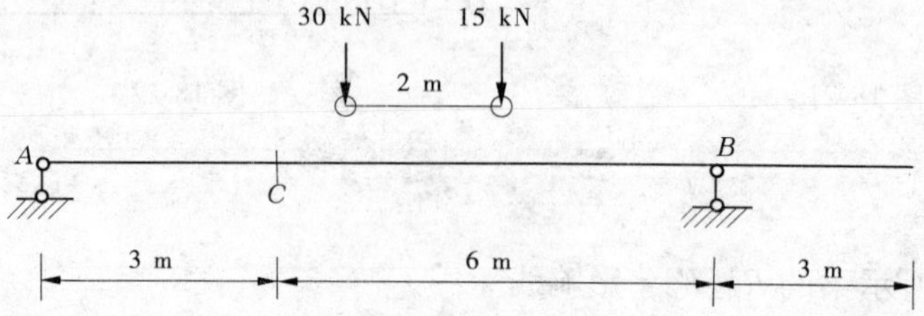

图 18-29

训练题参考答案

以下是部分训练题答案

第一章　建筑力学基础

一、填空题

1. F_5,沿 AB 连线与 F_5 反向
2. 外效应
3. 大小、方向、作用点
4. 等值、反向、共线
5. 力偶矩相等、转向相同
6. 不能,不能
7. 各分力矩之和
8. 相等、相反、平行
9. $h=0$,通过矩心 O
10. 隔离体,受力图
11. 二力,沿 CD 方向
12. 汇交于一点,$\sqrt{2}P$,P

二、选择题

1. A　2. A　3. C　4. C　5. D　6. D　7. D　8. C

四、计算题

1. (a)Fl　(b)$Fl\sin\theta$　(c)$-Fa$
   (d)$Fl\sin(\beta-\alpha)$　(e)$F(l+r)$　(f)$F\sqrt{a^2+b^2}\sin\alpha$
2. $M_A(\boldsymbol{P})=\dfrac{\sqrt{3}}{2}Pb-\dfrac{1}{2}Pa$,$M_B(\boldsymbol{P})=\dfrac{\sqrt{3}}{2}Pb$

第二章　力系的简化

一、填空题

1. 力偶,力偶矩
2. 主矢量$\boldsymbol{F}_R$,主矩 M_O,$F_R=0$ 和 $M_O=0$

二、选择题

1. B　　2. C　　3. D　　4. C

第三章　平面力系的静力学平衡

一、填空题

1. 该力系的力多边形封闭，$F_{Rx}=0$ 和 $F_{Ry}=0$
2. 必通过汇交点，同一平面内
3. 二力平衡，5.77 kN，三力平衡，2.89 kN
4. 50 kN·m，25 kN(↑)，25 kN(↓)
5. $\sum F_x=0, \sum F_y=0, \sum M=0$
6. $0.5F, 0.289F, 0$
7. $0, F+ql(\uparrow), \frac{ql^2}{2}+Fl$
8. 12 kN(←)，1 kN(↓)，11 kN(↑)
9. $\frac{3ql}{4}, 0, \frac{3ql}{4}$
10. 也处于平衡，8，8
11. 相反，$0 \leqslant F \leqslant F_{\max}$，$F_{\max}=f_s F_N$
12. 180 N，静止，150 N
13. $F_{\max}$，全反力 $\boldsymbol{F}_{Rm}$，公法线

二、选择题

1. B	2. C、B	3. B	4. C	5. B	6. C
7. C	8. A	9. C	10. B	11. B	12. A

三、计算题

1. $F_{TAB}=4$ kN，$F_{BC}=6.93$ kN
2. $F_A=\frac{m}{\sqrt{2}a}$(沿 AC 方向)
3. $F_A=P(\uparrow)$，$F_B=P(\downarrow)$
4. $F_A=1\,920$ N(↑)，$F_B=2\,880$ N(↑)
5. (a) $F_A=200$ kN(↑)，$F_B=150$ kN(↑)
   (b) $F_A=47.5$ kN(↓)，$F_B=92.5$ kN(↑)
6. $F_{Ax}=0$，$F_{Ay}=7.5$ kN(↑)，$M_A=22$ kN·m(逆时针)，$F_{Cy}=12.5$ kN(↑)
7. $F_{N1}=\frac{\sqrt{2}}{2}P, F_{N2}=-\frac{1}{2}P, F_{N3}=\frac{1}{2}P$
8. $F_x=20$ kN(←)，$F_y=60$ kN(↑)，$M=142$ kN·m(逆时针)
9. $F_{Ax}=5$ kN(←)，$F_{Ay}=-10.58$ kN(↑)，$M_A=-8.66$ kN·m(逆时针)；$F_C=24.91$ kN；$F_E=4.33$ kN

第四章　杆件的内力分析

一、填空题

1. 8 kN,15 kN,3 kN
2. 0.859 5 kN·m, -2.005 5 kN·m
3. -1 kN·m, -4 kN·m
4. m_1 或 m_2
5. 简支梁、悬臂梁、外伸梁
6. $\frac{Pl}{4}$
7. 2 kN,1 kN·m,3 kN·m
8. 2

二、选择题

1. C　2. D　3. B　4. B　5. D　6. B　7. D　8. C

三、作图题

1.

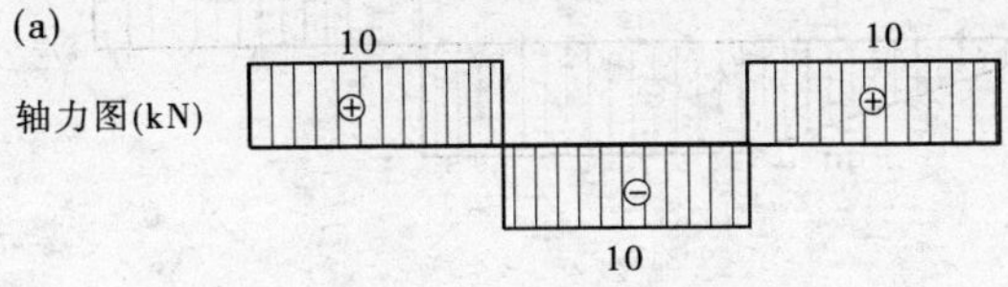

4.

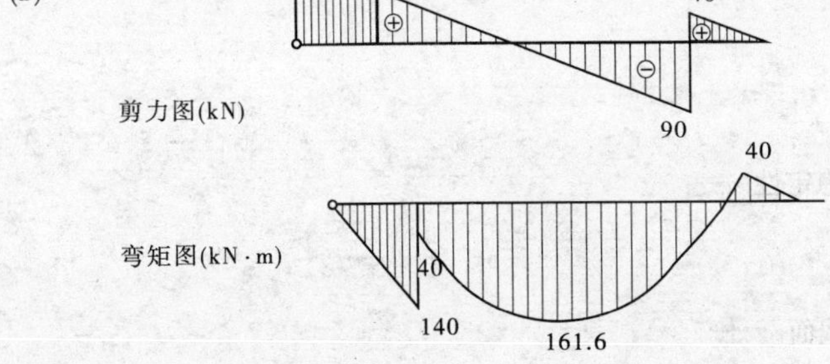

5.

(a)

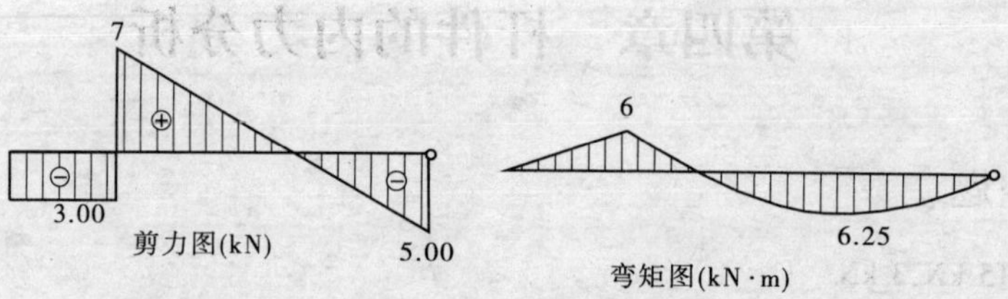

(b)

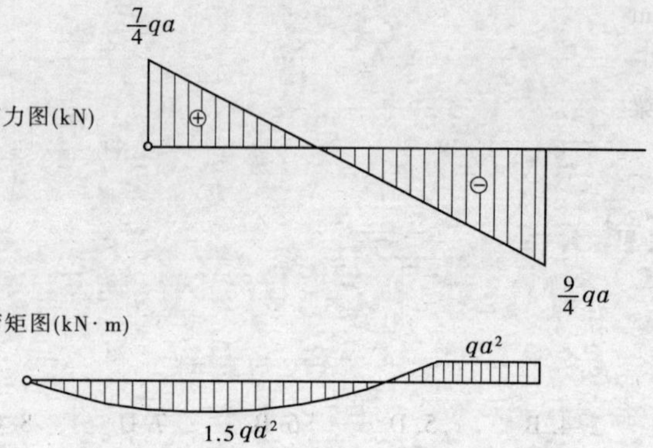

6.

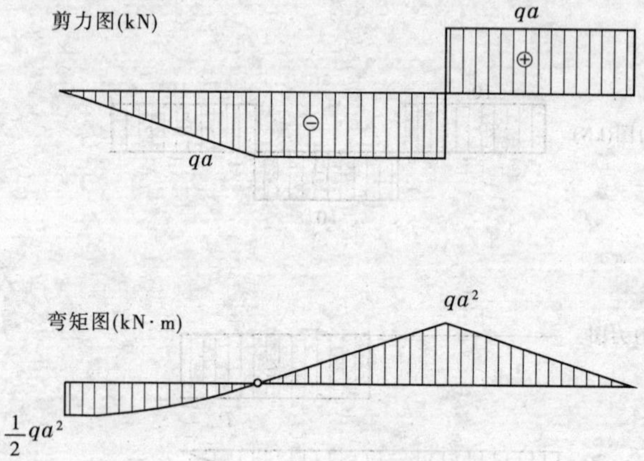

第五章　轴向拉伸和压缩的强度计算

一、填空题

1. 强度、刚度、稳定性
2. A,B,D
3. 钢,铸铁
4. 横,45°的斜截面

5. $\Delta l=\frac{F_N l}{EA},\sigma=E\varepsilon$

6. $(1-\sqrt{\frac{l}{l+\Delta l}})b$（根据体积不变求解）

7. 抵抗弹性变形的，无

8. 剪切，$45°\sim55°$

9. $\geqslant5\%$，$<5\%$

10. 破坏，σ_s，σ_b

11. 强度校核、设计截面尺寸、计算许用荷载

12. 无明显屈服阶段的塑性

13. 比例极限，弹性极限，屈服极限，强度极限

14. 不变或上下波动，持续增加，提高，降低

15. 无法求解，屋架的高度未标出

16. 2.05×10^5 MPa，0.316 7

17. 2:15，15:2

18. $\pi dh,\frac{\pi}{4}(D^2-d^2)$

19. bd,bc

20. $\frac{\pi(D+d)^2}{16},\frac{1}{2}(d+\frac{D+d}{2})h$

二、选择题

1. C　2. A　3. A　4. C　5. C　6. D　7. A　8. D　9. D
10. C　11. B　12. C　13. A　14. A　15. A　16. A　17. C　18. B

三、计算题

1. (1)轴力图略，$F_{N\max}=40$ kN

(2)$\sigma_{\max}=\frac{F_{N\max}}{A}=100$ MPa

(3)$\varepsilon_{\max}=\frac{\sigma_{\max}}{E}=5\times10^{-4}$

(4)$\Delta l_{AD}=1$ mm

2. $\sigma_{AC}=135.95$ MPa $<[\sigma]=170$ MPa，$\sigma_{BD}=130.93$ MPa $<[\sigma]=170$ MPa，所以两根钢杆强度满足满求；$\Delta_A=1.62$ mm，$\Delta_B=1.56$ mm

3. (1)$\sigma_1=6.67$ MPa $<[\sigma_1]=7$ MPa，$\sigma_2=88.89$ MPa $<[\sigma_2]=160$ MPa，所以强度满足要求

(2)$[P]=84$ kN

(3)重新选择杆 2 的截面，$A_2=350$ mm^2

4. $\sigma_{AB}=122.3$ MPa $<[\sigma]=170$ MPa，杆 AB 的强度满足要求

$A_{AC}=5\ 196$ mm^2

5. $F_{N1}=88$ kN，$F_{N2}=66$ kN

$\sigma_1=176$ MPa $>[\sigma]=160$ MPa，$\sigma_2=165$ MPa $>[\sigma]=160$ MPa，所以强度不满足要求

6. $[P]=36$ kN

7. $d=19$ mm

8. $a=1\ 746$ mm

9. (1) $[P]=80.07$ kN

(2) $\Delta_{Dy}=3.825$ mm

第六章　截面的几何性质

一、填空题

1. 180 mm, z_c 缺已知条件无法求
2. 转轴公式不要求, $I_y<I_z$
3. 120 cm^4, 120 cm^4
4. 最小
5. 形心轴,平行
6. -200 cm^3
7. $I_y=\dfrac{HB^3}{12}-\dfrac{hb^3}{12}, I_z=\dfrac{BH^3}{12}-\dfrac{bh^3}{3}$
8. $I_z=\dfrac{32a^4}{3}-\dfrac{\pi a^4}{8}, I_y=\dfrac{32a^4}{3}-\dfrac{\pi a^4}{8}$
9. $I_y=I_z=\dfrac{5\pi d^4}{16}$
10. 513 cm^4, 6 576 cm^4

二、选择题

1. C　2. D　3. D　4. B　5. B　6. D　7. B　8. D　9. B
10. A　11. B

三、计算题

1. $I_z=\dfrac{\pi d^4}{64}-\left[\dfrac{bt^3}{12}+bt\left(\dfrac{d-t}{2}\right)^2\right]$ 键槽部分近似地看成矩形计算

2. 先求形心位置: $y_c=88$ mm

$$I_z=\left[\frac{80\times 20^3}{12}+20\times 80\times(140-88-10)^2\right]+\left[\frac{20\times 120^3}{12}+20\times 120\times(88-60)^2\right]$$

$$=7.64\times 10^6\ (mm^4)$$

3. $I_z=\dfrac{140\times 200^3}{12}-\dfrac{\pi\times 80^4}{64}=9.13\times 10^7\ (mm^4)$

4. $a=111.2$ mm

第七章　扭转的强度和刚度计算

一、填空题

1. 材料抗扭转变形的能力, $G=\dfrac{E}{2(1+\mu)}$

2. 圆周上,等于 0

3. $\frac{1}{8}$,$\frac{1}{16}$

4. 低碳钢,铸铁

5. 不变,不变,为原来的 2 倍

6. m_1

8. 圆形、空心圆

9. $\alpha\tau_{max}$

10. 45 mm,46 mm

二、选择题

1. D　2. D　3. B　4. A　5. D　6. C　7. D　8. C　9. B
10. A、C、D

三、计算题

1. $\tau_{max}=46.37$ MPa $<[\tau]=60$ MPa,所以强度满足要求
2. $\tau_{max}=49.42$ MPa $<[\tau]=60$ MPa,AC 段切应力最大,强度满足要求
$\theta_{max}=0.02°/m<[\theta]=2°/m$,刚度也满足要求
3. 扭矩图略;$\tau_{max}=25.48$ MPa
4. 扭矩图略;$\tau_{max}=2.48$ MPa;有利,因为减小了该轴最大扭矩

第八章　弯曲的强度和刚度计算

一、填空题

1. 相等
2. $\frac{BH^3-bH^3}{12}$,$\frac{BH^3-Bh^3}{12}$
3. 中性轴
4. 45 kN · m,2.7×10^6 mm^3,16.67 MPa
5. 25 kN · m,177.3 MPa
6. 150 kN,
7. 6,1,4

二、选择题

1. C　2. A　3. C　4. D　5. D、A　6. D　7. C　8. A　9. D
10. B　11. C　12. D　13. B　14. A　15. A、B　16. B　17. A
18. 无正确答案　19. C　20. C

三、计算题

1. $M_{max}=50$ kN · m,$W_z=325.8$ cm^3,$\sigma_{max}=153.5$ MPa $<[\sigma]=170$ MPa

2. $P_{max} = 18.4$ kN

3.

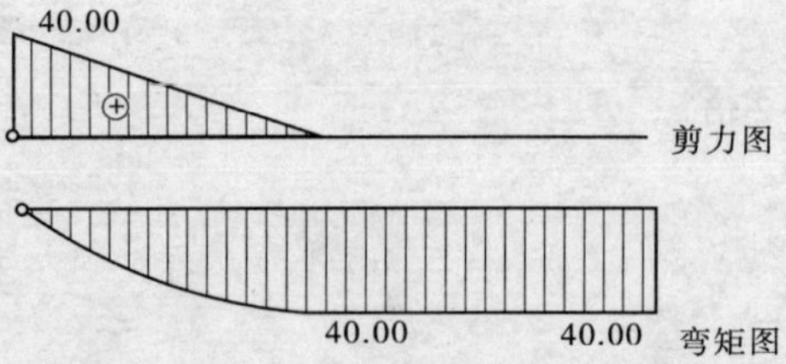

$M_{max} = 40$ kN·m, $F_{Q_{max}} = 40$ kN

按正应力强度条件和切应力强度条件计算得,选择 20a 型号的工字钢即可满足要求

4. $P_{max} = 1.85$ kN

5. 弯矩图略;A 点:$\sigma_{拉max} = 75$ MPa,$\sigma_{压max} = 25$ MPa

D 点:$\sigma_{拉max} = 50$ MPa,$\sigma_{压max} = 150$ MPa

所以 $\sigma_{拉max} = 75\text{ MPa} > [\sigma_{拉}] = 70$ MPa,$\sigma_{压max} = 150\text{ MPa} = [\sigma_{压}] = 150$ MPa

该梁强度不满足要求。

6. 弯矩图略;$\sigma_{max} = 107.1\text{ MPa} < [\sigma] = 120$ MPa,强度满足要求

第九章　应力状态和强度理论

一、填空题

1. 主平面,主应力
2. 二向,三向
3. 拉伸,压缩
4. (a)50,50,-50,50,(b)130,30,-30,80
5. 45°
6. (a)单向压缩 (b)单向拉伸 (c)纯剪状态 (d)不受力
7. 纯剪切,300 MPa,-300 MPa
8. $\frac{\sigma}{2} + \sqrt{\frac{\sigma^2}{4} + \tau^2}$,$\frac{\sigma}{2} - \sqrt{\frac{\sigma^2}{4} + \tau^2}$
9. 断裂,屈服
10. σ_1,$\sigma_1 - \sigma_3$
11. 300 MPa,264.6 MPa
12. (a),(c)
13. 第一、第二,第三或第四,$\sqrt{\sigma^2 + 4\tau^2} \leqslant [\sigma]$

二、选择题

1. B	2. D	3. D	4. D	5. B	6. D	7. C	8. B	9. A
10. B	11. C	12. A	13. B	14. D	15. A	16. B	17. C	18. D

三、计算题

1. $\sigma_1 = 150$ MPa, $\sigma_2 = 100$ MPa, $\sigma_3 = -100$ MPa, $\tau_{max} = 125$ MPa
2. $\sigma_3^* = 141.4$ MPa, $\sigma_4^* = 132.3$ MPa
3. $\sigma_3^* = 120.4$ MPa, $\sigma_4^* = 111.4$ MPa
4. $\sigma_{-30°} = 1.98$ MPa, $\tau_{-30°} = 1.3$ MPa
5. (1) $\sigma_\beta = -0.9$ MPa, $\tau_\beta = 0.518$ MPa

   (2) $\sigma_1 = 1.037$ MPa, $\sigma_2 = 0$, $\sigma_3 = -1.037$ MPa
6. (a) $\sigma_1 = 57$ MPa, $\sigma_2 = 0$, $\sigma_3 = -7$ MPa, $\alpha = -19.3°$, $\tau_{max} = 32$ MPa

   (b) $\sigma_1 = 4.7$ MPa, $\sigma_2 = 0$, $\sigma_3 = -84.7$ MPa, $\alpha = -13.3°$, $\tau_{max} = 44.7$ MPa
7. $\sigma_1 = 130$ MPa, $\sigma_2 = 30$ MPa, $\sigma_3 = -30$ MPa, $\tau_{max} = 80$ MPa
8. (1) $\sigma = 71.37$ MPa, $\tau = 50.9$ MPa

   (2) $\sigma_3^* = 124.3$ MPa $< [\sigma] = 160$ MPa,所以安全

第十章　组合变形

一、填空题

1. D
2. b, e
3. $P, 3Pe, 0$
4. $\frac{P}{bh}, \frac{P}{bh'} + \frac{3P}{bh'^2}(h'-h), \frac{P}{bh'} - \frac{3P}{bh'^2}(h'-h)$
5. 相同
6. 拉应力
7. $\leqslant \frac{d}{4}$
8. 10.49 MPa,20 mm,符合,符合

二、选择题

1. B　2. C　3. A　4. D　5. D　6. C　7. C　8. A

三、计算题

1. $\sigma = \frac{9Pl}{a^3}$, A点
2. $\sigma = 94.9$ MPa $< [\sigma] = 170$ MPa
3. $\sigma_t = 5.29$ MPa, $\sigma_c = 5.09$ MPa
4. A点 $\sigma_{tmax} = \frac{7P}{bh}$, C点 $\sigma_{cmax} = \frac{5P}{bh}$
5. $\sigma_{max} = 117.1$ MPa $< [\sigma] = 120$ MPa,强度满足要求

6. (1) $\sigma_{max} = 0.72$ MPa

(2) $\sigma_{max} = 0.295 \text{ MPa} < [\sigma] = 0.3$ MPa

7. $\sigma_{max} = 23$ MPa

8. $e \leqslant 100$ mm

9. $\sqrt{(\frac{P}{A} + \frac{P_1 l}{W_z})^2 + 4(\frac{T}{W_P})^2}$, $\sqrt{(\frac{P}{A} + \frac{P_1 l}{W_z})^2 + 3(\frac{T}{W_P})^2}$

10. $d \geqslant 80$ mm

第十一章　压杆稳定

一、填空题

1. 明显,局部削弱处
2. 1/4,1.047 倍
3. a,b
4. 圆,方
5. 1/4
6. 柔度
7. 大柔度,2 536 kN,中长,4 702 kN,短,4 823 kN
8. $\frac{\pi^2 EI}{(\mu l)^2}$,杆端约束
9. 强度许用应力,折减系数
10. 25,$\sigma_{cr} = a - b\lambda$

二、选择题

1. C　2. C　3. A　4. D　5. A　6. B　7. D　8. B　9. D　10. A

三、计算题

1. $F_{cr1} = 2.1$ kN,$F_{cr2} = 19.17$ kN,$F_{cr3} = 35.56$ kN

2. A 杆 $F_{cr1} = \frac{\pi^2 EI}{(2a)^2} = \frac{0.25\pi^2 EI}{a^2}$, B 杆 $F_{cr2} = \frac{\pi^2 EI}{(1.3a)^2} = \frac{0.59\pi^2 EI}{a^2}$,

C 杆 $P_{cr3} = \frac{\pi^2 EI}{(0.7 \times 1.6a)^2} = \frac{0.8\pi^2 EI}{a^2}$,故 A 杆先失稳

3. 2 m

4. (1) $F_{cr} = 98$ kN

(2) $[F] = 24.5$ kN

5. $[F] = 15.625$ kN

6. (1) $Q_{max} = 118.8$ kN

(2) $n = 1.7 < n_{st} = 2$,托架不安全

第十二章　平面体系的几何组成分析

一、填空题

1. 计算方法
2. 几何形状和位置
3. 确定体系位置所需独立的坐标数;减少体系自由度的联系;体系中几何不变的某个部分
4. 几何不变,多余约束
5. 平衡方程,平衡方程,变形协调方程

二、选择题

1. C　　2. B　　3. D　　4. A　　5. C　　6. B　　7. B　　8. A

三、分析题

(a)无多余约束的几何不变体系

(b)无多余约束的几何不变体系

(c)有多余约束的几何不变体系

(d)无多余约束的几何不变体系

(e)几何可变体系

(f)瞬变体系

第十三章　静定结构的内力计算

一、填空题

1. 各个单个力作用下的弯矩的叠加
2. 抛物线,一致
3. 基本结构、附属结构,附属部分
4. 简单
5. 桁架,梁式杆,桁架
6. 0
7. $2Pl$,左
8. $2Pa$,P
9. 0
10. 4 kN·m,下
11. 30 kN

二、选择题

1. A　　2. B　　3. A　　4. C　　5. B　　6. B　　7. A　　8. C　　9. C

10. A

三、零杆判断

(a)9 根　(b)9 根　(c)7 根　(d)5 根　(e)8 根　(f)15 根

五、计算题

1.

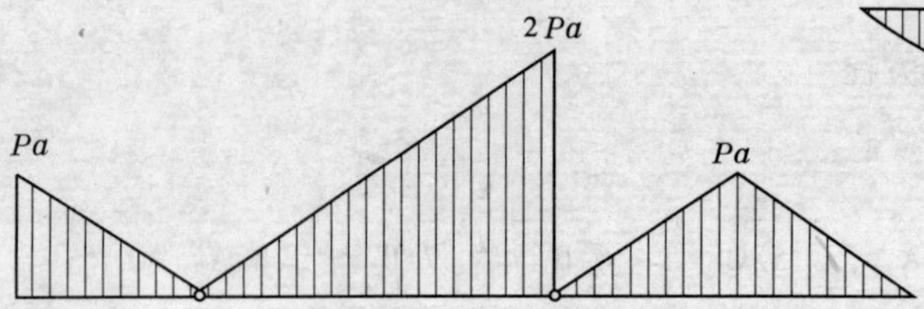

M图

2.

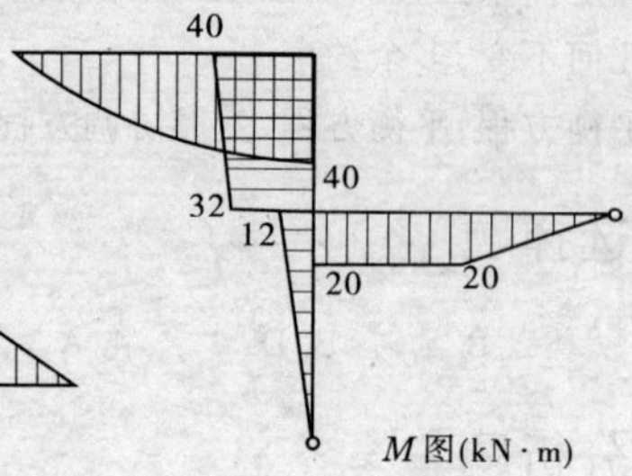

M图(kN·m)

3.

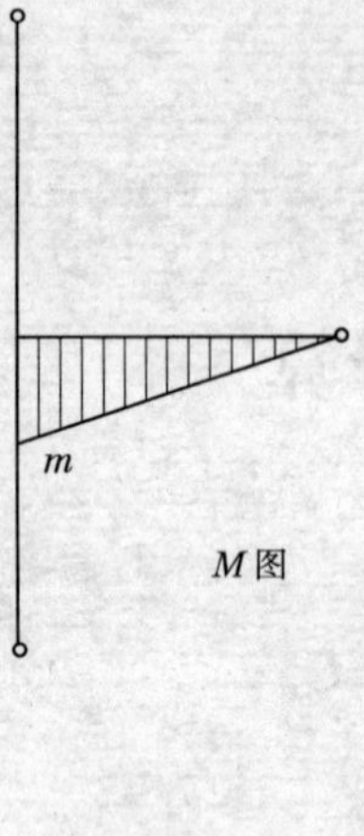

M图

4.

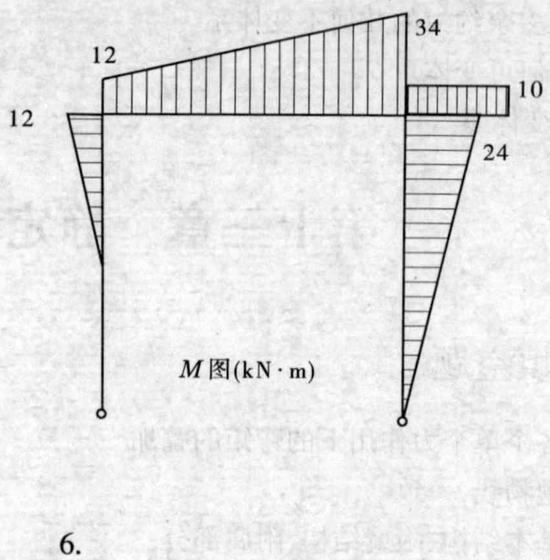

M图(kN·m)

5.

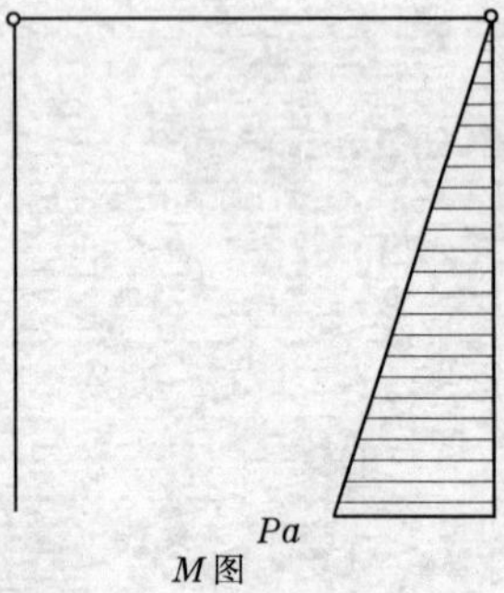

M图

6.

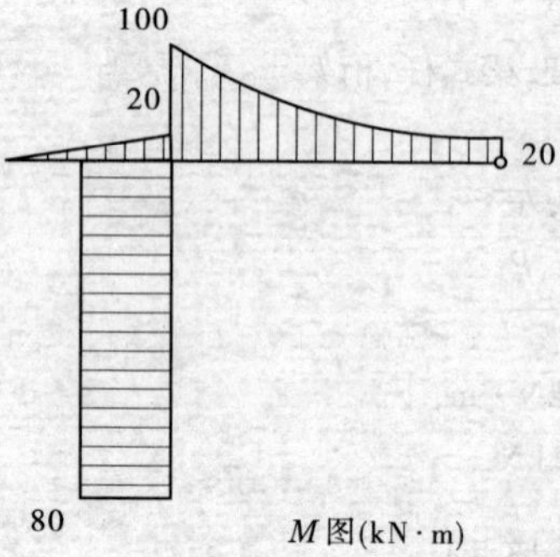

M图(kN·m)

7.

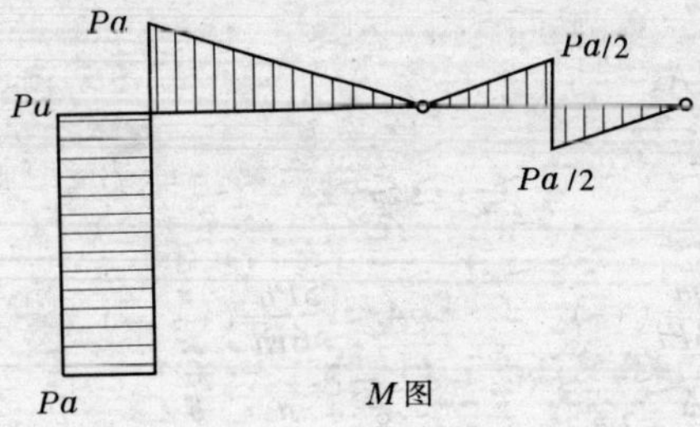

9. $F_{N1}=F_{N5}=-\dfrac{25}{3}$ kN

$F_{N2}=F_{N4}=\dfrac{20}{3}$ kN

$F_{N3}=10$ kN

10. $F_{N1}=-10$ kN, $F_{N2}=5\sqrt{2}$ kN, $F_{N3}=5$ kN

11. $F_{Na}=\dfrac{3\sqrt{5}}{4}P, F_{Nb}=0$

12. $F_{Na}=0$, $F_{Nb}=\sqrt{2}P$

13. $F_{N1}=\sqrt{2}P, F_{N2}=-2P$

14. $F_{N1}=P, F_{N2}=\dfrac{3}{5}P$

第十四章　静定结构的位移计算

一、填空题

1. 是彼此独立无关的;外力虚功,内力虚功
2. 所需计算位移
3. 杆轴线为直线,EI 为常数,$\overline{M}_K$、M_P 图中至少有一个是直线图形
4. 反力和内力,无关
5. 刚体
6. 位移法,力法
7. $\dfrac{Pa^3}{2EI}(\leftarrow)$
8. $\dfrac{Ml^2}{3EI}(\leftarrow)$
9. $\dfrac{ql^4}{24EI}(\rightarrow)$
10. $\dfrac{P}{EA}(\rightarrow)$
11. $\dfrac{P}{2EA}(\downarrow)$
12. 0

二、选择题

1. C　　2. C　　3. D　　4. D　　5. A　　6. A

三、计算题

1. $\frac{320}{EI}(\downarrow)$　　2. $\frac{354}{EI}(\rightarrow)$　　3. $\frac{qa^4}{3EI}(\leftarrow)$　　4. $\frac{5Pa^3}{6EI}(\leftarrow\rightarrow)$

5. $\frac{25ql^3}{24EI}$　　6. $(8+5\sqrt{5})Pa/EA$　　7. $\frac{2\Delta}{a}-2\varphi$　　8. $\frac{a}{2h}-\frac{b}{l}$

第十五章　力　法

一、填空题

1. (a)4　(b)4　(c)21　(d)35　(e)7　(f)3　(g)2　(h)4
   (i)4　(j)5　(k)6　(l)6　(m)3　(n)8　(o)7　(p)4
2. 平衡条件,位移协调
3. 基本结构未知力方向的位移,原结构未知力方向的位移
4. 主系数,大于零,副系数
5. 支座位移
6. $-a$
7. 水平位移,竖向位移
8. 1

二、选择题

1. A　　2. C　　3. A　　4. D　　5. A　　6. C

三、计算题

1.

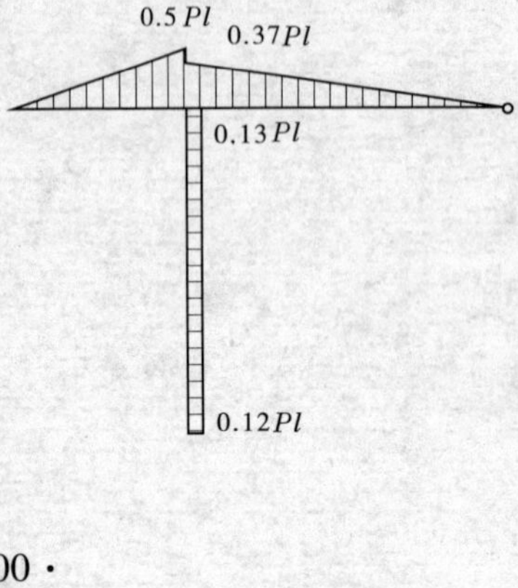

2.

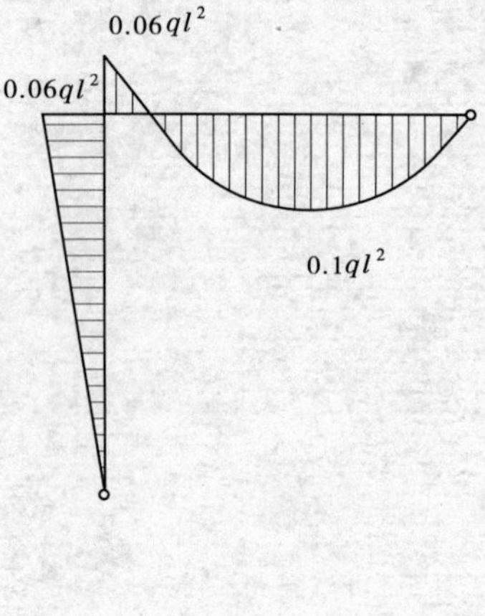

3.

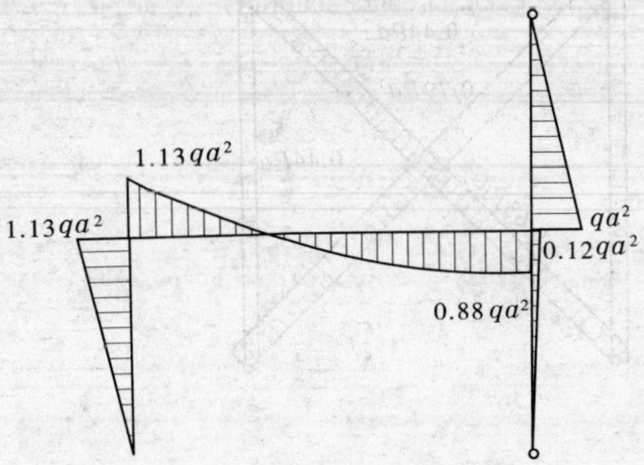
1.13qa²
1.13qa²
qa²
0.12qa²
0.88qa²

4.

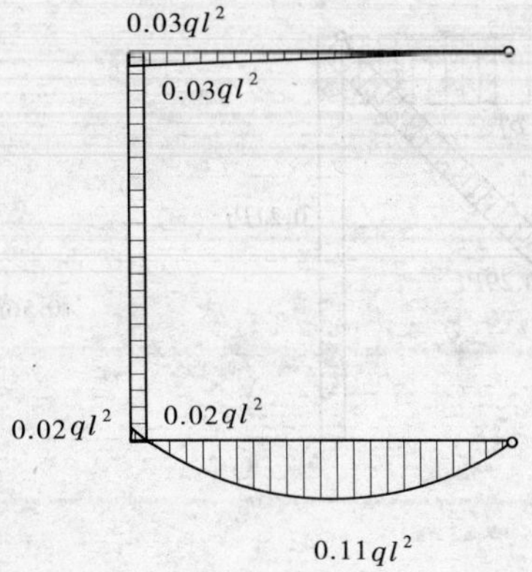
0.03ql²
0.03ql²
0.02ql²
0.02ql²
0.11ql²

5.

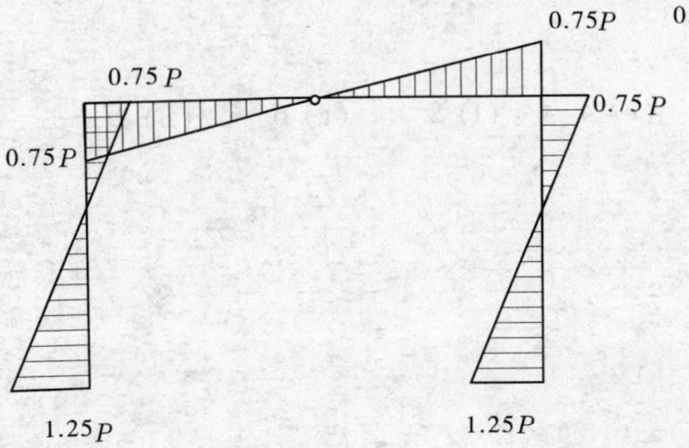
0.75P
0.75P
0.75P
0.75P
1.25P
1.25P

6.

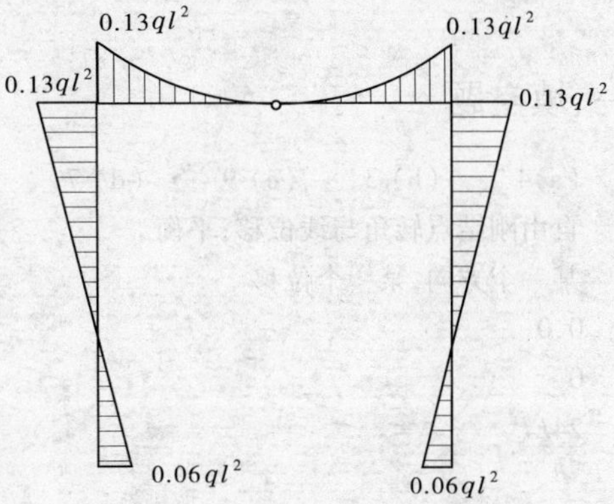
0.13ql²
0.13ql²
0.13ql²
0.13ql²
0.06ql²
0.06ql²

7.

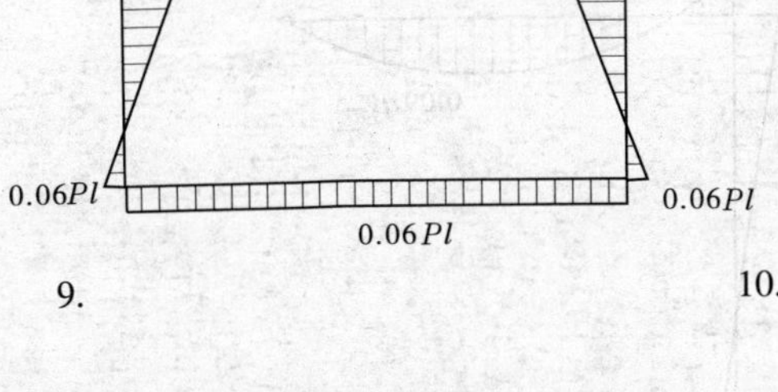
0.06Pl
0.06Pl
0.06Pl
0.19Pl
0.19Pl
0.06Pl
0.06Pl
0.06Pl

8.

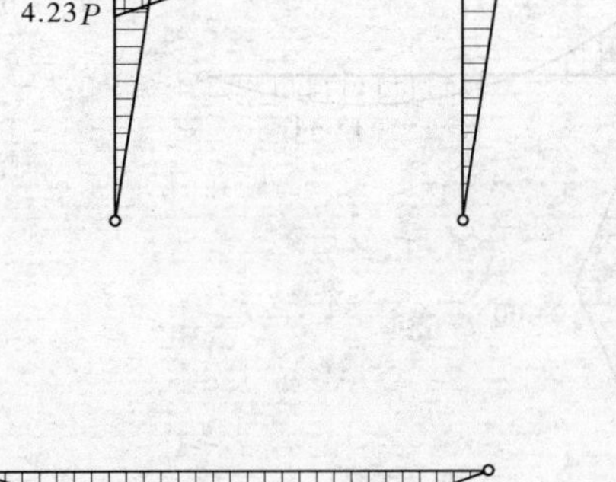
1.77P
1.77P
1.77P
1.77P
4.23P
1.23P
3.00P
3.00P
1.23P
4.23P

9.

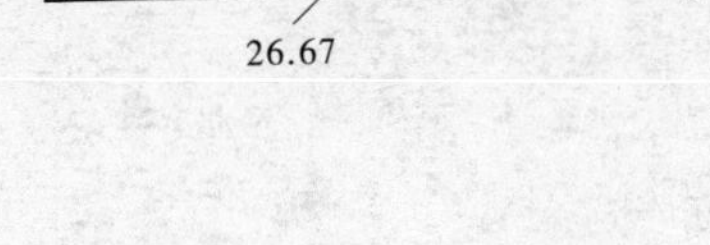
53.33
26.67

10.

15C

11.

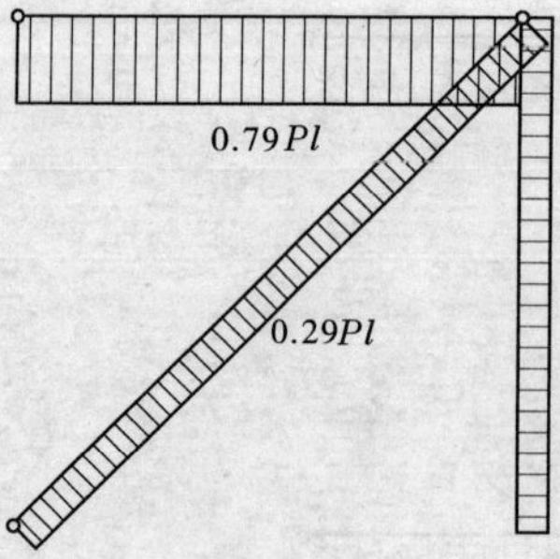

12.

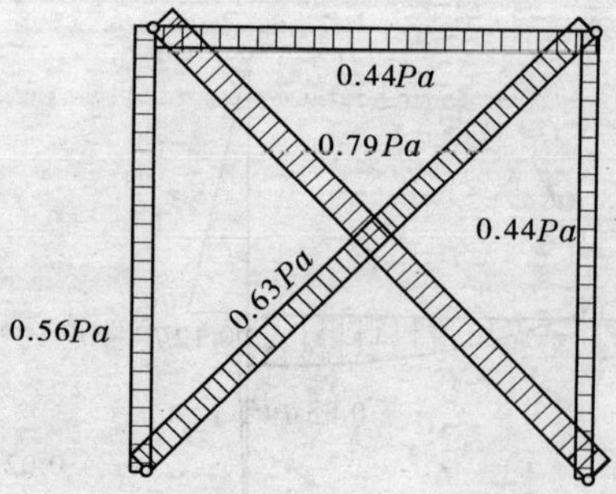

第十六章　位移法

一、填空题

1. (a)4　(b) 3　(c) 9　(d) 7　(e) 4　(f) 2　(g) 6　(h) 2
2. 自由刚结点转角与线位移;平衡
3. 某一个方向,某一个位移
4. 0,0
5. 0
6. $\dfrac{24EI}{h^3}$

二、选择题

1. B　2. C　3. A　4. B　5. B

三、计算题

1.

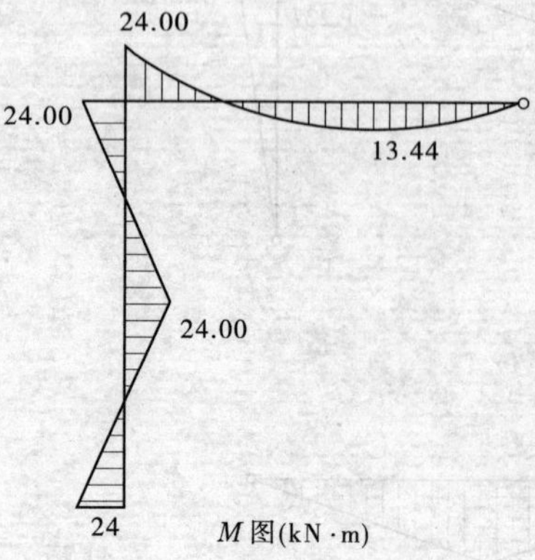

2.

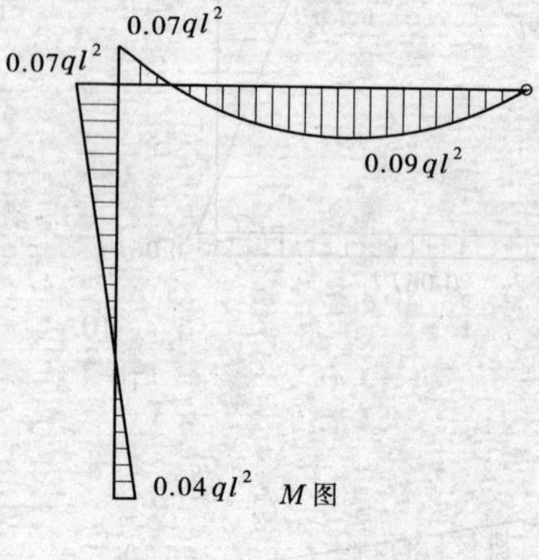

3.

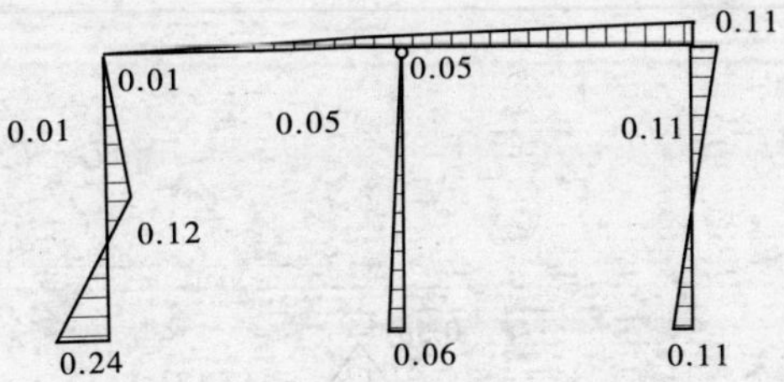
0.11
0.01
0.05
0.01
0.05
0.11
0.12
0.24
0.06
0.11

4.

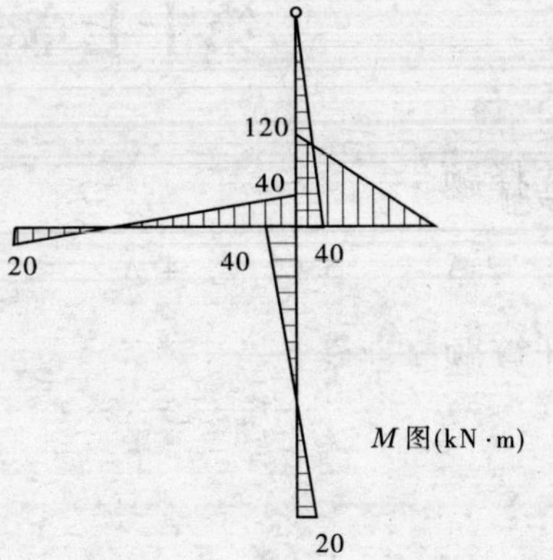
120
40
20
40
40
M 图(kN·m)
20

5.

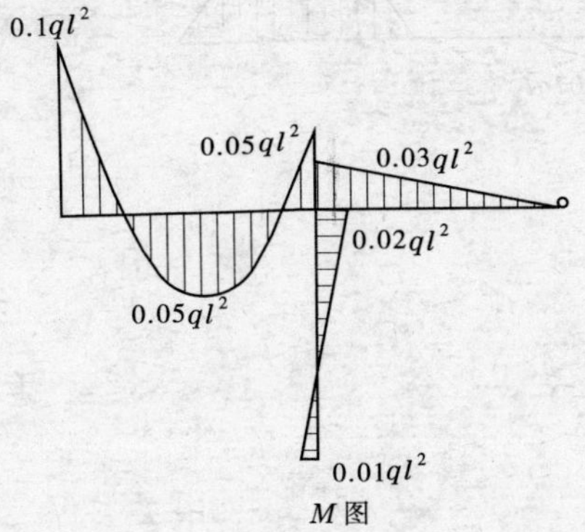
0.1ql²
0.05ql²
0.03ql²
0.02ql²
0.05ql²
0.01ql²
M 图

6.

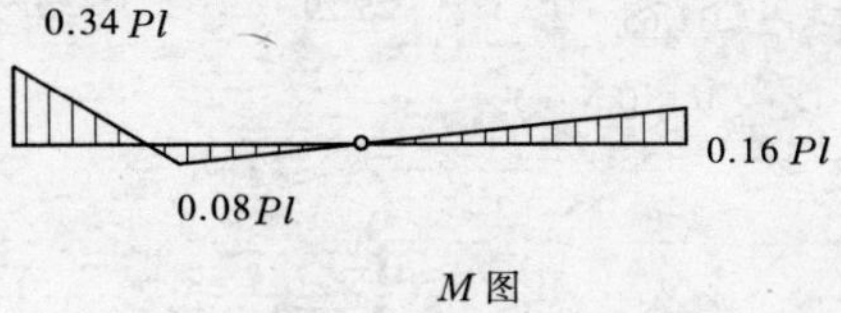
0.34Pl
0.16Pl
0.08Pl
M 图

7.

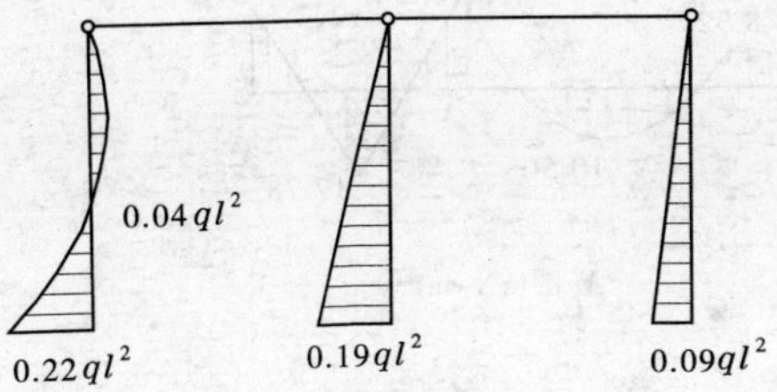
0.04ql²
0.22ql²
0.19ql²
0.09ql²

8.

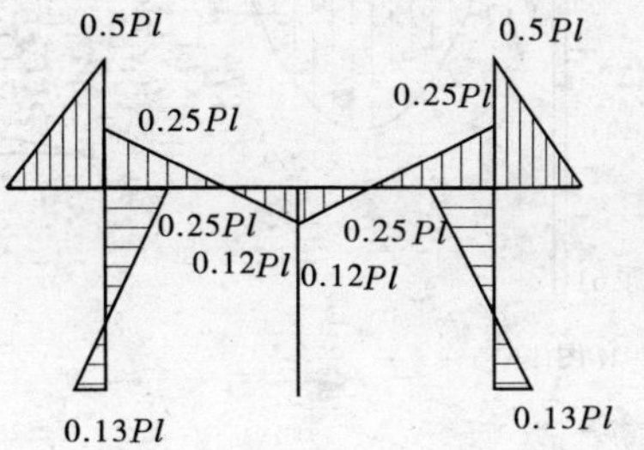
0.5Pl
0.5Pl
0.25Pl
0.25Pl
0.25Pl
0.25Pl
0.12Pl
0.12Pl
0.13Pl
0.13Pl

9.

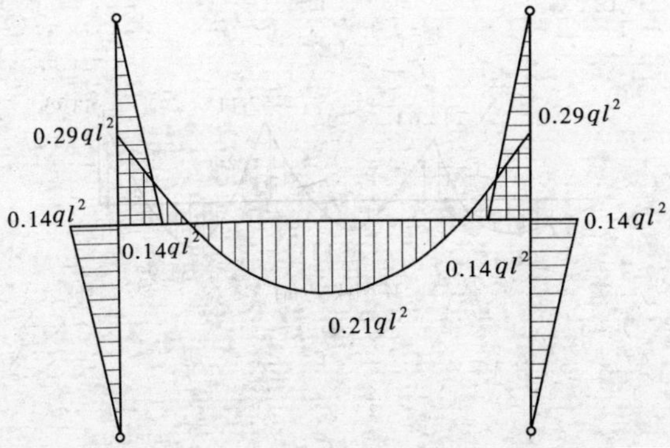
0.29ql²
0.29ql²
0.14ql²
0.14ql²
0.14ql²
0.14ql²
0.21ql²

10.

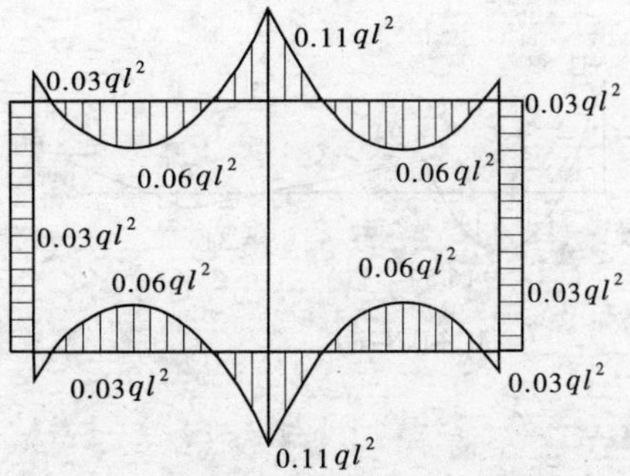
0.11ql²
0.03ql²
0.03ql²
0.06ql²
0.06ql²
0.03ql²
0.06ql²
0.06ql²
0.03ql²
0.03ql²
0.03ql²
0.11ql²

第十七章　力矩分配法

一、选择题

1. B　　2. A　　3. C　　4. A

二、计算题

1.

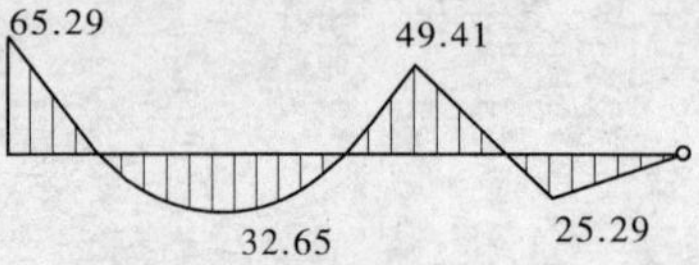

M 图(kN · m)

2.

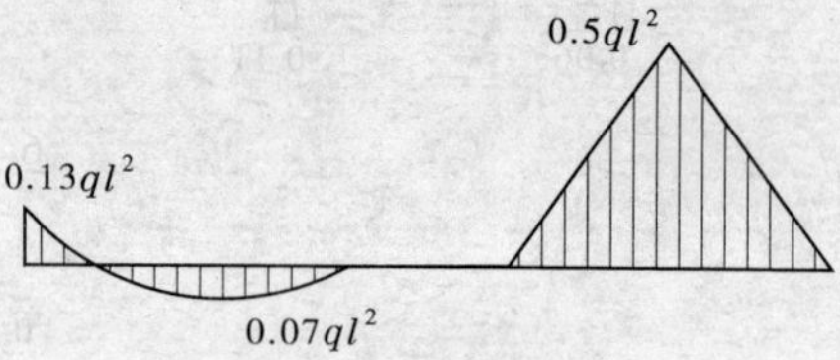

3.

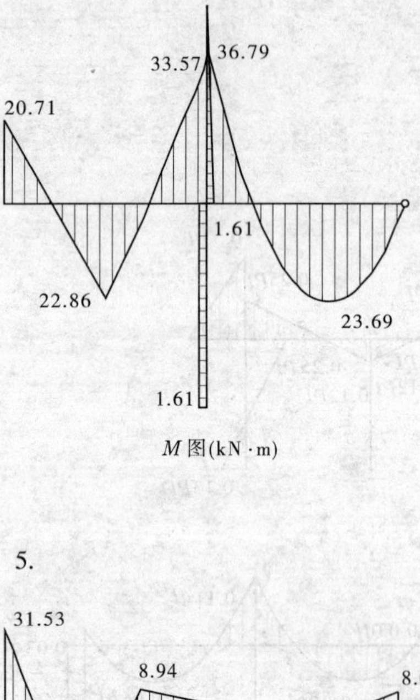

M 图(kN · m)

4.

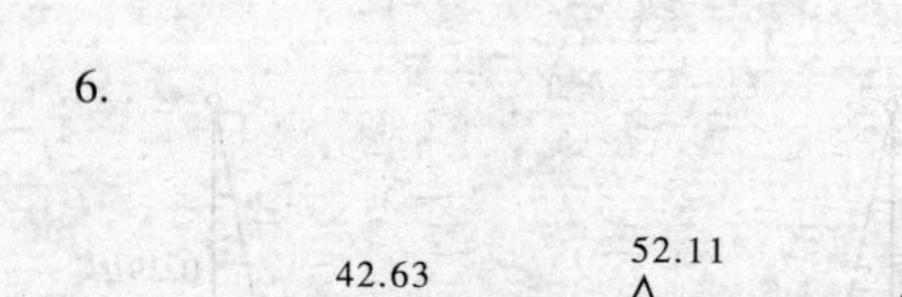

M 图(kN · m)

5.

M 图(kN · m)

6.

M 图(kN · m)

第十八章 影响线

一、填空题

1. 静定结构,超静定结构
2. $B_{左}$,剪力
3. M_K,D,M_K
4. $2a$
5. $\frac{3a}{2}$,$\frac{3}{2}$
6. AB,BC,DE

二、选择题

1. D 2. A 3. B 4. D 5. C 6. B 7. B 8. C

参考文献

[1] 高健.工程力学[M].杭州:浙江科学技术出版社,2005.

[2] 范钦珊.工程力学(工程静力学与材料力学)[M].北京:机械工业出版社,2002.

[3] 孙训方,方孝淑,关来泰.材料力学[M].3版.北京:高等教育出版社,1994.

[4] 徐道远,黄孟生,朱为玄,等.材料力学[M].南京:河海大学出版社,2001.

[5] 哈尔滨工业大学理论力学教研室.理论力学[M].6版.北京:高等教育出版社,2002.

[6] 张宗尧,于德顺,王德信.结构力学[M].南京:河海大学出版社,2003.

[7] 李舒瑶,赵云翔.工程力学[M].郑州:黄河水利出版社,2002.

[8] 龙驭球,包世华.结构力学[M].北京:高等教育出版社,1999.

[9] 重庆建筑工程学院.理论力学[M].北京:高等教育出版社,1989.

[10] 干光渝.材料力学[M].北京:高等教育出版社,1989.

[11] 李家宝.结构力学[M].北京:高等教育出版社,1989.

[12] 刘明威.理论力学[M].武汉:武汉大学出版社,1989.

[13] 成都水力发电学校,四川省水利学校.材料力学[M].2版.北京:水利电力出版社,1992.

[14] 张忠国.建筑力学[M].北京:科学技术文献出版社,1997.

[15] 李前程,安学敏.建筑力学[M].北京:中国建筑工业出版社,1998.

[16] 郭仁俊.建筑力学[M].北京:中国建筑工业出版社,1999.

[17] 粟一凡.建筑力学[M].北京:人民教育出版社,1980.